野小子特種部隊

以色列建國以來的祕密武器，守護應許之地的半世紀征戰

RYE FIELD
PUBLICATIONS

THE DEATH-DEFYING
MISSIONS OF
THE ISRAELI SPECIAL FORCES

NO MISSION IS IMPOSSIBLE

著——麥克·巴佐哈
尼希·米夏爾

WRITTEN
BY

MICHAEL BAR-ZOHAR
NISSIM MISHAL

譯——譚天

目次

後記　失落的部落重返家園

【人物小檔案】

推薦序

挺身面對人生挑戰的意志

文／游亞旭 Asher Yarden（以色列駐臺北經濟文化辦事處代表）

我何其榮幸，能夠為《野小子特種部隊》這本從另類角度描繪以色列國防軍的書寫序。儘管談的是特種作戰與特戰部隊，《野小子特種部隊》以一種明確的方式不僅告訴我們以色列軍能打仗，怎麼打仗，還告訴我們它怎麼「思考」。

這本書主要討論的以色列國防軍，當然是非常引人的主題；但它同時也訴說了另一個動人的、有關以色列這個國家的故事。這其間的必然性在於，軍隊是、而且一直是以色列生活的中心要素。也正因為如此，以色列國防軍一直是所謂「人民的軍隊」。

軍隊在一個民主國竟會扮演如此核心的角色，這是當今世上唯獨以色列才有的特殊現象。之所以有這種現象，出自以下幾個原因。

不幸的是，最主要的原因在於，以色列自從約七十年前建國以來，一直必須為了獨立與生存而不斷奮戰。早從建國第一天起（準確地說，從建國前就開始了），國防軍就投入了大小戰役，包括大規模戰爭、小規模（或更小型）戰鬥、以及在以色列邊界沿線的例行維和保安任務。以色列的生存仰仗國防軍與國防軍保衛國家的能力。國防軍沒有打敗仗的本錢，就連一場仗也輸不起。以色列人民大都清楚國防軍肩負的重責大任，也很重視這份責任。

另一個重要原因是，以色列實施全民徵兵制，全國男女年滿十八歲都必須服役。國防軍自建軍初期就在以色列享有「人民的軍隊」之美名，原因就在這裡。以色列的軍隊也確實是一個大熔爐，全國上下幾乎每個人都得來到軍中，與其他人會面、共處。對以色列人來說，兵役或許是人生最重要的養成階段，不論過去或是現在。

這兩大原因之外，或許還有其他一些理由，使軍隊成為以色列國家認同中的基本、關鍵要素。也因此，就許多方面而言，以色列軍隊幾乎可說是以色列文化的一種反射。當然，在其他西方民主國十之八九是看不到這種現象的。

因此我認為，讀者們不妨將《野小子特種部隊》視為一本不僅能一窺以色列社會，還能幫我們進一步了解以色列經濟的書。

以色列在安全與經濟領域的需求出自同一個現狀。以色列的地緣政治情勢與其他特有環境，究竟經由什麼方式，竟能對軍事與經濟這兩個截然不同的領域造成如此類似的影響，說起來還真得費一番周章。

無論就地理或人口條件來說，以色列都是小國。這表示以色列必須建立強有力的經濟。若是不能發揮創意，不出奇招，以色列不可能達到此目標。在《野小子特種部隊》描述的每一場行動中，你都能見到以色列人如何展現創意、出奇致勝。

以色列缺乏天然資源，因此為了生存，**以色列最主要的對策是用「人力資源」取代「天然資**

源」：讓人民都能積極進取，接受良好教育，用智慧與創新為工具，克服物理限制。面對數量與規模都極盡懸殊、幾乎不可能抵禦的對手，以色列國防軍就是憑藉這些技巧取得「質的優勢」。《野小子特種部隊》告訴我們，若不是頭腦與精神都超人一等，國防軍不可能完成特戰任務，克敵致勝。

國防軍以及以色列獨特的高科技「人資」系統之所以成功，還有一項基本要件，**就是敢於嘗試、不畏犯錯的勇氣。若沒有犯錯的自由，一個人永遠不敢全力以赴，發揮潛能。**鑑於以色列日復一日、不斷面對的威脅，國防軍素質必須追求頂尖。在國防軍裡，軍官與士官未必會因為戰術決定錯誤而受罰，當局會鼓勵他們與同袍共享經驗，讓每個官兵都能學習、改進。一旦撇開失敗的恐懼，人往往能奮力創造佳績。這是以色列智慧與創新的根本精神所在，我相信，這也是以色列與臺灣的又一共同點。

儘管臺灣與以色列有許多差異，但我相信臺灣讀者能從這本書的英雄事蹟中找到共鳴：那是一種求知好奇的精神、追求至善的需求、挺身面對人生挑戰的意志。

（譚　天譯）

推薦序

國家應負責人民的安全與生活

——值得留意的以色列情報與後勤系統

文／張國城（臺北醫學大學通識教育中心教授）

有關以色列的戰爭書籍，過去國內也曾出版過若干，但是涵蓋範圍最長最新的，則非本書莫屬。同時本書最值得稱道的是有注解，且對相關人物介紹最為詳細，重要人物姓名又有附上原文，令讀者之後進一步比對其他資料和查考細節提供了莫大的便利。這也是出版社最細心且難能可貴的地方。透過「人物小檔案」的介紹，讀者也可一窺以色列復國之後政黨的變遷和政治人物間的傾軋——這是一個沒有威權領袖也充滿政黨分合和鬥爭的國家。

本書列出了多場以色列歷史上的重大軍事行動，有些是戰爭、有些是戰役，有些則是行動。總括來看，成功的關鍵無一不在於「情報」，情報的靈通準確以及完善利用，是書中所有軍事成就的關鍵，而非只是一般認知的卓越訓練、戰技和士氣。至於武器裝備的性能則更非重點，和一般認知的「全民皆兵」也不同。情報是一切行動展開的前提，也是以色列檢討「目前的準備」與規畫「下一步行動」的絕對依據。

雖然還是省略了許多細節，但細心的讀者不難發現，即使始終大敵當前，這個國家的建軍對「後勤」的重視仍不下於情報。以色列最艱危、最依賴外援的時候大概是一九七三年十月戰爭（贖罪日戰爭），但是對美國運來的裝備，仍是靠以國原有的後勤系統才得以前運至部隊投入作戰。所以在戰爭最激烈的時候，以軍在各戰線和敵軍直接接戰的部隊，即使在動員後仍不算多（相對於以國規模不大的人口和軍隊仍是如此），但持續作戰能力大體上相當強，足見擔任支援和後勤的人員比例必然甚高。重視「情報」和「後勤」，而非僅把人力和資源用於壯大作戰部隊，是這個時時刻刻準備實戰的國家最大特色。

本書更可讓臺灣讀者了解很多在臺灣比較陌生的事，譬如「文人領軍」，不一定要由高級將領來擔任國防部長。此外，以色列國防軍與其說是一支軍隊，不如說是「武裝民團」，因此軍隊不是特殊職業團體。他們沒有和民間教育分流的軍官教育體系，以色列人也不會尊稱飛行員為「教官」。軍官退伍除傷殘外就回家吃自己；書中完全沒有提到軍官的「期別」，這也不是任何任職任官的重點；軍隊的編制也和臺灣讀者熟知的美式編制不同，高階單位和基層單位距離很近，空軍沒有聯隊陸軍沒有軍團或師；參謀總長只是中將；這些都是「武裝民團」的特色。

透過本書的生動描寫，讀者彷彿可以看見「雄雞行動」（第四章）的銲槍火光而瞇著眼睛（筆者就是這樣看完那章的），為「永納坦行動」（第一章）中C-130的發動機聲摀住耳朵；聽見「里蒙二十行動」（第十一章）裡的無線電喊叫；感受一九五六年西奈沙漠中的烈日和「所羅門行動」（第二十六章）中飛機裡的擁擠。許多參與其事的人現身說法更為本書增色，其中包括班雅明・納坦雅胡，他是現在的以色列總理。

在讀完本書之前和之後，讀者們可能都會問：「以色列軍事強大的原因是什麼？」筆者只能歸納出他們「不做」什麼：

第一，不己願他力。和很多人所認知的不同，在六日戰爭（第三部）當下和之前，美國對以色列幾乎沒有幫忙，主要武器裝備來自於法國和英國，在六日戰爭時，法國總統戴高樂還宣布武器禁運。雖然早年以色列的武器裝備多半來自外國，但以軍中沒有外國軍事顧問，也從沒有任何同盟作戰的想法和心態。

第二，不好高騖遠。以色列在一九七〇年以前獲得武器非常困難，國防與外交形勢遠劣於今日，為了生存，他們培養出一種務實且不斷反思的習慣，與負責的態度，對於自身能力的限制也有清楚估計。因為必須自我教導，所以所有經驗都非常寶貴。這點和他們的歷史文化和政權性質有絕對關係，不過這就不是這本已經相當傑出的著作所能涵蓋的了。班古里昂在黑箭行動（第三章）之後的話或許可以作為注腳：「我們向他們（猶太人）再次保證，猶太人有一個國家，有一支軍隊，想要拿走他們的生命與財產，就得付出代價。我們要讓他們抬頭挺胸，要灌輸他們獨立與自豪感，因為主權國要為人民的生活與安全負責，而他們便是主權國的國民。」所以筆者認為，或許是以色列國家保衛了國防軍，而不只是國防軍保衛了國家。

至於其他，就請讀者們自己發掘、體會吧！

獻給與我並肩作戰的戰友，
他們有些已經作古，有些依然健在。
他們是「六日戰爭」中的西奈征服者；
是「贖罪日戰爭」中跨越蘇伊士運河的勇士；
是「加利利謀和之戰」的北疆衛士。
他們心中常抱和平之夢。

——麥克・巴佐哈

獻給我的孫兒
伊丹、堯夫、歐爾、古利、諾姆與諾亞。
我祈求有一天，你們能見到
叼著橄欖枝的和平之鴿。

——尼希・米夏爾

圖1：以色列地形及區域圖

© Eric Gaba and NordNordWest @Wikimedia Commons

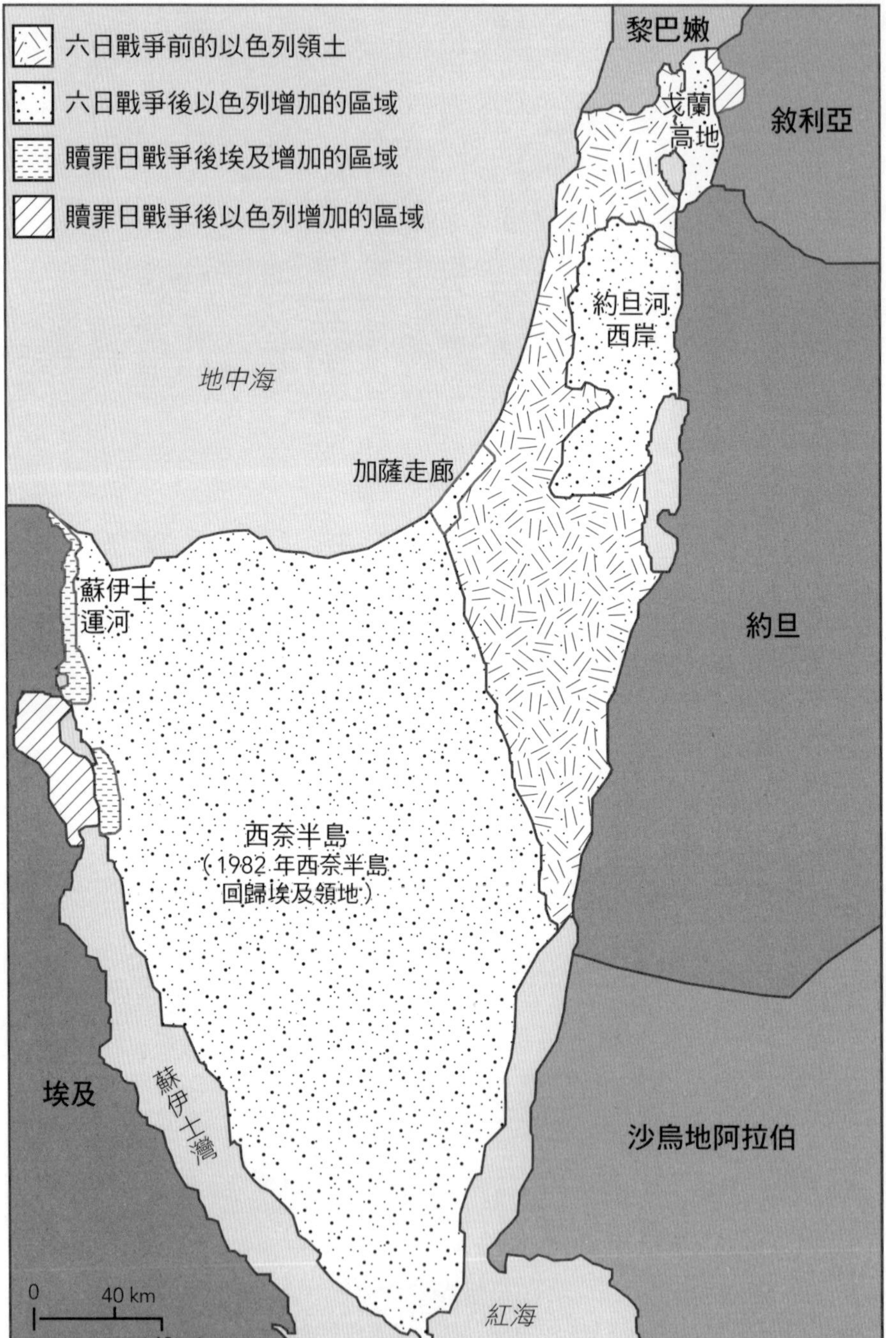

圖2：六日戰爭、贖罪日戰爭前後，以色列的領土變化圖

© Raul654 @Wikimedia Commons

前言

兩場戰鬥

以色列軍隊自獨立戰爭[1]以來，一直在打著兩場永無止境的戰鬥。一場是與永不放棄的敵人在前線纏鬥，另一場是對內之戰——以色列必須構思一套任何軍隊都無法與之比擬的、嚴厲的道德與人性原則，並且付諸行動。

以色列與敵人的戰鬥一直是眾寡懸殊之爭，過去如此，今後仍將如此。在一九四八年建國期間，這個猶太國只有六十五萬人，卻必須面對人口總數超過三千萬的五個阿拉伯國家的入侵。二〇一五年，以色列人口增加到八百萬，其中八成是猶太人，兩成是不服兵役的以色列阿拉伯人，但四周包夾的幾個阿拉伯鄰國人口總數已經達到一億四千萬，而且差距還在不斷擴大。埃及與約

1　即第一次中東戰爭，發生於一九四八年，又稱阿以戰爭。起因於聯合國支持猶太人於巴勒斯坦建國，阿拉伯國家反對無效。於是，以色列和阿拉伯國家之間，便為了爭奪巴勒斯坦而發起了大規模戰爭。經此戰後，以色列成為獨立國家，所以也稱為以色列獨立戰爭。

且已經與以色列簽了和平條約，應該可以從以色列的敵對陣營中除名，但一個新的勁敵又加入了這個陣營：人口七千五百萬的伊朗。伊朗的狂熱回教領導人發誓，要用常規或非常規武器[2]把以色列從地圖上抹去。

也因此，以色列國防軍（Israel Defense Forces, IDF）必須發展軍事科技，以填補它與阿拉伯敵軍之間令人膽顫心驚的差距。為達到這項目標，以色列採行了幾個步驟：用最現代、最精密的武器（包括許多自行設計、在以色列境內生產的武器）裝備軍隊；訂定「在兩個戰線上抵擋敵人、集中主力於第三戰線」的戰略；建立強大空軍與絕佳的情報機構，特別是結合矢志奉獻的志願者組建幾支特種部隊，這些部隊不僅受過嚴格訓練，在體能與精神力上超人一等，最重要的是，他們強調創意與出奇制勝，每每能以最出其不意的方式攻擊敵人要害，且往往能以小編隊——有時不到幾個人——完成一般需要幾個連，甚至幾個營才能完成的任務。一〇一傘兵部隊、「野小子」參謀總部偵搜隊（Sayeret Matkal）、海軍十三偵搜隊（Shayetet 13）、翠鳥突擊隊（Kingfisher）、櫻桃反恐特戰隊（Duvdevan）、參孫反恐特戰隊（Shimshon）、朱鷺鳥敵後偵搜隊（Maglan）；以及國防軍所屬各旅的突擊隊等，都是根據這些原則組建的單位。這些菁英部隊日後都將他們的經驗及戰術與國防軍全軍共享。在六日戰爭（見第三部）結束後，一名被俘的埃及將領承認：「我們不是你們的對手，你們全軍都是突擊隊！」

無論在承平時期或戰時，以色列都以一項源出於地下組織「防衛團」[3]的道德律，即所謂「武器純潔」，作為國防軍軍紀基礎。所謂「武器純潔」的概念為「防衛團」所建，意指戰鬥員不應用武器傷害平民百姓、婦女、兒童或無武裝的敵軍，以免玷污了武器。以色列當局從過去到現在，都曾根據這項誡律審判國防軍軍人。一項著名的法庭宣判說，任何違反這項誡律的軍令都是「揚黑旗」[4]，軍人應該抗命，不應遵令執行。以色列國防軍奉行這項概念，對任何違規的軍人都不寬貸。在加薩地區最近發生的一次與巴勒斯坦人的對抗[5]中，就有幾名國防軍軍人因此受審。

國防軍在設法保護敵軍非戰鬥員的同時，也極力保護以色列自己的人員。根據在獨立戰爭砲火下訂定的一項原則，國防軍絕不能將負傷或受困軍人留在敵軍控制區，必須不計代價將他們救出來。拯救困在國外、置身險境的猶太人與以色列人——無論他們是像恩德培事件一樣，淪為恐怖分子人質，或是像一九八一至一九九一年間的衣索比亞猶太人[6]一樣，整個社區遇險——也已成為國防軍的一項重要守則。

國防軍另有一個獨樹一幟的信念：跟我來！

---

2 常規武器是指槍、砲、飛彈、坦克等，非常規武器意指具大規模殺傷力且後果無法預期，如核武、生化武器等。

3 防衛團（Haganah）：英國託管期間成立的猶太民防組織。

4 可能是以賽車規則比喻：黑旗代表參賽車手犯規或是有危險舉動，裁判除了揚黑旗外，也會出示標明車手號碼的黑色指示牌，該車手需在本圈結束後停止比賽。

5 此處應是指二〇一四年以巴衝突，又稱二〇一四年加薩戰爭，以色列稱之為「保護刃行動」。與二〇〇八年的「鑄鉛行動」一脈相承（見第二十五章）。

6 此處應是指自一九八四年開始，到一九九一年的三個行動：摩西行動、示巴女王行動及所羅門行動。目的是將衣索比亞猶太人經由蘇丹遷移至以色列（見第二十六章）。時至今日，以色列國家基金會（Keren Hayesod-UIA）與猶太事務局（Jewish Agency）仍致力於幫助衣索比亞猶太人遷到以色列。

戰鬥部隊的軍官不僅應該指導、訓練男女部下，在接敵時還應該身先士卒，衝在最前面，為部屬樹立勇氣與獻身的個人榜樣。「跟我來！」已經成為以色列軍的戰鬥口號，國防軍軍官的作戰傷亡率特別高，原因也在這裡。

以色列國防軍結合道德價值、強烈使命感、特種訓練，以及非常規策略等因素，造就了一支沒有不可能任務的部隊。

一九七三年十月六日、以色列紀念贖罪日[7]那天，敘利亞與埃及對以色列發動奇襲，從位於北方的戈蘭高地與位於南方的西奈半島同時入侵。經過幾場慘痛的敗戰，以色列最後擊敗敵人，但也付出很重的代價。以色列在贖罪日戰爭中折損兩千七百名戰士，國防嚇阻力量也因戰火摧殘而破敗不堪，直到戰爭結束三年之後，以色列仍在舔傷止血。高達·梅爾夫人[8]已經辭去總理職位，由伊薩克·拉賓[9]取而代之；西蒙·裴瑞斯[10]也繼摩西·戴陽[11]之後出任國防部長。拉賓與裴瑞斯交惡，彼此互不信任，但為了應付恐怖組織對以色列發動的無休無止的攻擊，兩人必須合作。

第一章
永納坦行動

一九七六年六月二十七日，一對德國男女在雅典登上一架法航班機，兩人在頭等艙靜靜落

7 贖罪日（Yom Kippur）：希伯來曆提斯利月（猶太國曆一月；猶太教曆七月）的第十天。是猶太人一年當中最神聖的宗教節日，該日不能工作，須全天禁食和祈禱。

8 高達・梅爾（Golda Meir，1898～1978）：梅爾夫人，以色列創國元老之一，也是以色列的首位女性總理（1969～1974）。曾任外交部長（1956～1966）、勞工部長（1949～1956）及內政部長（1970，7～9月）。

9 伊薩克・拉賓（Yitzhak Rabin，1922～1995）：曾任參謀長（1964～1967）、駐美大使（1968～1972），兩次出任總理（1974～1977，1992～1995）及國防部長（1984～1990，1992～1995）。拉賓在一九九五年十一月遭暗殺。

10 西蒙・裴瑞斯（Shimon Peres，1923～2016）：班古里昂主政時期擔任國防部總檢察長與副國防部長。也曾任國防部長（1974～1977，1995～1996）、外長（1986～1988，1992～1995，2001～2002）、總理（1984～1986，1995～1996）、以色列第九任總統（2007～2014）。

11 摩西・戴陽（Moshe Dayan，1915～1981）：中將。曾任參謀長（1953～1958）、農業部長（1959～1964）、國防部長（1967～1974）。擔任外長（1977～1979）期間，他在與埃及的和平條約談判中扮演重要角色。

座，把兩大袋手提行李擺在前座座椅下。這個男子的身材瘦削，藍眼，有一頭褐髮褐鬍，襯著一張長臉，八字鬍飄在尖下巴上方。顯然已經疲累的他，很快就把座椅倒下，閉目養神。他身邊那個女子身著夏季褲裝，是個金髮美女，可惜有些戽斗。

一三九號航班是一架空中巴士A三〇〇型法航客機，從特拉維夫飛往巴黎，中途在雅典小停，有兩百四十六名旅客——其中一百零五名是猶太人與以色列人——以及十二名機組人員。停留雅典時，登機旅客中有兩個穿暗色西服、看起來像中東人的男子。兩人就在機上那些來自特拉維夫旅客漠然的眼神下，由一位笑容滿面的金髮空服員引入經濟艙落座。

下午十二點三十五分，飛機從雅典起飛十五分鐘後，坐在頭等艙的兩名德國人打開他們的手提袋。男的拿出一個色彩鮮豔的大糖果盒，打開錫盒蓋。女的拿出一瓶香檳，並用兩手扭動著瓶子。突然間，男的從糖果盒中取出一支迷你衝鋒槍，從座椅上一躍而起。他衝向駕駛艙，用手中衝鋒槍比著駕駛員。同時那女子從香檳酒瓶瓶底抽出一把手槍與兩枚手榴彈。

「手舉起來！」她對著頭等艙乘客喊道。「不准離開你們的座椅！」

經濟艙也傳來同樣的喊聲。那兩名中東男子已經手持小型衝鋒槍躍出身來，不費吹灰之力地制服了其他乘客。擴音器中響起那德國劫機男子興奮的語音。他以帶有口音的英語宣布，他是這架飛機的新機長，還自稱巴西爾·庫拜西（Basil Kubaissi），是「加薩走廊齊·古法拉突擊隊」（Che Guevara Commando of the Gaza Strip）隊長，屬於巴勒斯坦人民解放陣線（Popular Front for the Liberation of Palestine）的一員。

乘客艙陷入一片恐慌，害怕、憤怒的嘶喊與哭泣聲幾乎淹沒每一個角落。驚魂未定的乘客發現自己已然遭到劫持，淪為恐怖分子的囚犯。「新機長」與他的黨羽下令乘客將身上攜帶的武器全部丟到走道上。有人交出幾把小刀。劫機匪徒隨即對男性乘客進行徹底搜身。飛機也在這一刻掉頭往南飛。

在耶路撒冷，以色列內閣的會議正開到一半，有人給西蒙・裴瑞斯悄悄遞來一張字條。時年五十三歲的裴瑞斯曾是大衛・班古里昂[12]的親信助理；他促成以色列在一九五六年與法國結盟，還曾完成一項「不可能任務」：在南部小城迪蒙納（Dimona）附近建立祕密核子反應爐。

裴瑞斯把字條遞給伊薩克・拉賓，拉賓戴上眼鏡讀了它。年長裴瑞斯一歲的拉賓，有一頭泛灰的金髮，臉色白裡透紅。拉賓曾是以色列獨立戰爭期間精銳部隊「打擊軍」（Palmach）的戰士。他在擔任國防軍參謀長與駐美大使以後，於一九七四年繼任以色列總理。在角逐勞工黨總理提名時，拉賓儘管獲得黨務系統支持，結果卻僅以些微之差擊敗裴瑞斯。兩人彼此銜恨，拉賓還在心不甘情不願的情況下，接受由裴瑞斯出任國防部長。

就這樣，兩個素來不睦的人必須合作處理以色列的安全問題。拉賓與裴瑞斯對人民解放陣線都知之甚詳。「民解」是瓦戴・哈達（Wadie Haddad）博士領導的恐怖組織。哈達是生長在以色列北部城市沙菲（Safed）的物理學家，他放棄物理學專業，全力投入反以色列鬥爭。哈達已經幹下幾宗血腥的劫機案，還雇用外籍傭兵替他辦事，聲名狼藉的卡洛斯（Carlos）就是他的手下。卡洛斯是委內瑞拉的恐怖分子，犯下多宗炸彈攻擊、綁架、暗殺等令人髮指的罪行，是歐洲

12　大衛・班古里昂（David Ben-Gurion，1886～1973）：以色列國父（1948～1954、1955～1963擔任總理）。

第一號通緝要犯。哈達曾在一九六八年策畫劫持一架以色列飛機，首開劫機先例，以狡詐、殘酷與宗教狂熱知名。

一九六七年「六日戰爭」大幅改變了以色列與其敵人間的關係。一九六七年六月，埃及總統賈瑪爾．阿德．納瑟（Gamal Abdel Nasser）與其盟友揚言消滅以色列，以色列於是發動先制攻擊，一舉擊潰埃及、敘利亞與約旦的軍隊，控制了西奈半島、戈蘭高地與巴勒斯坦西岸等大片土地。在以色列獲得這項驚人的勝利之後，阿拉伯軍隊大體上已由新出現的恐怖組織取代。這些恐怖組織都揚言，要繼續進行阿拉伯世界對付以色列的鬥爭。他們用劫機、放炸彈與暗殺等手段取代戰場上的對抗，而且主要以以色列平民為打擊對象。哈達的「民解」是其中最殘酷的幾個恐怖組織之一。

在接獲這起劫機事件的消息後，拉賓與裴瑞斯召開緊急部長與高級官員會議。會議進行途中，更多有關劫機案的情報陸續送達。在雅典登機的五十六名旅客中，有四人是乘新加坡航空公司班機從科威特抵達希臘的旅客。據信，這四人用的是假護照。以色列情報特務局「莫薩德」（Mossad）很快查知，那兩名德國人是韋夫萊．伯斯（Wilfried Böse）與布莉姬．庫爾曼（Brigitte Kuhlmann）。伯斯是「德國革命細胞」（German Revolutionary Cells）恐怖組織創辦人，過去與卡洛斯一夥，現在是巴勒斯坦人民解放陣線的一員。他的女伴庫爾曼是恐怖幫派巴德—曼霍夫（Baader-Meinhof）的著名成員。另兩名劫機犯是巴勒斯坦人阿布．哈利．艾．哈萊利（Abu Haled el Halaili）與阿里．艾．米阿利（Ali el Miari）。

情報也指出，雅典機場保安人員對乘客手提行李的檢查只是虛應故事，沒有發現藏在糖果盒與香檳酒瓶中的四支蠍式迷你衝鋒槍與手榴彈。此外，劫機犯在手提行李中還藏了幾包炸藥。

午夜時分，遭劫持的客機似乎仍持續朝中東飛近，裴瑞斯與國防軍作戰部長伊庫提·「庫提」·亞當（Yekutiel "Kuti" Adam）會商。四十九歲的亞當，是一位非常幹練的將領，留著濃厚的巨型八字鬍，很難想像他的家族來自高加索（Caucasus）。裴瑞斯與亞當做了一些安排，一旦飛機降落在班古里昂（Ben Gurion）機場，國防軍就會對它發動攻擊。兩人乘一輛陸軍吉普車，前往參謀總部偵搜隊基地。這支精銳突擊隊此時已經展開攻擊一架巨型空中巴士的演練，為遭劫客機在以色列降落做準備。

當時偵搜隊剛換新指揮官，由年方三十、納坦雅胡三兄弟之一的永尼·納坦雅胡（Yoni Netanyahu）坐鎮。根據裴瑞斯的說法，這三兄弟當時「已經是傳奇人物。他們打起仗來像獅子一樣，不但戰技超群，學識也高人一等」。三兄弟分別是永納坦·「永尼」（Yonatan "Yoni"）、班雅明·「畢比」[13]與艾杜（Ido），都是著名學者班—吉昂·納坦雅胡（Ben-Zion Netanyahu）的兒子，也是現任或前任總參偵搜隊的隊員。紐約出生的永尼官拜中校，相貌英俊，有一頭蓬鬆亂髮。除了擁有軍事長才以外，他還熱愛文學，特別是詩文。六日戰爭結束後，永尼在哈佛大學念了一年書，之後在希伯來大學念了六個月，然後重返軍中。裴瑞斯與亞當本以為當天晚上會在基

13 班雅明·「畢比」·納坦雅胡（Benyamin "Bibi" Netanyahu，1945～）：曾任總參偵搜隊隊長、以色列駐聯合國大使（1984～1988）、財政部長（2003～2005）、總理（1996～1999、2009～）。

地見到永尼，但永尼當時正在西奈領導一項行動，所以攻擊演習由永尼的副手穆基．貝澤[14]主持。貝澤是總參偵搜隊最優秀的幾名戰士之一。裴瑞斯一行在抵達基地之後沒多久，就接獲報告離開了。這份報告說，被劫持的客機在利比亞的班加西（Benghazi）小停加油，之後繼續朝位於非洲腹地的目的地飛行：烏干達首都康帕拉（Kampala）郊外的恩德培機場。從恩德培傳來的初步消息顯示，烏干達獨裁者伊地．阿敏[15]將軍熱情接待這些劫機的恐怖分子，說他們是「受歡迎的客人」。看來飛機降落在恩德培，是事先已與阿敏協調過的。

阿敏以鐵腕統治烏干達，是一名殘忍、可怕的統治者。他是個巨型大漢，制服上永遠掛了幾十枚勳章，《時代》雜誌稱他是「非洲狂人」。他原是一個小兵，逐漸在軍中攀升為參謀長，然後在一次血腥政變中奪權，自封為「終身總統閣下，奧哈吉元帥與伊地．阿敏．達達博士，地上一切動物與海洋中所有魚類的主人，全非洲英帝國、特別是烏干達的征服者」。直到事件發生不久以前，阿敏還是以色列的盟友，並曾應前國防部長戴陽之邀，以客人身分接受國防軍跳傘學校的傘兵訓練。裴瑞斯曾在戴陽家裡舉行的一次晚宴中與阿敏有過一面之緣，印象中阿敏是個既有魅力、又讓人恐懼的人，「像一幅叢林景觀，又像一個無解的大自然之謎」。

之後，由於總理梅爾夫人不肯把幽靈式（Phantom）噴射機賣給他，阿敏便與以色列斷交，還把境內所有以色列人驅逐出境，並且與以色列的死敵——仇視以色列的阿拉伯國家與恐怖組織——交友。在一九七三年贖罪日戰爭期間，阿敏甚至宣稱他派了一支烏干達陸軍部隊與以色列國防軍作戰。現在這個狡詐無恥的暴君，在恩德培機場控制了兩百五十名人質，而恩德培距以色列足有兩千五百英里（四千公里）之遙。

劫機事件的消息在以色列傳開，立即引發一場風暴。憤怒與無助彷彿狂潮般席捲以色列。媒體開始對應該採取的對策火爆激辯。許多人質家屬聯合起來向政府施壓。他們的要求都一樣：釋放我們心愛的人。

之後幾天，情勢愈來愈明朗。原來早有恐怖分子守在恩德培機場，等候這架法航客機。阿敏已經派遣他的私人飛機前往索馬利亞，接載瓦戴・哈達與哈達的幾名心腹。人質都關在恩德培機場舊航站大樓，由恐怖分子與烏干達士兵看守。恐怖分子之後把猶太裔乘客與其他乘客分隔，重新勾起二次大戰期間納粹大屠殺「專挑」猶太人下手的慘痛回憶。其中那名叫布莉姬・庫爾曼的德籍恐怖分子尤其凶殘。她用骯髒的反閃族語言口頭凌虐那些猶太裔乘客。

瓦戴・哈達抵達以後，給了阿敏一張關在以色列與其他國家的恐怖分子名單，哈達要求用恩德培的人質，交換名單上所列的恐怖分子。這張名單還附帶一份最後通牒：如果以色列在限期屆滿時還不遵照哈達的要求、根據名單放人，哈達的手下就要開始處決人質。阿敏把這張名單交給以色列。

總理拉賓指派一個部長委員會處理這項危機。在六月二十九日的委員會會議上，拉賓問他的

---

14 摩西・「穆基」・貝澤（Moshe "Muki" Betzer，1945～）：上校。曾任總參偵搜隊副隊長。是以色列空軍翠鳥突擊隊第一任隊長。

15 伊地・阿敏（Idi Amin，1925～2003）：藉由軍事政變成為第三任烏干達總統（1971～1979）。在位期間犯下人權侵害、政治迫害、種族迫害等許多暴政，預計殺害人數達十至五十萬人。

參謀長摩德柴・「摩塔」・古爾將軍[16]，這次的危機有沒有「軍事解決之道」。

古爾是一位傳奇人物。他在打完獨立戰爭以後加入傘兵部隊，與艾利爾・夏隆[17]並肩參加過許多戰鬥。一九五五年，他在與埃及軍的一場戰役中負傷。一九六七年，他率領第五十五傘兵旅征服東耶路撒冷，是第一個站上聖殿山的以色列軍人。當他的半履帶裝甲車出現在這處猶太民族最神聖的地點時，古爾透過無線電對講機大聲叫道：「聖殿山在我們手中了！」他在贖罪日戰爭結束後，奉命出任以色列第十任參謀長；拉賓雖然很看重他，但認為面對恩德培這樣的事件，古爾也不會有什麼解決辦法。

「有，有一個軍事解決辦法。」古爾的答覆讓與會者都大感意外。他建議出動一支國防軍傘兵部隊，在恩德培機場左近地區空降，地點或許可以選在維多利亞湖（Victoria Lake）附近。這支傘兵負責攻擊恐怖分子，保護人質，直到能將所有人質都接回以色列為止。但部長委員會拒絕了這項建議。首先，很明顯的，傘兵在登陸以後想進抵機場非常困難。其次，計畫中完全沒有提到如何將人質帶回以色列的辦法。拉賓後來說這項計畫是「豬灣」（Bay of Pigs），也就是說，像美國在一九六一年入侵古巴的那項計畫一樣拙劣[18]。

拉賓與裴瑞斯在會議一開始就爭得面紅耳赤。拉賓認為，他除了與劫機犯談判、同意釋放巴勒斯坦恐怖分子以外，別無其他選擇。但裴瑞斯堅決不肯釋放恐怖分子，因為這樣做不但使以色列國際形象受挫，對以色列正在進行的反恐鬥爭也會造成負面衝擊。加上兩人之間原有宿怨，導致這項爭執更為變本加厲，部長會議的氣氛也極度緊繃。

會議結束後，裴瑞斯離開他位於國防部二樓的辦公室，通過附近一扇門，進入國防軍參謀總部辦公室所在的國防部大樓西樓，緊急召集參謀長與幾名將領。

他問這群著橄欖色夏季軍服的將領：「我想聽聽你們有什麼計畫。」

「我們沒有計畫。」庫提・亞當答。

「那我想聽聽你們沒有什麼計畫。」裴瑞斯說。

情況很快出現變化。

將領們雖拿不出任何正式計畫，但有幾名將領確實有一些構想。庫提・亞當建議以色列可以與法國軍方採取聯合行動。他說，再怎麼說，法航是一家法國公司，法國政府理應介入這件事。四十八歲的以色列空軍（IAF）司令班尼・佩里（Benny Peled），有一個「瘋狂」但很有創意的點子。身為以色列空軍建軍人的佩里，是一位身材魁梧、勇敢又冷靜的戰鬥機飛行員，尤其是他的想像力豐富，令人稱道。他建議以色列將大批精銳部隊空運至烏干達，征服烏干達，釋放人

16 摩德柴・「摩塔」・古爾（Mordechai "Motta" Gur，1930～1995）：中將。一九六七年六日戰爭期間率領五十五傘兵後備旅攻占耶路撒冷。曾任以色列駐華府武官（1972～1973）。一九七六年恩德培行動期間擔任參謀長。後任職衛生部長（1984～1986）、副國防部長（1992～1995）。經診斷罹患末期癌症以後，他舉槍自殺。

17 艾利爾・「艾利克」・夏隆（Ariel "Arik" Sharon，1928～2014）：少將。曾任傘兵隊隊長（1954～1957）。一九七三年遭國防軍除役。也曾任國防部長（1981～1983），在一九八二年黎巴嫩戰爭之後，因遭卡漢調查委員會（Kahan Board of Inquiry）調查而解職。之後他擔任過幾個部長職位，於二〇〇一年當選總理，並決定以色列片面退出加薩走廊。他在二〇〇六年中風，直到二〇一四年去世前，一直處於昏迷狀態。

18 美國中央情報局支援的民兵於一九六一年在古巴豬灣登陸，意圖推翻古巴領導人卡斯楚的共產黨政權，結果以慘敗收場。

質，把人質帶回以色列。他認為，以色列可以出動一中隊十四架力士型「犀牛」式（Rhino）大型運輸機執行這項任務，這些飛機可以從以色列飛往恩德培，再飛回以色列。

幾年前，裴瑞斯在訪問美國喬治亞州期間，買了這些犀牛機。那次訪問中，裴瑞斯將自己寫的書《大衛的投石器》（*David's Sling*）送給喬治亞州州長吉米・卡特[19]。卡特當時對裴瑞斯說：「當年大衛只需要一個投石器就行了[20]，不過今天的大衛需要的不只是一個投石器而已，他還需要一個力士！」卡特就這樣說服裴瑞斯買了幾架喬治亞州製造的力士型犀牛運輸機。

佩里這個點子令裴瑞斯稱奇不已。對裴瑞斯以及在場其他與會者而言，這個點子乍看無異於天方夜譚，但評估所有其他選項之後，裴瑞斯認為它「很實際」。不過他的同事不這麼想。摩塔・古爾尤其反對；古爾說，這個計畫「不切實際，不過是異想天開而已」，應該不予考慮。

但裴瑞斯力排眾議，與一小群高級軍官繼續討論軍事行動的可行性。參加討論的人包括參謀長、亞當、佩里、佩里的副手拉菲・哈里夫（Rafi Harlev）、丹・蕭隆[21]、席洛莫・賈吉[22]、雅諾西・班—賈爾[23]，還有幾名校級軍官，以及曾擔任總參偵搜隊隊長、極其幹練的艾胡・巴拉克[24]。這些討論都在極機密的狀態下進行。

就在進行討論的那個上午，裴瑞斯接到劫機匪徒要求釋放的恐怖分子名單。這名單非常複雜，其中有四十名犯人關在以色列，包括惡名昭彰的岡本公三。岡本是日本恐怖分子，他的組織於一九七二年五月在以色列勞德（Lod）機場屠殺了二十四人，殺傷七十八人。名單上還有六名關在肯亞、但肯亞當局否認關了他們的恐怖分子。另有五人關在德國，包括巴德—曼霍夫幫派的幾名領導人。此外還有一人關在法國，一人關在瑞士。裴瑞斯略看了幾眼就知道，劫機匪徒提出的這項要求根本不可能辦到。他哪有辦法讓關在這麼多國家、因不同罪行受不同法律制裁的恐怖分子獲釋？如果其中幾個或所有國家都不肯放人，又該怎麼辦？

但拉賓繼續堅持以色列應立即展開談判，害怕恐怖分子提出的限期一到，就會動手殺害無辜的人質。只是裴瑞斯也不肯讓步，認為以色列可以把限期盡量往後拖延。劫匪提出的限期是七月一日星期四，上午十一點。同時裴瑞斯也同意進行談判，但強調他願意這麼做只因為這是一種爭取時間的「戰術性運作」。

六月三十日星期三，裴瑞斯決定嘗試另一個角度。他召集曾在烏干達服役、替伊地．阿敏工作過的三名國防軍軍官，要他們描述阿敏對外國人的習性、行為與態度。這三名軍官認為，阿敏不敢屠殺這些人質，但也認定他不會與恐怖分子對抗。裴瑞斯要曾與阿敏往來的「包卡」．巴里

19　吉米．卡特（Jimmy Carter，1924～）：後來成為第三十九任美國總統（1977～1981）。

20　引述自《聖經》中少年大衛以手持的甩石機弦（類似彈弓）打敗巨人歌利亞的典故。

21　丹．蕭隆（Dan Shomron，1937～2008）：中將。當時的傘兵與步兵司令。曾任參謀長（1987～1991）、以色列軍事工業協會（Israeli Military Industries）主席。

22　席洛莫．賈吉（Shlomo Gazit，1926～）：少將。當時的軍事情報首長。曾任職班古里昂大學（Ben-Gurion University）校長及猶太事務局局長。

23　雅諾西．班—賈爾（Yanosh Ben-Gal，1936～2016）：少將。當時的國防軍助理作戰部長。曾任北方軍區司令（1977～1981）。

24　艾胡．巴拉克（Ehud Barak，1942～）：中將。當時的總參偵搜隊隊長。曾任以色列參謀長（1991～1995）、總理（1999～2001）、國防部長兼副總理（2009～2013）。

夫（“Borka” Bar-Lev）上校打電話給阿敏。巴里夫一打再打，卻始終聯絡不上阿敏。

另一方面，裴瑞斯又一次召集高級軍官密商。他們再次討論了佩里的計畫，不過這一次將行動焦點縮小了。計畫目標不再是征服烏干達，而是控制恩德培機場，解救人質、帶人質回以色列。佩里訂了一項修正案，主張出動一千名傘兵，分乘十架犀牛機空降。蕭隆與班—賈爾估計，只需出動兩百名傘兵與三架犀牛機就可以成功執行這項任務。

出生屯墾區[25]的丹・蕭隆是傘兵，也是六日戰爭的英雄。他反對以跳傘的方式進行這項任務。他告訴佩里：「等到你的第一個傘兵著陸時，已經沒有活口好救了。」語音輕柔但精明、冷靜，後來當上參謀長的蕭隆，認定恐怖分子一旦見到傘兵空降，會立即屠殺人質。就這樣，現在成為主要協調人的蕭隆開始草擬計畫，用飛機載運部隊直接降落在恩德培機場跑道。亞當指出，需要在接近烏干達的地方找一個中繼基地，以備緊急之需。與會者都同意，這個基地必須選在肯亞境內，因為肯亞政府厭惡伊地・阿敏，與以色列保有友好關係。裴瑞斯要莫薩德首腦伊薩克・「哈卡」・霍飛（Yitzhak “Haka” Hofi）將軍祕密與肯亞情報當局聯繫，確定肯亞能授權以色列軍機必要時使用內羅畢（Nairobi）機場。不過裴瑞斯對這一步棋有些猶豫，因為他認為哈卡的態度似乎有些保留與懷疑。

此外，這項計畫仍面對一個重要且頑強的阻力：參謀長摩塔・古爾。古爾確信這項計畫不能成功，並堅持以色列沒有軍事選項。他強調，以色列沒有情報，根本不知道恩德培究竟發生了什麼事。他還挖苦與裴瑞斯一起工作的那夥人，說他們是「幻夢會」。

同時，這項計畫的另一個明知行不通的環結有了一些進展——包卡・巴里夫終於與阿敏通上了電話。只不過談話內容讓人洩氣。這位烏干達統治者毫不保留地勸告巴里夫，以色列應該立即接受劫機者提出的要求。

這也是拉賓的意見。拉賓這時已經取得內閣支持，準備立即展開談判。他進一步告知部長們，反對黨[26]領袖梅納罕．比金[27]（又譯梅納赫姆．貝京）已經同意他展開談判的決定。拉賓指責裴瑞斯運用「蠱惑人心的電光……與聽起來荒謬透頂的華麗言語」。事實上，拉賓認為，裴瑞斯在整個危機處理過程中的反應完全是為了收買人心。他甚至相信裴瑞斯所謂的救援計畫不過是說說而已。大多數內閣部長也同意以色列沒有採取軍事行動的餘地。拉賓還不斷說，以色列應立即把接受恐怖分子條件的決定通知法國，讓法國外交部可以立即與恩德培聯繫。

在所有惱人的政治活動聲中，七月一日也傳來一些好消息：恐怖分子主動把限期延後到七月四日星期日。這是因為阿敏要前往模里西斯出席非洲國家會議。他預定兩、三天內返回烏干達。恐怖分子希望阿敏在談判進行時能夠在場。就這樣，裴瑞斯與他的「幻夢會」突然多出了一點時

25 屯墾區：以色列在六日戰爭奪得的土地上建立的猶太人定居點，主要是約旦河西岸地區，其他還有加薩走廊、戈蘭高地、東耶路撒冷。

26 反對黨：一九四八年比金成立了右翼政黨自由黨（Herut），後發展為以色列主要的反對黨。一九七三年，自由黨與另幾個黨派合併，建立了統一黨（Likud，又譯利庫德）。自贖罪日戰爭後，統一黨的聲勢不斷攀升，長期執政的勞工黨政府則日益腐敗，比金的反對黨漸漸成為以色列的政治中心。直到一九七七年，比金當選總理，反對黨正式翻轉為執政黨。

27 梅納罕．比金（Menachem Begin，1913~1992）：後來成為以色列總理（1977~1983）。因一九七八年，和埃及總統沙達特（Anwar Sadat）簽署了大衛營協定（Camp David Accords，參見註釋125），而雙雙獲得諾貝爾和平獎。

間。

亞當與蕭隆終於訂妥、提出他們的計畫：任務要藉助夜幕隱密進行。犀牛機將在恩德培著陸，國防軍要控制機場，殺掉恐怖分子，救出人質。

蕭隆強調，整個作戰行動不能超過一小時，關鍵在於出其不意與速度。由一架犀牛機在不徵求控制塔臺同意的情況下首先登陸。這架犀牛機要緊緊跟在一架預定晚間十一時抵達的英國航班之後，抵達恩德培。由於犀牛機藏身在英國客機陰影中著陸，機場雷達不會發現它。接著兩輛滿載突擊隊員的裝甲車從犀牛機機腹開下來，直奔囚禁人質的舊航站大樓。五或十分鐘以後，另一架犀牛機著陸，再卸下兩輛裝甲車，車上的突擊隊員負責控制新航站大樓、主跑道與燃油庫。在前兩架犀牛機完成任務以後，第三與第四架犀牛機登陸，接運人質返回以色列。

裴瑞斯向莫薩德首腦霍飛徵詢意見，但霍飛只是一味強調風險——如果烏干達士兵向犀牛機油槽發射RPG（火箭榴彈）或用機槍掃射，引發爆炸怎麼辦？一旦發生這種狀況，一架或多架飛機可能必得放棄，毀了這項環環相扣的計畫。此外還有可能造成的人命損失——如果突擊隊員與人質死亡或受傷怎麼辦？如果恐怖分子乾脆炸了舊航站大樓、讓所有人質同歸於盡怎麼辦？霍飛對這項計畫的態度，實在說不上熱中。

裴瑞斯的「幻夢會」於是匆匆準備每一項任務細節：行動過程可能出什麼差錯；如果第一架犀牛機中彈或受損，其他幾架犀牛機能不能返航；如果恩德培機場有高射砲怎麼應付；烏干達的米格戰鬥機會不會駐守機場，還有犀牛機從恩德培折返時，燃油夠不夠……等。

裴瑞斯接著詢問軍方意見。蕭隆說：「如果能於午夜在恩德培展開行動，我們凌晨一點就能起飛折返。」他估計，任務成功機率接近百分之百。佩里認為成功機率有八成，亞當認為有五到八成勝算。

裴瑞斯終於批准這項計畫，並訂定執行限期為七月三日週六夜，也就是恐怖分子所訂限期的前一晚。所有將領都同意，只有摩塔・古爾仍然堅決反對。

他說：「在沒有適當情報支援下採取這樣的行動，根本是打腫臉充胖子！」

裴瑞斯問道：「摩塔，你能重新考慮嗎？」

「沒有情報支援，要我背書這樣的行動，門都沒有。我在這裡聽到的事，根本不值參謀總部一顧。如果你要的是金手指[28]則另當別論。如果你要的是詹姆斯・龐德，你自己去做，我不幹！」

之後，裴瑞斯拉著古爾，苦勸了一整夜，但古爾抵死不從。若沒有參謀長的支持，裴瑞斯不能把行動方案提交內閣批准。

不過，古爾儘管反對，卻也同意組織一支由總參偵搜隊、傘兵與其他單位組成的特遣隊，進駐一處訓練設施，為攻擊行動做準備，不過這支特遣隊只在情勢有變的情況下才能出動。這處設施隨即封鎖，為防止消息走漏，任何人不准離開設施。蕭隆奉命擔任任務指揮官。還有一個前進指揮所，將設在一架大型空軍波音機上，這架波音機會隨幾架犀牛機一起進入烏干達領空，從空中控制整個行動。訓練設施裡建了恩德培新、舊航站大樓的模型，突擊隊員反覆演練攻擊與搜救

28 金手指（Goldfinger）：出自〇〇七情報員詹姆斯・龐德系列作品《金手指》。「金手指」是劇中反派的稱號。表面上是英國巨賈，富可敵國，私底下從事黃金黑市交易獲得暴利。

行動。

至此，裴瑞斯開始採取行動，以阻止有關當局與劫機匪徒妥協。以色列前駐法大使亞瑟·班—納坦（Arthur Ben-Natan）這時剛抵達巴黎，與法國討論應付恐怖分子的聯合行動方案。他是裴瑞斯的老友，曾擔任國防部總檢察長。裴瑞斯打電話給他，用「典型」巴黎玩笑向他暗示，要他拖延與法國人的會談。裴瑞斯對他說：「如果你今天晚上遇見法國女郎，拜託不要太興奮。頂多隨便調情幾句就可以了。身為朋友，而且不只是朋友，我要鄭重告訴你：不要寬衣解帶。」班—納坦聽了大笑，但顯然了解裴瑞斯的意思，就這樣，他與法國人的「調情」毫無結果。

第二天，七月二日星期五上午，傳來兩個令人鼓舞的報告。第一個報告來自莫薩德首腦霍飛。他告訴裴瑞斯，與烏干達毗鄰的肯亞，已經同意讓以色列飛機在肯亞機場暫停。第二個報告來自意想不到的來源——巴黎。參謀總部作戰規畫官阿米拉·雷文（Amiram Levin）少校奉命前往法國，與剛獲釋的非以色列人質訪談。但這些驚魂未定的旅客大體而言十分困惑，說的話也顛三倒四，不能提供什麼有用的情報。突然，一位年齡較長的法國人走向雷文，表明自己曾是法國陸軍上校。他對雷文說：「我知道你要什麼。」他在雷文身邊坐下，簡明扼要地描述了舊航站大樓的情況，包括人質關在哪裡、各廳舍的建築構圖，以及恐怖分子的位置等。他還為雷文畫了幾張舊航站大樓的詳圖。

根據不同消息來源指出，恐怖分子總共有十三人，包括兩名德國人，與顯然是劫機匪徒頭子的南美人。其他幾名恐怖分子是巴勒斯坦人。其中四人參加劫機行動，其他人則在恩德培機場守候這架飛機。他們與烏干達人關係很好。看守人質的人配備小型衝鋒槍，左輪手槍與手榴彈。人質被拘留在舊航站大樓大廳，法航客機機組人員（他們原本可以與非以色列人質一起獲釋，但基於對乘客的責任，他們放棄了獲釋的機會）則被關在女廁內。

此外，據說有一個烏干達軍事單位也守在現場，負責人質監控，這個單位有六十人——比早先報告所說的一個營少得多。舊航站大樓還用許多裝貨的箱子堆了一面牆，恐怖分子宣稱箱子裡面裝滿炸藥。但情報來源表示，這些貨箱沒有連上任何金屬線，看來恐怖分子還沒有準備引爆它們。

為了確保任務一旦獲准便立刻可以執行，莫薩德派了一架外國飛機飛到恩德培上空，然後佯稱發生機械故障，一面在機場上空盤旋，用無線電呼救，一面暗中拍攝機場建築物、跑道與裝備，以及停在機場的軍用機——兩架直升機與八架米格二十一型噴射戰鬥機。

在獲得這些新情報以後，裴瑞斯趕赴摩塔·古爾的辦公室，向他提出這些新報告。裴瑞斯注意到，在聽到這些消息以後，「古爾的眼睛亮了起來」。這位參謀長一反原先的立場，變得非常熱衷。這時的古爾認定自己已經掌握足夠情報，成了恩德培救援行動的堅決支持者。

裴瑞斯於是趕到總理辦公室。總理辦公室設在一棟風景如畫的小屋，距國防部不過數十公尺。拉賓的辦公室就在小屋裡一間毫不起眼、裝滿了書的房間，當年班古里昂就在這間書房策畫了獨立戰爭的許多重要行動。裴瑞斯向拉賓說明這項計畫。拉賓的反應並不熱中。他點燃一根菸問道：「如果烏干達人在飛機降落時察覺有異，向它開火怎麼辦？」

裴瑞斯告訴他，空軍司令很篤定，飛機可以安然降落，不會被地面敵軍察覺。當時在場的霍飛，也第一次鄭重支持這項行動。

在接下來一次「幻夢會」中，一名軍官建議準備一個伊地．阿敏的「分身」。當犀牛機在恩德培著陸時，阿敏應該還在非洲國大會上。所以，如果準備一輛與阿敏座車類似的黑色賓士車，再找一名以色列軍人塗黑了臉，坐在賓士車裡面，駛在以色列軍隊最前面，說不定可以唬人。由於時值午夜，烏干達警衛既然看不清坐在「總統」座車內的人物究竟是何方神聖，為了表示對領導人的尊敬，自然必須讓道放行。古爾聽到這項建議，當即下令部屬找一輛可以派上用場的大型賓士黑頭車。

古爾採取措施，務使奉派執行這項任務的精銳部隊反覆演練，毫不鬆懈。任務指揮官為作戰計畫的每一碼、每一分鐘做好規畫，詳述每一名士兵的任務，每一輛車子的路徑。當然，第一架犀牛機的降落最是關鍵。古爾為這段行動訂了詳細時間表：「從

正要前往恩德培的黑色賓士車。（以色列國防軍發言人提供）

飛機打開降落燈到飛機停下來是兩分鐘。再隔兩分鐘，機上人員下機完畢。五分鐘抵達目標。再五分鐘完成行動……」

裴瑞斯、古爾與霍飛趕赴拉賓辦公室開會。古爾在會中詳細說明行動計畫，得到拉賓略帶保留的批准。拉賓決定於週六舉行特別內閣會議，並在犀牛機預定啟程前往恩德培之前不久，做出最後決定。行動代號為「霹靂彈」（Thunderball）。

在會議進行中，裴瑞斯寫了一張字條塞給拉賓：

「伊薩克，這個計畫有最後一點修訂：一輛大型插了旗子的賓士車，將取代原訂的軍用卡車從飛機上下來。一個冒牌伊地．阿敏要裝出從模里西斯返國的樣子。我不知道可不可行，不過似乎很有意思。」

國防軍規畫人員找不到像阿敏座車一樣的黑色賓士，但他們在加薩找到一輛大小一樣的白色賓士。這輛白賓士車立刻被送進行動發起區，漆成黑色。阿敏的分身倒是有現成的，一名偵搜隊員用黑色染料塗了自己一臉。

之後，就在一切似乎準備就緒的時候，出現一個始料未及的問題。裴瑞斯按照預定計畫，要在自己家裡舉行晚宴，款待一位外國貴賓，即是後來在卡特主政期間，擔任美國國家安全顧問的波蘭裔美籍教授茲比紐．布里辛斯基（Zbigniew Brzezinski）。古爾原也在應邀之列，但他由於岳丈猝逝，臨時取消了約會。

布里辛斯基獲得熱情款待。裴瑞斯的妻子桑妮雅還為他做了自己的拿手好菜：蜜汁雞。酒酣耳熱之際，布里辛斯基向裴瑞斯拋出一個直接的問題，讓裴瑞斯聽得一愣：

「你們為什麼不派國防軍拯救恩德培的人質？」

裴瑞斯一時間無言以對。但他決心嚴守機密，於是解釋為什麼不可能派國防軍：恩德培太遠，以色列沒有足夠情報，烏干達還在機場駐守了多架米格戰鬥機與幾個營的兵力。

布里辛斯基仍然不信。

在最後一次「幻夢會」中，與會人信心十足，相信這項任務一定會成功。有軍官問了裴瑞斯幾個最後的問題：

「如果控制塔臺要我們的飛機出示身分，我們是否應該作答？」

裴瑞斯與古爾決定，駕駛員不應作答。

「怎麼處理法航機組人員？」

「把他們帶回來，」裴瑞斯說。「我們對待他們，應該要像對待以色列人一樣。」

在最後內閣會議召開時間逼近，任務是否展開的決定即將揭曉之際，裴瑞斯問古爾：「飛機何時應該起飛？」

考慮片刻之後，古爾答道：「下午一點，從班古里昂機場出發，前往西奈的夏姆．艾謝（Sharm el Sheikh）；然後約在下午四點到五點之間，從夏姆．艾謝啟程。」

這表示，飛機得在決定性內閣會議還沒有舉行以前就先行起飛。裴瑞斯於是授權飛機在最高當局還沒有批准的情況下起飛。他認為，就算內閣最後不批准，他仍然可以要飛機掉頭返國。

週六下午兩點三十分內閣集會。在安息日[29]開會的情況並不多見，以色列歷史上只出現過少數幾次先例。拉賓在會中表示他對這項行動全力支持，於是總理、國防部長與參謀長等三大要角都站在一起了。經過短暫討論，內閣投票，全體一致通過霹靂彈行動。

下午三點三十分，這個好消息由無線電傳到夏姆．艾謝，十四分鐘以後，四架犀牛機起飛。機上載了一百八十名精銳部隊與他們的武器、車輛，還有那輛黑色賓士車。士兵們迅速在犀牛機龐大的機腹散開，蜷縮在金屬地板上設法補個眠。沒隔多久，一架作為飛行指揮所的大羚羊（以色列空軍的波音機）起飛，又隔片刻，另一架載有醫療團隊與裝備的大羚羊起飛，前往內羅畢。一次四千公里的征程就這樣展開了。

晚間十一點，恩德培機場定位燈開始在暗夜中浮現。犀牛機保持極高空飛行，以避開沿線所有的雷達站。一分鐘以後，第一架力士型運輸機在燈火通明的跑道上著陸，由於緊隨在之前剛降落的一架英國航班身後，烏干達的雷達沒有發現它。它在柏油路面跑道上滾滾前行，妙的是塔臺對它竟彷彿視而未見。

杜隆（Doron）與塔里（Tali）領著兩小隊士兵從飛機上跳下，在跑道燈旁邊插上點燃的火炬。這麼做的用意是，幾分鐘以後，烏干達人若察覺狀況有異，很可能採取防禦措施而關掉跑道燈，如此一來，隨後抵達的幾架犀牛機便可以靠這些火炬登陸。兩隊士兵就這樣在犀牛機前方跑著，於五百四十碼（五百公尺）長的跑道沿線一段段插著火炬。飛機停下，黑色賓士車與兩輛荒原路華吉普車從機腹衝出來，朝舊航站大樓疾駛而去。坐在賓士車裡的，除了那位塗黑了臉的

---

29 安息日（Sabbath）：大多基督徒視週日為安息日，但猶太教以週六為安息日。當日不得工作或從事其他活動，須潛心敬拜。

「阿敏」以外，還擠著永尼．納坦雅胡、穆基．貝澤、吉奧拉．蘇茲曼[30]與幾名部下。

在距離舊航站大樓約一百公尺處，兩名烏干達士兵出現在車前。其中一人跑開，但另一人端槍比著賓士車，迫令他們停車。永尼與吉奧拉拔出他們裝上消音器的手槍。穆基低聲說道：「不要開槍。」他認定這個烏干達人只是擺擺樣子，不會真的開火。但這個烏干達人沒有把槍放下，於是兩人先用手槍，又用一支卡拉什尼柯夫（Kalashnikov）突襲步槍將他射殺。射擊聲在夜間顯得特別吵雜，以色列的奇襲先機也隨之消逝。車隊不得不放棄直通舊航站大樓大門的計畫，在距離舊控制塔臺五十碼（四十五公尺）的地方停車。突擊隊員跳下車，衝向舊航站大樓，殺了另一個想攔路的烏干達士兵。

穆基與他的部屬從側門闖進舊航站大樓。原離境大廳這時亮著燈，人質都躺在大廳地上，大多數在睡夢之中。穆基與他的部屬一陣亂槍，打死四名守在大廳角落、監控人質的恐怖分子。其中只有一人還擊，其他三人還沒來得及拔槍就被殺了。突擊隊員透過手提擴音器，用希伯來語警告人質，要他們留在原地不要動。不幸有幾名人質不知怎地站起身來，立刻招來一陣子彈，造成人質三死六傷。儘管有此悲劇，任務已算初步成功。從第一名烏干達士兵被殺到突擊隊占領離境大廳，總共只花了約十五秒鐘。任務第一階段結束，四名恐怖分子喪命。

穆基．貝澤在搜尋離境大廳時，接到無線電呼叫；呼叫他的人是二十三歲的偵搜隊通信官塔米爾．帕杜[31]上尉。帕杜告訴他，永尼在大廳入口附近的花園中槍，還急催著說：「穆基，接掌指揮權！」帕杜在呼叫前不久，剛殺了槍殺永尼的烏干達軍人。事後有人說，槍殺永尼的是守在舊塔臺上的烏干達人；還有人相信永尼死於一名恐怖分子槍下。

一名國防軍醫生很快趕到，把永尼送上犀牛機。穆基拿起無線電對講機，宣布自己接掌指揮權。

其他突擊隊員有系統地肅清大樓內其他通道與廳堂。他們在離境大廳後的「小廳」沒有見到任何人，但吉奧拉屬下一個小分隊在進入貴賓室時，撞上兩名烏干達士兵，並將他們殺了。就在這時，兩名長得像歐洲人的男子突然在這些以色列突擊隊員面前現身，突擊隊員要兩人表明身分，兩人也沒有搭理。突擊隊員起先以為他們是人質，但由於他們不肯自報身分，突擊隊員察覺兩人是恐怖分子，於是開火。其中一名恐怖分子手持的一枚手榴彈爆炸，將兩人都炸死了。

在清掃貴賓室、海關與二樓的行動中，又有幾名烏干達士兵被殺，但駐守在機場的六十名烏干達軍人幾乎全數逃脫。在機場交火中，總計有十二名烏干達人被殺。

突然，整個機場的燈光全數熄滅，恩德培陷入一片黑暗。所幸第一架犀牛機降落的跑道，仍有突擊隊員插上的火炬照明，接下來幾架犀牛機因此可以輕鬆著陸，帶來更多士兵與裝甲車輛。

在以色列，拉賓、裴瑞斯與古爾焦急地守在無線電旁，等著來自恩德培的直接報告。晚間十一點十分，丹．蕭隆略帶沙啞的聲音傳來：「一切都好。我稍後再報告。」過了八分鐘，蕭隆的無線電報告再次傳來：「低潮。」這是事先約定好的暗語，表示所有飛機都已安全著陸。蕭隆接著又說了一個暗語「巴勒斯坦」，表示對舊航站大樓的攻擊行動已經展開。他也親自駕著吉普車

30　吉奧拉．蘇茲曼（Giora Zussman）：上尉。此一分隊的指揮官。

31　塔米爾．帕杜（Tamir Pardo，1953～）：當時的總參偵搜隊通信官。後來成為莫薩德負責人（2011～2016）。

衝進舊航站大樓，在大樓裡繼續指揮。

舊航站大樓裡裡外外槍聲仍然響個不停，剛抵達的突擊隊單位已經分頭展開指定任務。夏爾·摩法茲[32]少校率領的半履帶裝甲車，一砲打垮舊塔臺上的反抗兵。他部下另一支傘兵分隊與烏干達軍兩次交火，殺了八個烏干達兵。他們隨即與舊航站大樓裡的突擊隊會師，繼續進行肅清作業。

馬坦·維奈[33]上校率部衝進新航站大樓。入樓以後，原本燈光通明的新航站大樓突然燈消火滅，一片漆黑，突擊隊員必須摸黑進行任務。維奈的部下依照預定計畫，沒有對遭遇的烏干達軍開火，讓他們脫逃，還在兩次遭遇中抓了幾名烏干達士兵，把他們鎖在航站大樓辦公室裡。之後，維奈聽到航站大樓北方傳來兩聲槍響。他循聲前往，見到部下士官蘇林·赫西柯（Surin Hershko）負傷倒在樓梯上，開槍擊中他的可能是一名烏干達安全官。以色列突擊隊員立即將赫西柯後送，並繼續挺進，但由於太黑，他們找不到新控制塔臺的入口。

儘管維奈與他的部下不得不在這一片混亂中奮勇對抗，但戰役已經進入尾聲。國防軍已然控制機場。幾名指揮官找到燃油庫，但決定不在恩德培為犀牛機加油，因為這麼做會將啟程折返的時間延遲兩個小時。維奈與第一架犀牛機機長夏尼（Shani）上校建議蕭隆，除非絕對必要，否則盡快啟程，不要延誤，蕭隆於是同意他們飛到內羅畢再加油。這時由艾胡·巴拉克指揮的一個國防軍單位已經守候在內羅畢，此外，一個配備十二名醫生與兩間手術室的空降野戰醫院，也已從以色列飛抵內羅畢待命。

在恩德培舊航站大樓裡，獲得解放的人質無不驚得目瞪口呆。以色列部隊突然而至、電光石火般剿殺了監禁他們的匪徒；這一切看在他們眼裡就像奇蹟一樣。終於回過神以後，他們狂喜過望，感激萬分地圍著突擊隊員，抱他們，親他們。有些人涕泗縱橫，有些人聚在一起祈禱。但突擊隊員很快止住這場歡樂大會，要人質與法航機組人員帶上隨身物品，並引領他們有條不紊地走出大樓，在黑暗中護送他們，還不斷清點人數，以免留下任何人質。

晚間十一點三十二分，特拉維夫無線電收話機報來「傑佛森」的暗語。這表示人質撤離工作已經展開。又隔一分鐘，「把一切帶到加利拉」，表示人質登上犀牛機。

以色列軍將傷員以及在交火中誤殺的人質屍體送上其中一架飛機。人質中獨缺一位名叫桃菈．布拉克的以色列老婦。她早先因為生病被轉送康帕拉一家醫院。烏干達人沒隔多久就將她殺害。

其他一切都依計進行，但在晚間十一點五十分，特拉維夫國防部強大的天線，截聽到一則令人擔憂的訊息：「兩個艾卡提里納（Two Ekaterina）。」意即「兩名傷患」。這是「杏園」（Almond Grove，永尼．納坦雅胡的部隊代號）對恩德培醫官發出的無線電求救呼叫。不過呼叫中沒有說明傷者是誰。

---

32 夏爾．摩法茲（Shaul Mofaz，1948～）：官拜中將。曾任傘兵旅旅長、朱迪亞—撒馬利亞師師長、參謀長（1998～2002）、國防部長（2002～2006），及副總理兼運輸部長（2006～2009）。之後擔任國會反對黨領袖。於二〇一五年從政界退休。

33 馬坦．維奈（Matan Vilnai，1944～）：官拜少將。先後曾於多個政府部門擔任部長，以及駐中國大使（2012～2017）。

以色列軍車與各部已經回到犀牛機。中尉歐莫．巴里夫[34]的部下士兵將停駐機場的八架米格噴射機悉數炸毀，以防速度慢得多的犀牛機在折返途中遭米格機追殺。

晚間十一點五十一分，特拉維夫一千人等無不渴盼的一則無線電訊終於來到：「卡莫山（Mount Carmel）。」它表示撤離作業結束，行動已經完成，所有飛機都已起飛。

裴瑞斯在他的日記中開心地寫到：「我高興得心頭狂跳。」

在飛機飛離恩德培以後，裴瑞斯指示阿敏的前友人包卡．巴里夫，要他從特拉維夫打電話給阿敏。裴瑞斯當時心想，這位烏干達獨裁者或許已經從模里西斯返國了。巴里夫吃了一驚，因為接電話的正是阿敏本人。他較預定時間略微提前，已經回到康帕拉。

巴里夫用事先仔細演練過的說詞與阿敏對話。這套說詞的目的，在於製造阿敏事先祕密參與這次救援行動的假象；這麼做或許可以在阿敏與阿敏熱心協助的這些恐怖分子之間引發一場衝突。以色列國防軍將這通電話錄了音。

「總統先生，我打這通電話是為了向你致謝，謝謝你為我們做的一切！」

「是的，」阿敏說：「我勸你接受我朋友的要求。」

巴里夫有些摸不著頭腦。「我要謝謝你為人質做的一切。」

「是的，是的，」阿敏答道。「你們應該與我的朋友談判，與他們交換。人質會獲釋，關在獄裡的人也會獲釋。」

兩人就這樣談了幾分鐘，巴里夫終於了解：阿敏竟然不知道人質已經被救走了！阿敏當時坐在總統府裡，討論最後通牒與即將舉行的談判，完全不知道以色列突擊隊已經飛進恩德培，救了人質又上飛機飛走了。他部下的軍官沒有一個人膽敢告訴他，就在距離總統府數里之遙發生了一場槍戰，恐怖分子全數死亡，以色列人質已經在返國途中！

「謝謝你，先生。」巴里夫咕噥了幾句，失望地掛上電話。

所有的飛機都在內羅畢安全降落。犀牛機加油，國防軍醫療隊忙著為傷員療傷。之後不久，飛機再次起飛，往以色列返航。

在漫長的回國旅途中，獲得解放的人質幾乎無人成眠。這獨特的經驗讓他們興奮欲狂。不久，國防軍發言人宣布有關這項任務的一篇簡短公報，「以色列國防軍今夜從恩德培機場救出人質，包括法航機組人員也救了出來。」一股前所未見的熱情與欣喜狂潮立即席捲以色列每一個角落。

當摩塔．古爾向部下軍官傳達任務成功的捷報時，國防軍參謀總部歡聲雷動。古爾還發表一篇演說：「儘管目前還只是任務初步評估階段，我在總結這項任務時不得不強調，它的推動與執行策畫都多虧了一個人……這個人為這項任務不斷努力，對上對下全力策動。這個人就是國防部長，他厥功至偉。」

在總理辦公室，拉賓、裴瑞斯與國會議員比金、艾利梅．黎瑪爾[35]，以及國防與外交委員會

---

34 歐莫．巴里夫（Omer Bar-Lev，1953～）：官拜上校。曾任總參偵搜隊指揮官（1984～1987），後轉入政界（國會議員）。他的父親（Haim Bar-lev，1924～1994）曾擔任以色列參謀長。

35 艾利梅．黎瑪爾（Elimelech Rimalt，1907～1987）：曾任以色列交通部部長（1969～1970）。

主席伊薩克・納馮[36]興奮不已地相互道喜。拉賓向總統與梅爾夫人進行簡報，裴瑞斯也把睡夢中的妻子桑妮雅叫醒。這則驚人喜訊很快傳遍全世界，表達驚喜與佩服的賀電從全球各個角落潮湧而至。

但就在午夜過後沒多久，沸騰的熱情突然降至冰點。古爾來到國防部長辦公室。裴瑞斯當時躺在他那張窄沙發上，想稍稍補眠。

「西蒙，永尼死了，」古爾說。「他被一顆子彈擊中背後。顯然有人從舊控制塔臺上向他開槍。子彈穿透他的心臟。」

裴瑞斯聞訊幾乎崩潰，止不住淚流滿面。

第二天，一九七六年七月四日（美國獨立兩百週年），救援飛機降落在以色列，興高采烈的民眾揮舞著國旗，熱情迎候。這次行動成為以色列與其他國家的傳奇故事。詞藻華麗的文章、書籍、電視劇與電影紛紛問世，頌揚以色列國防軍戰士的輝煌戰績。許多國家將這項行動視為勇氣、奉獻，以及驚人戰技的象徵。

參與劫機和恩德培監禁人質行動的恐怖分子全數擊斃，只有「民解」的瓦戴・哈達由於在國防軍突襲前離開恩德培而逃過一劫。哈達知道自己成為以色列的通緝要犯，於是躲進巴格達，希望能在那裡獲得庇護。莫薩德花了幾近兩年時間才終於找到他。以色列情報人員發現哈達有一項弱點：他酷愛精美的比利時巧克力。於是莫薩德用一種完全不留痕跡的毒藥，塗在一盒讓人垂涎的歌帝梵巧克力上，還買通哈達的一名親信助理，將這盒毒巧克力送給哈達。哈達一個人三口兩口就將整盒巧克力吞了。幾週以後，這個恐怖分子大頭目病重，緊急用飛機送往東德就診。他於一九七八年三月死於東德。

同一年，伊地．阿敏的政權在他對鄰國坦尚尼亞發動戰爭之後崩潰。阿敏逃到利比亞，之後又逃到沙烏地阿拉伯，最後於二〇〇三年死在沙國。

以色列國防軍的恩德培行動是驚人的大勝。只是永尼．納坦雅胡的陣亡為全民的欣喜蒙上一片陰影。國防軍將這項行動代號從「霹靂彈行動」改為「永納坦行動」。裴瑞斯在永尼的喪禮中致上悼文：

「我們還有什麼重擔沒加在永尼與他的戰友肩上？國防軍最危險的任務，最大膽的行動；距家鄉最遠、距敵人最近的任務；在暗夜孤軍出擊；在平時、在戰時，一而再、再而三地冒險。好幾次，當國家的命運取決於少數志願者的時候……永納坦是一位勇武的指揮官。憑藉勇氣，他克服他的敵人。憑藉心靈智慧，他收服友人的心。他不畏危險，也從不因勝利而洋洋自得。他倒下，但讓整個國家昂頭挺胸。」

裴瑞斯還引用《聖經》中大衛王哀悼好友約拿丹的一段經文：「我兄約拿丹哪，我為你悲傷。我甚喜悅你，你向我發的愛情奇妙非常，過於婦女的愛情。」[37]

---

36 伊薩克．納馮（Yitzhak Navon，1921～2015）：自一九五一年起擔任班古里昂的祕書。後來當選第五任以色列總統（1978～1983）。

37《舊約聖經．撒母耳記下》一章二十六節。

【人物小檔案】

西蒙．裴瑞斯（後來成為以色列第九任總統）

我從一開始就下定決心，絕不向恐怖分子屈服。我們必須想個辦法解救這些人質。一群幹練的將領，包括蕭隆、亞當、佩里、賈吉（Gazit）與他們的親密同袍，都支持我的看法。一開始的計畫很籠統。我們一個小時、一個小時不斷修正、改善這項計畫。但在這個過程中，我感到自己完全孤立無援。

總理準備用關在獄裡的恐怖分子交換人質。大多數內閣部長的想法與他一樣。就連梅納罕．比金那位大膽的行動派，也同意他的看法。國防軍參謀長摩塔．古爾譏諷我這一小群人，把我們的計畫與〇〇七情報員詹姆斯．龐德的故事相比，說我們是「幻夢會」。我知道，就算我的計畫再好，在參謀長反對、總理也不肯支持的情況下，內閣不可能通過。於是我決定爭取一些內閣部長的支持。我找上司法部長哈義．薩杜克（Hayim Tzadok）。薩杜克是總理拉賓的強力支持者，但也是非常聰明而客觀的人。我在極度機密的情況下向他透露這項計畫。他說：「非常好的計畫，我會在內閣中支持它。」

前國防部長、好友摩西．戴陽也讓我歡欣鼓舞。我在特拉維夫卡利西奧（Capricio）餐廳找到戴陽，當時他與一些澳洲客人在一起。我崇拜戴陽，也重視他的意見。我們點了兩杯葡萄酒，移到附近一張餐檯邊坐下。我把這個計畫告訴戴陽。我還記得他聽得眼睛發亮。他說：「這是個好計畫，我百分之百支持。」

但摩塔．古爾一再拒絕為這項計畫背書。直到最後一刻，星期五上午，我帶給他一份新的情報，其中對恩德培、人質，以及監控人質的恐怖分子都有詳細描述。摩塔看了以後才改變主意，成為堅決支持這項任務的人。

現在我們終於可以找拉賓，要求他支持了。

塔米爾．帕杜（偵搜隊通信官，後來成為莫薩德首腦）

這次任務中有許多英雄。參與這項行動——無論屬於哪一類型——的每一個人，都應該在恩德培記功柱上占有一席之地。這項任務的準備工作做得很好，但策畫空軍行動的人應特別予以褒揚。將四架力士型飛機飛進非洲腹地，神不知鬼不覺地著陸，然後在敵人甚至一彈未發的情況下卸下部隊，救出人質以後還要將他們送回來——這是值得我們讚揚的行動。這項行動的策畫組負責人、以色列空軍上校伊杜．阿巴（Ido Ambar）值得特別讚譽。沒錯，軍事命令是由將領與高級指揮官署名，但不少日以繼夜工作、為任務付出無窮才賦與創意的人，卻往往隱身暗處。

我們這支負責接管的分隊受過精良訓練，每一名隊員都清楚知道自己在行動中的位置與角色。在飛往恩德培的漫長旅途中，我唯一做的事就是想辦法睡覺，還有就是不讓自己吐出來，因為飛機忽高忽低、在不同的航道上飛著，震動、跳躍得很厲害。

我二十三歲，是上尉。在攻擊舊航站大樓的行動中，我坐在第一輛荒原路華、也就是駛在賓士車前面的那輛吉普車裡面。當攻擊開始時，我就站在永尼旁邊，而他遇害時，距離我只有大約一碼（九十公分）。我們前面站了一個烏干達士兵，不斷向我們開火。我殺了他。我想他就是那個槍殺永尼的人，不過也有人說，射殺永尼的是一個站在舊控制塔臺上的烏干達軍人或恐怖分子。

我非常尊敬永尼這位指揮官。我眼見他怎麼作戰，恩德培任務的成功，他扮演非常重要的角色。當他倒下時，我彎腰湊近他，見到他受重傷。我立刻呼叫醫官，並且用無線電通知他的副手穆基・貝澤，要穆基接掌指揮權。之後我加入吉奧拉・蘇茲曼的分隊，一起進入舊航站大樓。這項行動只花了幾分鐘。

第二天，我們帶著人質回到以色列。我奉派到耶路撒冷，去納坦雅胡的家，告訴他們永尼在世最後一刻的情景。那是一項痛苦的任務。

第一部

一切的開端

一九四八年五月十四日，在統治三十年之後，英國陸軍與行政當局離開巴勒斯坦。當天下午，大衛．班古里昂在特拉維夫藝術博物館宣布以色列建國。根據六個月前進行的一次投票，聯合國於一九四七年十一月二十九日決定將巴勒斯坦分割為兩個部分，一為猶太國，一為阿拉伯國，但阿拉伯人拒絕分割。當地巴勒斯坦阿拉伯人，以及埃及、敘利亞、黎巴嫩、約旦與伊拉克的軍隊，還有來自中東各地的阿拉伯志願軍部隊都摩拳擦掌，準備入侵、摧毀這個猶太國。班古里昂當選以色列總理與國防部長。擔任代理參謀長的是伊蓋爾．雅丁[38]，他日後成為舉世知名的考古學家。

第二章

耶路撒冷圍城

一九四八年五月二十四日，以色列獨立戰爭如火如荼展開，班古里昂召集伊蓋爾・雅丁會商。班古里昂走近掛在辦公室牆上的巴勒斯坦地圖，指著地圖上一個標名「拉充」（Latrun）的道路交會點。

「攻擊！不計一切代價攻擊！」他說得很堅決。

雅丁拒絕了。

六十二歲、人稱「老頭」的大衛・班古里昂，生於波蘭，身材粗壯，有一張頑固的臉，下巴凸出，一對彷彿有穿透力的褐眼炯炯有神，還有兩簇雪白的頭髮，像翅膀一樣垂在額頭兩邊。雅

---

38 伊蓋爾・雅丁（Yigael Yadin，1917～1984）：曾任以色列國防軍代理參謀長，以及副總理（1977～1981）。除軍界與政界外，他也投身考古領域。一九五六年，他因為《死海古卷》（*Dead Sea Scrolls*，世界上最古老的《舊約聖經》抄本）的翻譯研究而聲名大噪，還獲得了以色列猶太研究獎（Israel Prize in Jewish studies）。

丁的年齡只有他的一半，身材瘦削，禿頭，留著濃密的八字鬍。獨立戰爭前他追隨父親的腳步，在希伯來大學做研究工作。雅丁的父親也是著名的考古學家。

耶路撒冷的情勢讓班古里昂提心吊膽。耶城猶太區已經遭約旦第一流部隊組成的阿拉伯駐衛軍（Arab Legion）包圍。猶太區守軍既餓又渴，武器也不足，隨時可能潰敗。班古里昂相信，如果耶路撒冷淪陷，新誕生的以色列國也無法存活。位於一座卓比派修會（Trappist）修道院旁、控制從海岸平原到耶路撒冷通道的拉充要塞，已遭阿拉伯駐衛軍精銳部隊占領。要解開耶路撒冷圍城，就必須先拿下拉充。

但雅丁有其他緊急要務。阿拉伯的軍隊已經深入以色列境內。敘利亞軍已進抵約旦河谷；伊拉克軍則逼近地中海沿岸，大有將以色列一分為二之勢；埃及遠征軍也於拉基西河（Lakhish River）河濱宿營，距特拉維夫只有三十五公里。雅丁認為，他必須先擋住埃及人再說。

班古里昂又說了一遍，必須拿下拉充，其他的事可以暫緩。兩人開始為這個問題激辯，雅丁氣得兩手猛拍班古里昂的辦公桌，打碎了桌面玻璃板。但「老頭」不肯退讓。儘管敬重雅丁，甚至欣賞雅丁火爆的性格，但班古里昂仍然堅持己見。雅丁最後只得屈服，發電報給第七旅旅長，重申班古里昂的命令：「不計一切代價攻擊！」

之後幾週，以色列軍對拉充要塞發動一波波猛攻。以色列人死傷數以百計，但拉充久攻不下，每一次攻擊都遭阿拉伯駐衛軍擊退。就在這段期間，聯合國特使也忙著在猶太與阿拉伯兩軍之間協商暫時停火。班古里昂知道，這項停火協議會「凍結」各戰線的情勢。換言之，如果停火在耶路撒冷圍城未解的情況下達成，聯合國將根據這個事實訂定協議，不准以色列向耶路撒冷增援部隊與武器。聖城耶路撒冷將陷落，以色列也將隨之瓦解。

在拉充要塞仍然屹立、通往海岸平原進路依舊不通之際，哈雷爾旅（Harel Brigade）一名叫阿葉・泰波（Aryeh Tepper）的排長，找上他的旅長。哈雷爾旅當時在耶路撒冷附近地區戰鬥，旅長是青年軍官伊薩克・拉賓。泰波要求拉賓讓他徒步突圍，前往海岸平原。泰波說，他的哥哥已經陣亡，他要回去探望他失去愛子的母親。拉賓不僅准他所請，還派了三名士兵與泰波一起行動。夜幕低垂後，泰波一行四人沿著陡坡與蜿蜒的峽谷，悄悄穿越敵軍巡邏區，抵達海岸平原的胡爾達（Hulda）屯墾區。

駐守在屯墾區的以色列軍大喜過望。原來，在經過最近幾場戰鬥之後，當地以色列軍已經控制胡爾達與通往耶路撒冷進路之間的一條走廊，這條走廊位於拉充西邊，但由於山嶺阻隔，敵軍沒有發現。這簡直讓人不敢置信！以色列軍或許可以繞過守得如鐵桶一般的拉充要塞，從另一條路進入耶路撒冷。

幾天之後，一百五十名以色列軍經由新路抵達耶路撒冷；他們是拉賓的哈雷爾旅獲得的第一批援軍。不過國防軍需要的，不是一條只能步行穿越的羊腸小徑，而是一條可以向圍城運補武器裝備的真正道路。前線指揮官大衛・馬庫斯（David Marcus）將軍，決心駕吉普車經由海岸平原抵達耶路撒冷。高大、活潑又聰明的馬庫斯，原是美軍上校。他生長在紐約布魯克林，是西點軍校與法學院畢業生。二次大戰期間他志願加入美軍，在D日[39]隨一〇一空降師跳傘降落德軍占領

39　D日：一九四四年六月六日，諾曼第戰役攻擊發起日。

的諾曼第。在見證納粹死亡集中營的可怕暴行之後，他成為猶太復國運動的信徒。他認為，在為紐倫堡大審進行法律訴訟準備的同時，猶太人必須有自己的家園。馬庫斯於是再次成為志願軍，以米基·史東（Mickey Stone）的假名加入以色列獨立戰爭，並經班古里昂任命為以色列第一位將領。這時身為國防軍高級軍官的他，與班古里昂一樣，也認為拯救耶路撒冷非常重要。

一天晚上，他與哈雷爾旅的兩名軍官乘一輛吉普車從平原出發。這兩名軍官是來自貝·奧法（Beit Alfa）屯墾區的賈魯西·拉波普（Gavrush Rapoport），與後來成為將軍的阿莫·郝里夫（Amos Horev）。吉普車在深溝高壑間順著山勢蜿蜒而上，三名軍官找到一條可以銜接鹿道（Deer Path）的路線。鹿道是一條陡峭而彎曲、迂迴的小徑，可以通往耶路撒冷大路，而且遠在拉充要塞的勢力範圍之外。第二天晚上郝里夫與賈魯西循原路又試探了一次，在辛苦跋涉三個小時之後，他們的吉普車突然遇上另一輛來自耶路撒冷、載著兩名哈雷爾旅軍官的吉普車。他們高興得抱在一起，因為他們證明了可以乘吉普車從海岸平原進入耶路撒冷。

經過幾次失敗與事故後，吉普車開始沿著新路、甚至載著重型迫擊砲進入耶路撒冷。為縮短行程，吉普車負責把食物與裝備送進一處會合點，再由來自耶路撒冷的卡車接力，將物資運回聖城。吉普車則載著來自耶路撒冷的軍民傷員折返平原。但問題很快顯現，耶路撒冷民眾陷入嚴重饑荒，僅僅靠吉普車無法載運足夠的食物。聖城軍事總督杜夫·「伯納」·約瑟夫[40] 緊急要求提供食物、飲水與燃料。

第七旅工兵隊出動一切可以出動的重裝備，開始修築一條可以行駛卡車的真正道路，但這項工程有一個難以克服的要害：貝絲·蘇辛（Beth Sussin）陡坡以近四百英尺（一百二十公尺）的落差，硬生生將路面切成兩段。

班古里昂一聲令下，數百名搬運工動員，其中有些來自特拉維夫，還有約兩百名來自耶路撒冷的志工。他們不分晝夜，每人背負二十公斤麵粉、糖與其他重要物資，爬上陡坡，把食物帶進耶路撒冷。軍方還用了幾匹騾子與三隻駱駝，不過效果不佳。

時間逐漸流逝，班古里昂下令全力進行貝絲·蘇辛陡坡整修工程。以色列全國各地所能找到的每一件裝備，包括推土機、牽引機、壓縮機等全數調集現場。以色列最大的建築公司索雷·波恩（Solel Boneh）派出最優秀的工程師與工人。來自耶路撒冷的專業切石工也已動員，築路工程就這樣晝夜趕工，不斷進行。這不僅僅是技術作業，更是一項英雄作戰任務：數以百計的士兵與志工背著重擔，攀登陡坡，推或拖著卡車與裝備。耶路撒冷猶太首席拉比[41]伊薩克·哈里維·赫佐（Yitzhak HaLevi Herzog）授權安息日照常施工，還說這是「偉大的米茲法[42]」。

無論怎麼說，想征服矗立在工人頭頂上那座山丘，唯一的途徑就是鑿石開山，挖一條像蛇行一樣蜿蜒而上、讓卡車可以開上山頂的路。

一天晚上，突來的爆炸撼動了這處耶路撒冷山丘，新路工地遭到猛烈砲轟。阿拉伯駐衛軍發

40　杜夫·「伯納」·約瑟夫（Dov "Bernard" Joseph，1899～1980）：一九四八年以色列獨立戰爭期間擔任耶路撒冷的軍事總督，此後也相繼擔任以色列多個政府部門的部長。

41　首席拉比（chief rabbi）：相當於總主教。

42　米茲法（mitzvah）：即必須遵守的義行、誡律之意。

現了這項距其陣地不遠的大趕工；駐衛軍不理會以色列人究竟在那裡幹什麼，只管對那塊地區實施密集轟炸。他們的砲兵對工地、國防軍士兵與志工展開無情砲火洗禮，造成慘重傷亡。埃及空軍噴火式（Spitfire）戰鬥機也飛臨現場，實施多次掃射與轟炸。

但為了與時間賽跑，施工沒有停。聯合國將在幾天內宣布暫時停火，凍結地面上一切活動。停火一旦生效，建路或鋪路都在禁止之列。屆時如果通往耶路撒冷的路仍未打通，聖城在整個停火期間將持續處於圍城狀態，可能在戰火重燃以前就已經不支倒下。以色列如果想在停火期間繼續為耶路撒冷運補，首先必須向聯合國證明它有一條通往耶路撒冷、完全由國防軍控制的道路。

在停火宣布前四十八小時，修路工人

以色列的滇緬公路，在約旦駐衛軍背後祕密施工。（以色列政府新聞局提供，漢斯・平恩〔Hans Pinn〕攝影）

訝然在施工現場發現一群到訪的外國記者。這些外國記者在以色列新聞官引領下來到新路，而且就這樣，無意間幫了以色列大忙。他們在全球新聞媒體大事宣揚，說以色列祕密建造了另一條通往耶路撒冷的道路。這些報導都成了耶路撒冷不再處於圍城狀態的證據。

《紐約前鋒論壇報》明星記者肯尼斯・畢爾比（Kenneth Bilby），稱這條新路是「以色列的滇緬公路」。中國的滇緬公路建於一九三七至一九三八年間，聯結緬甸與中國，目的是避開日本封鎖，為中國軍隊運補。

以色列的滇緬公路在停火生效前一天、一九四八年六月十一日晚間完成。不過築路工作仍然祕密進行，直到聯合國觀察員七月十四日到現場視察、見到以色列卡車攀援直上、開進耶路撒冷為止。之後，當這條路終於鋪成、正式啟用時，以色列將之重新命名為英勇路（Road of Valor）。

為英勇路做了這麼多貢獻的大衛・馬庫斯，卻沒能活著看見它落成。停火前一天夜晚，馬庫斯因為輾轉無法成眠，裹著一條床單，閒步走到他的前進指揮所周邊。一名哨兵誤將這「穿白袍的人」視為敵人，向馬庫斯高聲喝問口令，馬庫斯答不出來，無法表明自己身分，哨兵於是開槍。只用了一發子彈。馬庫斯倒地，傷重不治。他的棺木後來空運回到美國，在全副儀仗的軍禮下安葬。當時護送他棺木回紐約的，是一名左眼戴著黑眼罩、名不見經傳的國防軍軍官，他就是摩西・戴陽少校。

許多年以後，馬庫斯的故事拍成了電影，片名是《黑幕落下》（Cast a Giant Shadow）。在停火展開前數小時，卡車隆隆行駛在「滇緬公路」上。耶路撒冷獲救了。

【人物小檔案】

伊薩克．納馮（後來成為以色列第五任總統）

在耶路撒冷圍城期間，我擔任情報局阿拉伯處處長。由於戰事爆發，我們無法再運用阿拉伯情報人員，只能依靠監聽敵人電話，蒐集情報。舉例來說，有一次我們的戰士——其中包括後來成為將領的達杜．艾拉沙[43]與拉法葉．艾坦[44]——準備從卡塔蒙（Katamon）的聖西蒙修道院（San Simon Monastery）撤軍，但我們監聽到阿拉伯指揮官的一段話，說他因為部下筋疲力盡，已經決定撤軍。於是我們就這樣控制了卡塔蒙。艾蘭拜營（Allenby Camp）的戰況也是如此。但有一次，我們監聽到阿拉伯人談話，說他們準備設陷阱，讓拯救艾吉昂民團[45]的車隊上鉤。我們把這項情報告知軍方參謀，但他們沒把我們的話當真，車隊按照計畫啟程，結果回程途中在內比．丹尼爾（Nebi Daniel）遭遇阿拉伯人伏擊，死傷慘重。我隨即提出辭呈。如果不打算利用，又何必蒐集情報？但他們勸我留下來。

圍城期間日子過得非常艱苦。耶路撒冷總督杜夫．約瑟夫通知政府，整個城市的存糧只剩下五天份的人造奶油、四天份的麵與十天份的乾肉。他下令實施配給：成人每人每天可以領兩百克麵包（有孩子的人多一個蛋），每週可以領五十克人造奶油，每隔一週領一罐沙丁魚，一百克豆子、五十克糖與五十克米。我們也吃從田裡摘的錦葵，還用草做成湯汁。水也用量杯配給。

之後，他們在「滇緬公路」上突圍成功！

有一天，我經「滇緬公路」南下特拉維夫，盤問一群俘虜。讓我不敢相信的是，我竟能買到蠟燭、火柴還有沙丁魚，想買多少就買多少。沙丁魚，可真是美味啊！

---

43 達杜・艾拉沙（Dado Elazar，1925～1976）：曾任以色列國防軍參謀長（1972～1974）。贖罪日戰爭後遭強迫退役。

44 拉法葉・「拉佛」・艾坦（Rafael "Raful" Eitan，1929～2005）：中將。曾任參謀長（1978～1983）。是右翼政黨「卓梅黨」（Tzomet）的創辦人。也曾任副總理（1998～1999），屆滿退休。在一次暴風雨中，巨浪將他從阿什杜德碼頭捲入海中。

45 艾吉昂民團（Bloc Etzion）：民團是指位於耶路撒冷南方的猶太屯墾區集結而成的社區。

以色列終於打贏了獨立戰爭。一九五三年年底，六十七歲的班古里昂辭卸總理職位，退隱奈吉夫（Negev）的迪．包克（Sde Boker）屯墾區，直到一九五五年二月復出，在總理摩西．夏雷（Moshe Sharett）手底下擔任國防部長。班古里昂指控溫和派的夏雷，說夏雷太軟弱，又不夠果斷。當年四十歲、擔任參謀長的摩西．戴陽，也抱持同一看法。戴陽與當年三十二歲、擔任國防部總檢察長的西蒙．裴瑞斯交情深厚。恐怖分子不斷潛入以色列境內發動攻擊，埃及總統賈瑪爾．阿德．納瑟公開揚言要對以色列發動新的戰爭。這一切總總，都使班古里昂對鄰國採取強硬政策。如今，每次遭遇恐怖分子攻擊之後，以色列都認定恐怖分子發起行動的來源國應對事件負責，於是對這個來源國的軍事基地發動報復攻擊。

第三章
黑箭行動

一九五五年二月二十八日，在夜幕低垂之後，由沙迪亞·「蘇帕波」·艾卡揚（Saadia “Suppapo” Elkayam）上尉率領的六名以色列國防軍傘兵跨越邊界，進入埃及占領的加薩走廊。這處邊界沒有柵欄，只以一條用牽引機挖成的深溝作為標示。蘇帕波的先遣小隊悄悄在兩個埃及軍陣地之間前進，但藏身道路遠處一座掩體後的幾名埃及士兵發現了他們，向他們開火。蘇帕波等人用手榴彈與衝鋒槍殺了這幾名埃及士兵，繼續前進。沒多久，他們就與八九〇傘兵營的一隊傘兵會師。擔任這次任務指揮官的，是當時已經很有名氣的艾利爾·「艾利克」·夏隆。

伴隨在夏隆身邊的，還有兩名參謀觀測官與他的副手，那位冷靜、有一嘴大鬍子的亞隆·達維迪[46]。達維迪生於特拉維夫，早在十四歲那年就以志願兵身分加入「打擊軍」，大家都說他是

46 亞隆·達維迪（Aharon Davidi，1920～2012）：准將。曾任傘兵旅旅長，且是國防軍「為以色列獻力」（Sar-El）志願服務計畫負責人與創辦人。

「以色列全軍最冷靜的軍人」。他在戰火下的鎮靜如常於以色列軍中傳為美談。甚至在戰鬥最激烈的時候，這位前打擊軍軍官仍然能夠平心靜氣地執行任務，好像橫飛在身邊的子彈、呼嘯而至的榴彈與炸彈都與他無關一樣。沒有人知道達維迪會在每一場戰鬥以前祕密熱身，做一些幫助他隱藏恐懼、讓部下不知道他也會害怕的體能運動。他還會在口袋裡裝滿麵包，邊戰鬥邊嚼麵包屑，從食物中取得冷靜與鎮定。他的部屬對他這種臨危不亂崇拜不已，紛紛模仿他的作法。

在夏隆與達維迪率隊進入加薩的同時，另一支由久經戰陣的丹尼．麥特[47]領導的傘兵，也從更靠南邊的貝利（Be'eri）屯墾區附近跨越邊界。麥特這支傘兵穿過幾處村莊，在加薩—拉法（Gaza–Rafah）公路設下埋伏，以防敵軍增援部隊進入加薩。

在辛苦跋涉了兩小時以後，夏隆的傘兵在一座果園前停了下來。從這座果園可以看到前方的火車站與一座大型埃及軍事基地。

夏隆一聲令下，傘兵開始衝鋒。

別稱加薩突襲戰的「黑箭行動」（Operation Black Arrow）就此揭開序幕。

在加薩邊界發生幾次事件之後，以色列政府決定發動「黑箭」。在最近一次的這類事件中，埃及的一支情報蒐集隊伍潛進以色列，蒐集情報，進行了幾次破壞工作，還在里哈佛[48]殺了一名平民。在兇犯身分查明以後，國防軍決心痛擊埃及軍。

以色列邊界近年來發生幾十起敵人滲透潛入以色列境內，偷取財物、殺害平民的事件。國防軍曾對敵境實施突襲以示報復，但均告失敗。這些讓國防軍丟盡臉面的阿拉伯村落與軍事陣地名單愈來愈長，國防軍必須有所對策才行。在所有失敗的行動中，最讓國防軍作戰部部長戴陽震怒的，是吉瓦提（Givati）旅在約旦村莊法拉米（Falame）的敗績。一九五三年一月二十八日，一百二十名吉瓦提旅士兵攻擊只有地方村民駐守的法拉米，以色列軍先以迫擊砲轟擊，之後又打了四個半小時卻無功而返。戴陽氣得發布新命令：「從今以後，任何無法完成任務的部隊指揮官，除非部隊遭到百分之五十傷亡，否則不得以敵軍太強、無法克服為理由撤軍，國防軍不接受這樣的理由。」

這是一項非常嚴苛的命令。但直到艾利克．夏隆一展長才之後，才出現轉機。

艾利克的父親是生長在俄羅斯「合作農村」[49]馬萊（Kfar Malal）的農民。天生叛逆、大膽、火爆的艾利克，是位與眾不同的軍官。二十歲那年，這位英俊的青年軍官在拉充之戰中受到重傷。他全身淌血，倒在一處麥田裡，眼睜睜望著阿拉伯人從山上衝下來，用槍與刀殺害負傷的以色列人。另一名同樣負傷的士兵抓起艾利克的手臂，把他拖向以色列軍陣線。這名救他的以色列士兵下巴受傷，不能開口。兩人就這樣一言不發、爬行穿越戰場，而負傷同袍的慘呼也不斷從身後傳入兩人耳中。這次經驗一直深深影響著夏隆——從那之後，他絕不將傷患留在戰場上。

---

47 丹尼．麥特（Danny Matt，1927～2013）：少將。曾任傘兵常備役旅旅長、傘兵後備役旅（二四七旅，原五十五旅）旅長，及國防軍上訴法庭庭長。

48 里哈佛（Rehovot）：位於特拉維夫南方二十公里。

49 合作農村（moshav）：以農民為主體組成的合作社社區。合作社是指根據合作原則、以提升社員經濟利益為目的而建立的非盈利企業形式。以色列的工業、農業、運輸等各方面，皆以合作社為發展主力。

傷勢復原以後，夏隆重回部隊加入戰鬥。他在軍中待了四年，然後進入耶路撒冷希伯來大學念書。但他的心不在書本上。一天晚上，他守在耶路撒冷總理辦公室旁，當摩西．戴陽走出辦公室時他迎了上去，遞給戴陽一張紙條：我現在是學生，但我退了學。你如果在籌畫什麼行動，算我一份。

戴陽早在自己擔任耶路撒冷北軍區指揮官、而夏隆擔任他的情報官時，就對夏隆印象深刻。記得有一次，約旦駐衛軍抓到兩名國防軍，不肯釋放。戴陽在總參會議結束後，不經意地問夏隆：「告訴我，有沒有可能在附近抓兩名約旦駐衛軍做人質？」

「我去看看，長官。」艾利克．夏隆回答。

接著夏隆帶了另一名軍官坐進一輛小貨車，開到約旦邊界的胡笙長老橋（Sheikh Hussein Bridge），拔出手槍，押了兩名駐衛軍帶回參謀部。這件事讓戴陽印象非常深刻：「我只是問他是否有可能，他就出去押了兩名駐衛軍人質回來，好像不過是到園裡摘果子一樣。」

在耶路撒冷的一個傍晚，艾利克正在讀高夫瑞．布榮公爵[50]的事蹟時，接到命令前來耶路撒冷軍區指揮官米夏．夏哈（Mishael Shaham）上校的辦公室。夏哈要他組織一小隊非正規軍，跨過邊界，將巴勒斯坦幫派頭子穆斯塔法．沙穆利（Mustafa Samueli）位在內比．沙穆爾（Nebi Samuel）的家炸了。於是艾利克找來一小群戰友，包括來自葉茲基村（Kfar Yehezkel）的西洛莫．包姆（Shlomo Baum），大學同學伊薩克．「古利佛」．班—梅納漢（Yitzhak "Gulliver" Ben-Menahem）與葉胡達．戴陽（Yehuda Dayan），來自耶路撒冷的兄弟檔尤吉（Uzi）與葉胡達．派曼塔（Yehuda Piamenta），來自馬拉村（Kfar Malal）的尤洛．拉維（Yoram Lavi），以及「打擊軍」工兵沙迪亞（Saadia）。艾利克的這個小隊越過邊界，無聲無息地進抵內比・沙穆爾。不過任務並不成功——他們炸錯了房子，沙穆利依舊健在。約旦軍以猛烈砲火狂轟艾利克的小隊，但艾利克率隊秩序井然地撤走，毫髮無損地折返本軍陣線。這次任務儘管失敗，但達成一個明顯結論：他們竭盡全力執行任務。如果受過更好的訓練，他們必能取勝。

艾利克於是向夏哈建議，設一個祕密單位專責進行跨越邊界的特種任務。儘管遭到同事們怒聲反對，戴陽卻喜歡這個點子。就這樣，一九五三年八月，一〇一部隊成立了。

一〇一部隊儘管規模很小，而且設立不過五個月，卻已經成為傳奇。此一非正規軍隊員沒有拒絕過任何任務：無論是深入敵境偵搜，或是進入恐怖分子巢穴進行突襲，或是在充滿敵意的群眾之間進行高危險行動，無一例外。這個單位造就的一小群戰士，鼓舞了以色列全軍，為軍隊注入一種新的精神。一位一〇一的老兵告訴我們：「以色列國防軍因三個人而面目一新。指揮官摩西・戴陽，他由上而下推動改革，而且對改革深具信心；發起行動的艾利克・夏隆，他運籌帷幄，毫不留情地對敵人展開攻擊；還有戰士梅爾・哈—金[51]，他發明新的戰技，是全體隊員的戰術規畫導師。」

梅爾・哈—金是一位年輕、無畏的屯墾民。他有超人一等的偵搜直覺，非常有創意，關於以

---

50 高夫瑞・布榮公爵（Duke Godfrey de Bouillon, 1060~1100）：十一世紀率十字軍進入巴勒斯坦的法國將軍。

51 梅爾・哈—金（Meir Har-Zion，1934~2014）：上尉。一〇一部隊創辦人之一，以色列第一個傘兵營成員，曾獲頒英勇勳章，住在吉爾包（Gilboa）山脈一個根據他妹妹蕭夏娜命名的農場。

色列與巴勒斯坦的地緣知識之豐，更是無人能及。十七歲那年，他與妹妹蕭夏娜（Shoshana）在太巴列湖（Lake of Tiberias）郊遊時遭敘利亞軍俘虜；儘管約旦巡邏隊在一九五〇年代殺了十四名冒險越界的以色列人，他在獲釋之後仍帶著女友越過約旦邊界，遊歷了壯麗的佩特拉（Petra）古城。

梅爾參軍，被夏隆納入所屬部隊。他夥同友人西蒙．「卡恰」．卡納[52]與其他幾名同袍，深入鄰國，執行了幾次大膽的任務。在其中一次任務中，梅爾一行人在夜間出發，步行抵達距離以色列邊界二十一公里的希伯崙（Hebron），殺了三名恐怖分子，炸毀他們的房子，然後撤退，又走了二十一公里回到以色列。這一次任務雖然成功，但在回程途中，這群一〇一部隊的鬥士遇到了約旦國家衛隊（Jordanian National Guard）的一支大部隊。梅爾攻擊約旦人，殺了他們的指揮官，領著他的友人重返國門，還搶了那個約旦軍官的佩槍作為戰利品。

夏隆與梅爾．哈—金是以色列人的英雄，但也有他們啟人疑竇的一面。班古里昂將夏隆視為以色列最偉大的戰士之一，卻在日記中反覆提到夏隆「不誠實」，許多高級軍官也有同感。

百姓與軍方領導人也曾多次嚴厲指控梅爾．哈—金，說他在敵境公報私仇。他心愛的妹妹蕭夏娜，與男友跨越約旦邊界時，遭貝都因人[53]逮捕、殺害。梅爾帶領幾名部屬跨過邊界，抓住殺他妹妹的五名人犯，殺了其中四人，放了一個人，他要這人回貝都因部落把事件經過告知族人。梅爾返回以色列後遭班古里昂下令逮捕，逐出軍隊六個月。

一九五三年年底，戴陽奉命出任國防軍參謀長。沒隔多久，一〇一併入傘兵，夏隆出任部隊長。

就在一九五五年二月底的夜晚，夏隆領著他的傘兵進入加薩。

夏隆將任務分派給部下幾名軍官。B連負責保住部隊進出加薩走廊通路的安全；由丹尼．麥特率領一〇一舊部組成的C連，負責伏擊任何來自拉法的敵軍援兵；D連則由當時還是青年軍官的摩塔．古爾領導，負責攻擊火車站。另有一支由二十名傘兵組成的隊伍，作為艾利克的後備隊。

負責主攻——攻擊並摧毀埃及基地——的A連，由蘇帕波領軍。蘇帕波非常勇猛，活脫脫就是小夏隆。他驍勇善戰，總是志願加入最危險的任務。他滿身都是作戰留下的疤痕，卻始終開著玩笑說：「那顆要我命的子彈現在還沒做好啦。」長官也總是將最危險的任務分派給他的A連。幾週以前，艾利克決定不派A連，而由摩塔．古爾領導的D連突襲位於希伯崙山的貝斯．祖里夫（Beth Zurif）。蘇帕波聞訊之後傷心落淚，好幾天不與摩塔說話。

不過那天晚上蘇帕波很高興，因為艾利克下令要他占領這座埃及基地，炸毀主要設施。那天上午，蘇帕波剛剛分配到一所新公寓，丹尼．麥特在特拉維夫與蘇帕波以及蘇帕波年輕的新娘會合，一起前往領取新公寓鑰匙。蘇帕波還在路上得意地向麥特透露這項任務。

此刻他率領部下進擊，卻犯了一個致命大錯。他將一座周圍架了許多軍帳、還設了陣地的抽

52 西蒙．「卡恰」．卡納（Shimon "Katcha" Kahaner，1934～）：上校，一〇一傘兵部隊成員。在以色列北部一座農場養牛，與他的故友梅爾．哈—金住處僅隔一道山溝。

53 貝都因人（Bedouin）：阿拉伯的一支游牧部族。

水設施誤認為敵軍基地。駐守在設施裡的埃及人用自動武器掃射來犯的傘兵。經過短暫交火，傘兵占領了這處設施。

突然間槍聲大作，子彈從道路對面一片黑漆的營區飛出，雨點般襲向傘兵。傘兵們聽到達維迪的叫聲：「蘇帕波，弄錯了！敵營在你右邊！」

蘇帕波發現自己的錯誤，立即衝向敵營大門。兩名部下跟在他後面。敵軍火力這時更加猛烈。

一枚子彈擊中蘇帕波的眼睛，從他的前額穿出。他的排長尤吉．艾拉[54]把蘇帕波拖到路邊一條溝中，溝裡已經躺了幾名受傷的傘兵。尤吉自己也負了傷；子彈打爛了他的手，但他繼續奮戰。

敵軍的重機槍仍然不停掃射。A連陣勢已經打散，首尾不能相顧。軍心開始動搖。

突然間，達維迪出現在他們身邊，鎮定地從路上走過來，彷彿飛舞在身旁的敵軍子彈是打假的一樣。他冒著彈火，站在一株尤加利樹旁。尤吉從溝裡跳出來，站在他身邊。

「怎麼回事，尤吉？」達維迪平靜地問。

「蘇帕波陣亡，我們有好些人受傷。」

「他們從哪裡開槍？」達維迪問。

尤吉指著方向：「從這裡，還有那裡。」

達維迪與尤吉向埃及陣地丟手榴彈，一名傘兵炸掉距離最近的一處機槍陣地。達維迪將A連集結在一起，尤吉大聲叫道：「我的部下還沒有受傷的，跟我來！」尤吉與四名部下在營區柵欄上找到一個洞，衝了進去。一名傘兵陣亡，但尤吉突然從背後掩殺而至，讓埃及軍措手不及，陣地也一個接一個失陷。幾名埃及軍戰死，其他人倉皇逃逸。不出幾分鐘，傘兵就占領了整個營區。營部工兵駕著滿載炸藥的車進入營區，很快將所有設施全數爆破。達維迪要蘇帕波的部下官兵為傷員與死者準備擔架。他一反那膾炙人口的冷靜，大聲對他們叫道：「A連的獅子！繼續努力。像老虎一樣奮戰！」

在基地南方，四輛埃及軍用卡車載著援軍從拉法駛來。丹尼・麥特的部下已經守候多時。當第一輛卡車駛近時，卡恰挺身向前，朝駕駛座一陣掃射。卡車停下，傘兵用衝鋒槍與手榴彈攻擊埃及軍。還有一名傘兵跳上卡車的帆布車頂，朝底下的埃及軍狂射。另幾輛卡車也停了，埃及軍逃進田裡，從遠處向以色列軍開火，但不敢近前。

幾個傘兵連陸續帶著八名陣亡弟兄的遺骸與二十名傷員向邊界返防。夏隆在無線電中說：「我們要返防了，我們很重。」守在總部無線電旁的參謀官不懂這是什麼意思，但夏隆的妻子瑪格麗特・「佳麗」當時也在旁邊、等著照顧傷兵。她知道這話的意思是，他們傷亡很重。許多傷兵躺在用步槍與襯衫臨時做成的擔架上。尤吉跨越了一條大溝、在距離邊界不遠的地方，聽說有一名傷員還落在後面。於是他跑回去，發現參謀觀測官麥克・卡坦（Michael Karten）少校一個人倒在地上。尤吉把卡坦背在肩上帶回以色列。他不知道卡坦已經氣絕。

54　尤吉・艾拉（Uzi Eilam，1934～）：官拜國防軍准將。曾任以色列原子能委員會委員長（1976～1985）、國防部首席科學家與研發處處長（1986～1997）。

埃及軍有三十六死二十八傷。其中二十二人死於丹尼・麥特的部隊。

戰事結束後，戴陽為三名戰士頒發英勇勳章（Medal of Valor）：尤吉・艾拉、亞隆・達維迪與亡故的蘇帕波。

戰事過後一週，班古里昂視察傘兵基地，在閱兵儀式中向傘兵發表演說，稱他們是「開路先鋒」——走在國家前面的志願軍。

「黑箭」開啟了以色列發動報復夜襲的紀元。從那以後，每當半軍事化阿拉伯滲透分子——即所謂的「費達因」（fedayeen）——在以色列幹下謀殺與破壞勾當之後，以色列

成為傳奇人物的傘兵官兵。

站立者由右而左分別是：阿薩夫・席霍尼（Assaf Simhoni）、摩西・艾夫隆（Moshe Efron）、丹尼・麥特、摩西・戴陽、艾利爾・夏隆與梅爾・哈—金。

蹲坐者由右而左分別是：拉法葉・艾坦、雅柯夫・雅柯夫（Yaakov Yaakov）、亞隆・達維迪。（亞伯拉罕・維雷〔Abraham Vered〕攝影，《巴馬千週刊》〔*Bamachane*〕、以色列國防軍檔案提供）

國防軍必定對敵境軍事基地與目標發動報復突襲。這些任務引發了恐怖攻擊與報復襲擊的惡性循環，直到一九五六年西奈戰事爆發為止。

班古里昂向記者義正詞嚴地解釋說：「這些突襲具有道德與教育宗旨。（住在邊界附近屯墾區的）這些猶太人來自伊拉克、庫迪斯坦、北非……在那些地方，他們的血不值錢……在這裡，我們向他們再次保證，猶太人有一個國家，有一支軍隊，想要拿走他們的生命與財產，就得付出代價。我們要讓他們抬頭挺胸，要灌輸他們獨立與自豪感，因為主權國要為人民的生活與安全負責，而他們便是主權國的國民。」

【人物小檔案】

尤吉．艾拉（後來成為以色列原子能委員會會長）

蘇帕波遇害時，我與他隔了三十英尺（九公尺）。達維迪突然出現在我旁邊，在敵人猛烈炮火下若無其事地走過來。我站在他旁邊——副營長站在你旁邊，你哪好意思坐著。我從他那裡學會如何在每一場戰役中都保持冷靜與自制。這樣做能為你的部屬帶來極大的信心，他們會因此認定，你知道你究竟要什麼，知道你要往哪裡去。

我決定帶四名士兵進擊，因為我的單位只剩下他們四人還未負傷。我們穿過柵欄，從後方肅清基地。打到最後，我身邊只剩下一名傘兵，才終於進抵埃及軍指揮所。指揮所駐守了兩排人，其中一部分已經逃逸。我於是告知達維迪，可以炸了。接著營工兵隊抵達，我們炸毀兩棟建築物，還炸了抽水站。

行動結束後，我因為手傷在醫院接受一連串手術，他們還把我送到復健中心。我逃了出來，在胡珊行動（Husan action，一次報復突襲）中，坐上一架派波小子（Piper Cub，一種輕型小飛機），飛在部隊上空。在卡奇利亞（Qalqilya）突襲行動中，我也搭乘一架派波在空中跟監。西奈之戰前夕，我奉命擔任連長與摩塔一起行動，醫生終於拆掉了我手上的石膏。

西奈戰役結束兩個月後，我從軍中退役。三年以後，我新婚不久便離開屯墾區。他們非常生我的氣，直到我在六日戰爭期間參加解放耶路撒冷的行動，他們才「原諒」我。

第二部

西奈之戰

一九五五年秋，埃及與捷克簽了一項大規模的武器協定，成為蘇聯的代理國。埃及因此可以獲得好幾百架噴射戰鬥機與轟炸機，以及戰車、大砲與其他武器裝備，用來除掉以色列。為因應這項威脅，班古里昂決心對埃及先發制人。一九五六年七月，埃及總統納瑟宣布將蘇伊士運河收歸國有，以色列因而找到攻擊埃及的兩個大盟友：法國與英國。英、法兩國當時意圖占領蘇伊士運河，將納瑟趕下臺。以色列與英、法遂於一九五六年十月達成祕密協定，準備對埃及發動攻擊。

第四章
雄雞行動

一九五六年十月，一個漆黑的夜裡，以色列空軍駕駛員約西·「恰托」·吉登[55]登上他的流星十三型（Meteor 13）夜戰機，就指揮位置，準備起飛。流星十三是一種線條優美的英製噴射機，黑色的鼻錐載有一個圓形雷達裝置。

恰托知道，這項危險的任務攸關以色列下一場戰役的成敗。坐在流星機上與他同出任務的，還有擔任領航員的艾利亞西·「西比」·布洛西（Elyashiv "Shibi" Brosh）。兩人都很了解，這次任務如果成功了，在今後幾十年都將是不為人知的極機密。恰托也知道，第二天，十月二十九日，以色列將對埃及發動攻擊。諷刺的是，他這個綽號「蝙蝠」（the Bat）的中隊，過去從不曾扮演任何重要角色；但現在，值此最後關頭，這個中隊奉命展開「雄雞行動」（Operation Rooster）。

55 約西·「恰托」·吉登（Yoash "Chatto" Tzidon，1926～2015）：曾任戰鬥飛行員、以色列空軍司令、以色列空軍武器系統與規畫局負責人，以及國會議員（1988～1992）。

恰托對於危險的任務早已習以為常。他十七歲那年加入打擊軍，曾在海軍單位服役，一九四五年中以「大戰士」（Gideons）創始人身分前往歐洲。「大戰士」是一個由無線電發報員組成的地下組織，負責「B移民」[56]歐洲指揮部、非法移民營、海上船隻與B移民總部之間的通訊。他曾經為運送非法移民的船隻護航，也曾在賽普勒斯一處拘留營建立祕密無線電發報站，以及參與對付英艦「海洋魄力號」[57]的破壞任務。在賽普勒斯期間，他邂逅了來自以色列的護士蕾莎・夏利拉，與她結了婚。獨立戰爭期間，恰托指揮一支軍事船團前往耶路撒冷，並在戰事結束後加入以色列辦的第一個飛行員訓練班。

身為戰鬥機飛行員的他，歷經螺旋槳飛機至噴射機的轉型。一九五五年，他奉命訓練一個「全天候夜間噴射戰鬥機」中

恰托・吉登的流星型夜間戰鬥機。（《空軍雜誌》〔*Air Force Journal*〕提供，藏於空軍檔案）

隊，他稱這個中隊為「能見度零」（Zero Visibility）。

一九五六年十月最後一週，恰托在即將完成夜間空中纏鬥訓練之際，緊急奉召從英國返回以色列。回到以色列後，長官在極度機密的情況下告訴他，代號「卡迪西行動」（Operation Kadesh）的西奈之戰已經箭在弦上。他們說：「再兩三天，我們就要打仗了。」

十月二十八日，恰托調防距離未來戰場更近的特諾夫（Tel Nof）空軍基地。那天下午兩點，他被緊急召往拉雷（Ramleh）以色列空軍總部。儘管從特諾夫到拉雷車程不過二十分鐘，空軍當局仍派了一架派波小飛機，將他迅速帶到總部。空防部司令席洛莫．拉哈[58]上校把辦公室門鎖上，然後向恰托解釋任務。

讓恰托宣誓守密以後，拉哈簡要說明了任務。他說：「埃及、約旦與敘利亞最近簽了一紙聯合指揮的條約。我們獲悉，埃及與敘利亞兩軍參謀長此刻正在大馬士革進行會商。埃及陸、海、空軍所有高級參謀都參加了這場會議。會議由埃及參謀長阿布德．哈基．阿莫[59]元帥主持。」

拉哈繼續說：「可靠情報人士指出，埃及代表團將於今晚搭乘一架蘇聯製伊留申II-14型

56 B移民（Aliya Bet）：Aliya為希伯來文「移民」之意，Bet是希伯來文第二個字母；B移民是一個以色列建國以前，協助非法移民進入巴勒斯坦英國託管區的組織。

57 海洋魄力號（Ocean Vigour）：當時負責驅逐猶太非法移民。

58 席洛莫．拉哈（Shlomo Lahat，1927~2014）：官拜少將。曾任以色列國防部人力資源局局長。

59 阿布德．哈基．阿莫（Abdel Hakim Amer，1919~1967）：曾任埃及參謀長（1956~1967）、國防部長（1956~1967）及副總統（1958~1965）。六日戰爭後被迫辭職，同年又因涉嫌政變被軟禁，一九六七年於軟禁期間自殺身亡。

（Ilyushin Il-14）返回開羅。你的任務，就是把這架飛機打下來！」

恰托了解這項任務極度重要。如果他打下這架飛機，埃及軍在大戰前夕將失去一整群高參及最高統帥。這場大戰的結果可能就取決於他的成功與否。

拉哈預料，這架埃及飛機會選擇一條遠離以色列領空、以色列戰鬥機巡航半徑以外的航道。他建議恰托駕自己的飛機起飛，在大馬士革上空盤旋，等候這架埃及伊留申。

恰托不同意。「他們如果發現我在那裡，可能會出動攔截機，我的麻煩就大了。也可能我的油箱在他們還沒有起飛以前就乾了。」

拉哈於是問恰托有什麼建議。

恰托知道，負責報告最即時情報的，是監聽埃及—敘利亞通訊頻道的國防軍特種單位。他說：「等這架飛機起飛以後半小時，進入地中海上空，以及我們雷達範圍以後再通知我。」

拉哈驚訝地望著他，終於說道：「你認為怎麼做最好，就怎麼做吧。」

派波機立即把恰托送到他的流星戰鬥機停駐的拉馬．大衛（Ramat David）空軍基地。他的領航員西比．布洛西已經等在那裡。兩人進行起飛前的準備，甚至做了一次夜間試飛。恰托知道，最主要的問題是伊留申Il-14型是活塞引擎飛機，速度比流星慢。想攻擊這架伊留申，他必須將流星戰鬥機盡量放慢，慢到與降落速度相等、甚至比降落速度更慢才行。但這麼慢速飛行，可能造成流星機失速，而鼻錐朝上地直落墜毀。他想出一個克服問題的辦法：將降落襟翼局部降下。恰托在半空中做了這項減速演練。

夜已至。晚餐過後幾小時，電話鈴響。恰托憑著鋼鐵般的意志力，在十點三十分被電話叫醒之前，睡了約三十分鐘。他獲悉埃及飛機已經從大馬士革起飛，繞了一個大彎飛往海上。它目前的位置在流星機作戰半徑邊緣，高度一萬英尺（約三千兩百公尺）往埃及進發。

十點四十五分，恰托與西比飛向夜空。整個以色列籠罩在一片黑幕之中，天上不見半點星光。恰托從未見過如此暗夜。「雄雞行動」展開了。

流星機就在這濃得化不開的黑漆中前進，為免影響駕駛員與領航員的夜視度，機艙只用昏暗的紅外線照明。恰托透過雙向無線電與地面飛航管制員保持聯絡，他聽到一個平和而克制的聲音，說話的人是空軍司令丹．陶可夫斯基（Dan Tolkovsky）。

然後，第一起事故出現了：恰托發現外掛輔助油箱的燃油沒有注入主油箱。流星機在起飛時裝了兩個備用油艙，各有三百五十公升油。恰托知道，他的七百公升燃油就這樣沒了。他別無選擇，只得將這兩個吊在機翼下的油箱丟進海裡。又隔了一會兒，艙內雙向對講機傳來西比興奮的聲音：「接觸！接觸！接觸！接觸！」

「接觸！」恰托向地面管制員發報。

西比發出精確的指示：「不明機在兩點鐘方向！同樣高度，距離三英里（四點八公里），正前方，轉三點鐘方向，現在轉向四點鐘，大角度右彎。減速！小心，你拉近得太快！」

恰托什麼也看不見，但他一舉一動完全遵照西比的指示行事。他知道流星機配合那架飛得較慢的運輸機減速會發生什麼狀況，不過沒有與西比談這個問題。

「十一點鐘方向，」西比繼續說道。「降五百。減速。距離七百英尺（兩百一十公尺）。」

恰托睜大了眼。一開始，他似乎可以辨識出這架埃及飛機的外形，接著他發現埃及機活塞引擎噴出「微弱、猶疑」的火光。

「目視接觸。」他向地面控制臺報告。

陶可夫斯基的聲音在他的耳機中響起。「我要你確認眼前這架飛機的身分。要百分之百確認。了解嗎？」空軍司令要避免任何不必要的人命損失。

恰托尾隨在埃及飛機後方。他用眼角餘光看到它的排氣管，隨即將流星機往左移動，直到看見運輸機客艙窗戶透出的較亮光線為止。他向埃及機靠近，「幾乎機翼接著機翼」。埃及機的機身逐漸顯現。這架飛機客艙窗戶的形狀與達柯他[60]類似，但駕駛艙窗戶較大，這是伊留申 II-14 型獨有的特徵。而且這架飛機的機尾與伊留申機尾造型一樣。

向運輸機窗口接近時，恰托還見到機內乘員身著軍裝，走在走道上；坐在椅子上的乘員似乎也穿著制服。逼近伊留申機飛行，使恰托至少多耗了十分鐘燃油，但為了確認目標機身分，他不得不這麼做。

「身分確認。」他向地面控制臺報告。

「你只有在毫無疑慮的狀況下才能開火。」陶可夫斯基下令。

恰托早先嘗試的那項動作現在要見真章了。他將降落襟翼下降三分之一，以防飛機失速。

「開火。」他對著雙向無線電說到，隨即按下扳機。

兩起事故立刻出現。有人為砲膛上了包括曳光彈的砲彈，一按扳機立時發出強光，讓恰托一瞬間不能視物。第二起事故是右側機砲卡膛，造成類似引擎熄火的狀況。流星機開始打轉，但恰托重新取得掌控，穩住了飛機。伊留申機的影子儘管已經轉暗，但仍然依稀可辨。他見到埃及機的左引擎噴出一縷火光。他報告擊中目標。

「幹了它，不計一切代價，」陶可夫斯基下令。「我重複：不計一切代價！」恰托知道，如果不能現在把這架飛機擊毀，明天以色列對埃及的攻擊便會失去奇襲先機。

伊留申機現在只用一個引擎飛行，比流星機降落進場的速度還要慢許多。如果再次開砲，由於左右兩門機砲中的一門卡膛，砲管後座力不均，一定會造成流星機打轉。恰托又一次放下降落襟翼，增加引擎馬力，迅速逼近伊留申機。又一個危險突然出現：流星機將撞上這架埃及飛機。

恰托把恐懼拋在腦後，朝伊留申機衝去。在兩機相隔不到五十公尺的時候，他聽到西比叫到，「轉向！轉向！我們快撞上了。我從駕駛艙左右兩邊都能見到它。」

西比這項指令或許救了兩人性命。恰托在最後一秒鐘按下扳機，隨即見到自己「置身於地獄般的烈火之中」。

他一連幾發砲彈打進距離流星機砲口不過幾英尺的伊留申。埃及機立即遭火燄吞噬，瞬間爆炸，化為一團火球。帶著火燄的殘骸碎片劃過流星機。伊留申在火團中打著滾，俯衝而下，而流星機也因為開砲時後座力不均而打轉。兩架飛機都直墜而下。恰托事後寫到：「一個火球與一架黯淡無光的飛機一上一下，靠在一起打轉。兩個都失了控，好像上演一齣讓人作嘔的超現實舞劇一樣。」

在最後一刻，恰托終於穩住流星機，當時飛行高度估計只有一百五十到三百公尺。與此同

60 達柯他（Dakota）：美國道格拉斯（Douglas）DC-3客機的其中一種型號，為軍用運輸機。

時，他見到伊留申因撞擊地中海波濤而四分五裂。

恰托攀升到一萬五千英尺（四千五百公尺）的高度報告：「任務完成！」

陶可夫斯基還不放心。「你見到目標墜毀了？」

「確定。目標墜毀了。」恰托接著看了一眼燃油表，情況非常恐怖。「我的燃油所剩不多，非常少。給我方向，帶我到最近的基地。」

恰托不知自己身在何方。當時只有哈左（Hatzor）空軍基地一個高砲連的雷達螢幕上顯示流星機身影。高砲連連長親自坐鎮，指示「蝙蝠」飛向基地跑道。

恰托在無線電中說：「我朝這個方向飛，直到燃油告罄為止。」

「你認為可以飛得到嗎？」管制員的聲音顯得有些疑慮。

恰托故作輕鬆地開玩笑說：「我把西比打火機裡的油都倒進油箱了。」

陶可夫斯基立刻打斷他的話：「不准提名字！」

燃油表指針已經跌到零。一分鐘，兩分鐘，三……突然間，恰托見到哈左基地跑道的燈光。為了引導他著陸，哈左不顧燈火管制，照亮了跑道。流星機滑向降落跑道，恰托落地了。

在飛機衝上跑道時，引擎也相繼熄火。最後一滴燃油用盡，不過流星機也已著陸。

基地技術人員第一個趕到飛機旁。「你辦到啦？」他問。

「沒錯。」

「那戰爭也開打了。」

基地指揮官、以色列第一任總統的姪子艾澤．魏茲曼[61]也立即趕來。

「恭喜！」這位從不放棄任何表現機會的基地指揮官接著說：「要知道，能引你著陸的只有我們哈左。他們在總部等你。出了一個問題。」

來到總部時，拉哈、陶可夫斯基與參謀長戴陽已經等在那裡，他們與恰托和西比握手道喜。

「什麼問題？」恰托問。

「埃及參謀長阿莫在臨上飛機前，決定不搭這架伊留申。他準備隔一些時候搭一架達柯他離境。」

恰托鬥志高昂。他自告奮勇地說：「如果時間夠，我們可以再加油，再出一趟任務。」西比也點頭表示同意。

「那太明顯了，而且會暴露情報來源，」戴陽說：「就暫時放他一馬吧。你們已經滅了一整群高參，打贏了半場戰爭。我們且為另外半場舉杯吧。」

戴陽拿出一瓶葡萄酒，每個人都一飲而盡。

一九五六年西奈之戰就此揭開序幕，不過只有少數幾個以色列人知道這回事。

「雄雞行動」以最高機密保密了三十三年，直到一九八九年相關細節才陸續公開。埃及人對這架飛機墜落的事一直隻字不提，或許因為他們不知道是遭以色列鎖定擊落的。開羅有傳言說，這架飛機在一座荒島附近墜落，軍方高參仍在島上等待救援。

61　艾澤・魏茲曼（Ezer Weizman，1924～2005）：少將。曾任以色列空軍司令（1958～1966）、國防部長（1977～1980）及以色列第七任總統（1993～2000）。在西薩利（Caesarea）家中去世。

當時擔任埃及參謀長的阿莫元帥，在六日戰爭後自殺。

【人物小檔案】

約西．「恰托」．吉登（戰鬥飛行員）

一九九三年三月，在雄雞行動細節公布四年之後，一位埃及青年出其不意地找上恰托．吉登。這位年輕人名叫阿麥．賈法．納西（Ahmed Jaffar Nassim），他的父親是埃及總統納瑟的顧問，在恰托擊落的那架伊留申上殉職。一位埃及青年與殺他父親的人，就在特拉維夫希爾頓酒店進行了這次戲劇性會面。

恰托事後說，這次會議「很情緒化，但沒有仇恨」。當時有謠傳說，賈法的父親在座機迫降後被以色列人逮捕，酷刑致死。因為殘障而坐在輪椅上的賈法，想知道這是不是真的。恰托向他澄清，沒有迫降這回事，這次任務「從頭到尾一氣呵成，沒有旁生枝節」。

兩年以後，恰托協助賈法．納西取得以色列許可，在以色列海法的拉巴醫院動手術。「我想協助他，是因為他的喪父讓我心有戚戚……也因為我想到，自己的兒子或許也會遭逢類似變故。」

恰托對他人的喜怒哀樂特別能感同身受，協助納西只是他展現同情的一種方式而已。他的妻子蕾莎還記得，一九五六年戰爭前夕，在倫敦友人家的晚宴上，恰托見到一位奧斯威辛集中營的倖存者，她同時也是女主人的妹妹。她當時正準備前往以色列，還說了一句「她真想看看巴黎」。

「妳何不途中在巴黎小停？」恰托問。

那女子答道：「我有一個一歲大的嬰兒。我沒辦法。」

恰托有辦法：「我幫妳把嬰兒帶到以色列。」

就這樣，他成了這小女嬰的監護人，在飛機上照顧她、餵她。當飛機中途在羅馬停留時，他選了一家很好的酒店，把女嬰交給酒店保母照看。第二天，他帶著這個女嬰一起飛到以色列。他太太在機場接機，看到一名穿蘇格蘭粗呢裝、抱著嬰兒的男子，沒想到竟是自己的先生。

「你怎麼替人照顧起嬰兒來了？」蕾莎問道。

他沒想到太太會這麼問，理直氣壯地說：「她媽媽從沒見過巴黎。」

一九五六年十月，就在蘇聯出兵鎮壓華沙與布達佩斯的反蘇聯獨裁政變，美國也忙著總統選舉的最後衝刺——杜艾．艾森豪競選連任之際，以色列攻擊了埃及，大獲全勝，還使摩西．戴陽成為家喻戶曉的英雄。不過，英、法兩國占領蘇伊士運河的行動失敗了。

第五章
米拉之役

一九五六年十月二十九日，星期一，拉法葉・「拉佛」・艾坦少校在西奈西部跳下一架達柯他運輸機，「卡迪西」（Kadesh）任務就此展開。

跟在他後面、分乘十六架飛機空降的，還有三百九十四名傘兵。在他們著陸的兩個小時以前，兩架野馬[62]先用它們的螺旋槳與機翼掃除了西奈地面的電話線，以切斷埃及的通訊系統。

參謀長戴陽在特拉維夫將一份官方公報交給「以色列之聲」電臺：

「以色列國防軍發言人宣布，以色列國防軍部隊進攻了位在拉斯・艾・納基（Ras el Nakeb）與昆提拉（Kuntila）的費達因部隊，並且在蘇伊士運河左近占領陣地。」

在蘇伊士運河附近、深入埃及境內進行的這項傘兵空降行動，是打響西奈戰役的第一砲，也

---

62 野馬（Mustang）：美國P-51野馬式戰鬥機。二次大戰期間非常有名，屬於單引擎戰鬥機，綜合性能出眾，航程頗長，常用來為轟炸機護航。

是班古里昂、戴陽與裴瑞斯策畫的一項極機密政治運作的結果。

一九五五年九月，蘇聯以捷克為代理，與埃及締結了一項巨型武器交易，為以色列帶來一記重創。根據這項交易，蘇聯將提供埃及約兩百架米格十五型噴射戰鬥機與伊留申II-28型轟炸機，以及教練機與貨機；兩百三十輛戰車；兩百輛裝甲運兵車；六百門大砲；以及各式海軍艦艇，包括魚雷快艇、驅逐艦與六艘潛艇。埃及即將接收的這批武器，在質與量兩方面都堪稱空前。埃及一旦擁有這些武器，中東權力均勢可能崩潰，以色列的嚇阻優勢可能不保，從而失去國家生存屏障。讓以色列憂心的還有另一個原因，就是埃及與敘利亞建立了一個聯合軍事指揮部。

一股焦慮浪潮席捲以色列。以色列只有三十架噴射戰鬥機。與埃及即將擁有的軍備數量相比，以色列的戰車、運兵車與火砲數量簡直少得可憐。憂心如焚的以色列人於是自動自發，將金錢、首飾與財物捐到一個為購買武器而設置的「國防基金」。脾氣火爆的班古里昂主張立即攻擊埃及，但主和的溫和派外交部長摩西．夏雷（Moshe Sharett），在內閣投票中擊敗了班古里昂的主戰動議。幾個月以後，班古里昂展開反擊，將夏雷逐出內閣，任命鷹派的梅爾夫人出任外交部長。

在這段期間，裴瑞斯竭盡全力促使法國與以色列結盟。儘管此舉遭到以色列政府內部若干人士的批判甚至嘲弄，但裴瑞斯在法國下的工夫終於有了成果：他從法國取得大量武器，還與法國內閣部長、軍官與國會議員建立了信任與友好關係。一九五六年六月，以色列與法國簽署「高潮」（Ge'ut）協定，法國開始大舉提供以色列武器。

一個月以後，埃及總統納瑟突出奇招，宣布將蘇伊士運河收歸國有。蘇伊士運河股票主要持有國法國與英國，立即展開策畫，準備對埃及採取軍事行動，奪回運河控制權。法國與英國將領在泰晤士河下游一座二次大戰期間的碉堡討論一系列出兵方案。法國領導人很快察覺，除非有很好的藉口，否則英國無意攻擊埃及。於是他們找上以色列。

一九五六年十月二十二日，幾輛汽車在巴黎近郊賽佛爾（Sevres）一座僻靜的莊園前停下來。車上乘客鬼鬼祟祟地溜進屋內。他們是法國總理蓋・莫雷（Guy Mollet）、外交部長克里欽・皮努（Christian Pineau）、國防部長摩里斯・布吉—摩諾（Maurice Bourgès-Maunoury）、軍方參謀長與幾名高階將領。應他們之邀、乘專機祕密到訪的客人是以色列總理班古里昂（為隱藏他那獨特的衝冠白髮，班古里昂戴了一頂寬邊大帽）、戴陽（為隱藏他的招牌黑眼罩，他戴了一幅大墨鏡）與裴瑞斯。兩個代表團相見甚歡。不過當天傍晚，英國外相史文・勞伊（Selwyn Lloyd）也到了。

勞伊的到來似乎為莊園帶來一股寒風。這位

傘兵在蘇伊士運河附近空降。（亞伯拉罕・維雷攝影，以色列政府新聞局提供）

英國外相顯然無法忘懷，僅僅八年以前，英國仍是巴勒斯坦統治者，而班古里昂是其最強悍的對手。戴陽寫到：「這位英國外相或許原本也是個友好、討喜、風趣、和藹可親的人。但如果真是這樣，他的隱藏工夫真可謂高明到家，因為對這個地方、對其他與會者、對這個討論主題，他只有表現出一派厭惡。」

但勞伊到了。二次大戰後最機密的高峰會就此展開。

第一輪會談持續到夜間，之後勞伊離開會場，去向英國首相安東尼・艾登（Anthony Eden）報告。裴瑞斯在那天晚上的筆記寫到：「看來勞伊與班古里昂並不情投意合。不過毫無疑問，兩人早在第一次見面就互相看不順眼了。」

會議在第二天持續進行。會中提了幾個給予英、法兩國干預藉口的行動構想，但在討論之後都一一遭到拒絕。法國與英國建議以色列攻擊埃及，征服西奈半島，對蘇伊士運河造成威脅，然後法國與英國再出兵干預，以「保護」運河，讓運河免遭交戰雙方戰火波及。

但班古里昂不肯只為替英、法兩國製造藉口就對埃及發動全面戰爭；他也擔心如果這麼做，國力還很脆弱的以色列，得在最初幾天承受這樣一場大戰的重擔，甚至苦撐一週之後，法國與英國才可能出兵干預。

翌日，法國與以色列代表共進午餐的時候，法國副參謀長摩里斯・夏樂（Maurice Challe）要求發言。他建議以色列空軍自己轟炸貝爾謝巴[63]，然後指控是埃及所為，英法聯軍即可進行干預。班古里昂氣得脹紅了臉，從椅子上跳起來：「以色列之所以強大，是因為它為正義而戰。我不會對世界輿論或對任何人撒謊。」會場內一片死寂，夏樂羞得面紅耳赤，無言落座。其他人也都把頭埋進餐盤。會談似乎就要破局。

隨即戴陽想到絕妙的辦法。

戴陽生在迪加尼亞（Degania）屯墾區，長在合作農村納哈拉（Nahalal），是一位魅力十足的以色列英雄。身為「防衛團」成員的戴陽，早年與納哈拉的阿拉伯鄰人一起成長，很了解他們，也很敬重他們。在二次大戰期間，戴陽加入一支英國巡邏隊，在黎巴嫩境內與法國維琪政府軍作戰。敵軍狙擊手一彈擊碎了他的雙筒望遠鏡，把望遠鏡目鏡打進他的左眼眶。他就這樣失去左眼，而他因此戴上海盜眼罩的臉孔，先在以色列、之後在全球各地揚名。他是一位天才演說家，熱愛詩文，是業餘考古學者，很有女人緣，還是無畏的戰士。在出任參謀長以後，戴陽將以色列國防軍轉型為一支精簡而強悍的部隊，對以色列那些蠢動不已的敵人進行報復突襲。但他很快發現，報復解決不了以色列與鄰國、尤其是與埃及之間愈來愈緊張的關係。他支持趁埃及還沒有掌握蘇聯集團提供的大量武器以前，先攻擊埃及的構想。在這次賽佛爾會議中，一直表現得很積極。

但班古里昂一再拒絕，不肯對埃及發動全面攻擊。既然如此，該怎麼不點燃戰火而發動一場戰爭？在這關鍵的一刻，整個會議的成敗取決於如何解決這個讓人進退兩難的前提。戴陽就在這時提出一項計畫。

戴陽說，我們何不倒著來，從結尾發動這場戰爭。他建議，以色列派遣一支小規模部隊空降西奈，地點選在蘇伊士運河以東約三十英里（四十八公里）處，對運河造成明顯威脅。法國與英

63 貝爾謝巴（Be'er Sheva）：以色列南部大城。

國於是宣布運河陷入危險，向埃及與以色列發出最後通牒，要求兩國撤軍到距離運河兩側各十英里（十六公里）的新防線。這等於是要埃及撤出整個西奈半島，讓以色列占據西奈，將勢力伸入運河附近。以色列會接受這項通牒，而埃及當然會拒絕。法國與英國於是有了藉口，在以色列出兵三十六小時以後，發動對埃及的軍事行動。

班古里昂有些猶豫，但在一夜難眠之後接受了戴陽的計畫。翌日上午，在莊園花園裡會晤戴陽與裴瑞斯時，他要戴陽畫一張行動草圖。三人身邊都沒有帶紙，裴瑞斯於是撕開他的菸盒，戴陽就在菸盒上畫了一幅西奈半島草圖；還畫了一條用點連成的虛線，代表載運傘兵空降的運輸機飛行路線，再加上三個箭頭，顯示以色列後續攻勢的主要進路。班古里昂、戴陽與裴瑞斯都笑著在那一小片硬紙板上簽字，這是西奈戰役的第一張作戰地圖。

回到莊園屋內以後，與會人員全體一致通過戴陽的計畫，十月二十四日，法國、英國與以色列簽署一紙祕密協定。班古里昂回到特拉維夫以後，召開了內閣會議。他把協定副本放在自己胸前的口袋裡，但沒有告訴部長們自己去了一趟法國，也沒有告訴他們有關這紙協定的事，而內閣仍然同意他對埃及用兵。班古里昂每每處於極度緊張狀態時就會發高燒、病倒，這次也不例外。但在那天晚上，班古里昂有生以來第一次邀請他的死對頭梅納罕·比金到他家。比金坐在班古里昂病榻邊的一張凳子上，老頭向他解釋為什麼決定開戰，比金也熱情預祝班古里昂旗開得勝。

十月二十九日，拉佛·艾坦與他的傘兵深入敵後空降，在抵達目標以後掘壕築陣，準備過夜。午夜過後不久，以色列運輸機空降了吉普車、無後座力砲與重迫擊砲。

在拉佛的傘兵降落之前，艾利克·夏隆率領的傘兵旅也乘著裝甲運兵車，在ＡＭＸ戰車64支援下跨越埃及邊界。這支縱隊在西奈不斷挺進，沿途與埃及守軍打了幾場激戰，占領幾處埃及要塞。經過三十個小時，他們終於接近拉佛的陣地。

在等候艾利克期間，拉佛開玩笑地用硬紙板做了一面牌子：「停！前面是邊界！」十月三十日晚間十點過後不久，裝甲縱隊來到這面牌子前。滿身滿臉罩著一層沙漠細塵的達維迪與夏隆跳下吉普車，與拉佛抱在一起。任務完成了。

問題是夏隆另有主意。過去兩年來，夏隆把以色列傘兵訓練成一支精銳的突擊隊，大多數對鄰國發動的報復突襲任務都落在傘兵肩上。不過傘兵付出的代價也很沉重，許多最好的戰士都陣亡了，梅爾．哈─金在一九五六年九月突襲奧．拉瓦（al Rahwa）的行動中也險些送命。一枚子彈打爛他的喉嚨，就在他快要窒息時，部隊醫官摩里斯．安基里維（Maurice Ankelevitz）抽出一把小刀，插進他的氣管，在戰火中動了急就章的氣管切開術，救了他一命。

但儘管死傷慘重，主要來自屯墾區與合作農村的志願軍仍源源不斷湧入，傘兵不但兵源無缺，規模還從營擴編為旅。這時官拜中校的夏隆已經成為國防軍最頂尖的戰士。戴陽喜歡他，班古里昂儘管批評他有失誠信，但對他的戰技也很賞識。一九五六年十月三十日這天，夏隆像過去一樣，渴望戰鬥。

他在擁抱拉佛之後，立刻決定帶著他的傘兵進軍米拉山隘（Mitla Pass），成為第一批進抵運河的以色列部隊。米拉山隘位於附近山脊，是一條蜿蜒的峽谷小徑。

64　二次大戰之後，法國研發製造的裝甲戰車。

這條小徑似乎已經沒有敵軍。前一天，來自埃及的一支裝甲車隊曾穿越運河、進入這處山隘，但遭以色列噴射機攻擊而全軍覆沒。焚燬、燒焦的埃及車輛殘骸，現仍散落在米拉山隘沿線，冒著濃煙。

夏隆發出無線電訊，要求許可占領米拉山隘。但參謀總部的回電很明確：「不要進兵，留在原地。」夏隆、拉佛與其他指揮官不知道，當局之所以派傘兵在米拉附近空降，為的不是戰鬥或征服，而是製造藉口，讓英、法兩國進行干預。

第二天一早，總參再次來電：「不得進兵！」但艾利克仍不死心。上午十一點，總參南方軍區指揮部參謀長雷哈法．「甘地」．澤伊維[65]上校乘派波小飛機抵達陣地。艾利克又一次要求進軍米拉，但甘地只准他派遣一支巡邏隊進入山隘，而且條件是不得與敵軍交火。

艾利克立即以摩塔．古爾為首，集結一支「巡邏隊」。巡邏隊的先遣分隊是六輛半履帶[66]裝甲車；之後是戰車隊指揮官維．達哈（Zvi Dahab）與丹尼．麥特的半履帶指揮車；指揮車後面跟著三輛戰車；然後是副旅長哈卡．霍飛的半履帶，之後又是六輛滿載傘兵的半履帶；殿後的是一個一二〇公釐重迫擊砲連，與幾輛載運裝備的卡車。傘兵突擊隊員加入這支隊伍不是來打仗的，而是走訪運河的觀光客。達維迪還用報紙做了一頂滑稽可笑的帽子遮陽。

艾利克稱這支營級兵力組成的車隊是「巡邏隊」。

中午十二點三十分，車隊進入山隘。傘兵在兩座高山間一條狹隘的山谷迅速挺進。

而埃及軍已經守候多時。

數以百計埃及戰士藏身散兵坑、天然岩洞中，以及矮石牆後。埃及軍用矮叢與一綑綑荊棘堆在路邊作為偽裝，將配備布蘭（Bren）機槍的裝甲車隱身其後。部署在裝甲車上方的第二道防線由幾個連組成，配備火箭砲、無後座力砲、反戰車砲與中型機槍。再上方的第三道防線，是藏身岩洞中的步兵，配備步槍與自動武器。

十二點五十分，率先走在山道中的幾輛半履帶遭到猛烈砲火攻擊，槍彈如雨點般打在半履帶裝甲鋼板上。第一輛半履帶在一陣擺動後熄火停下，車長與駕駛員都已陣亡；車上其他乘員跳到車外找掩蔽，其中幾人已經負傷。

車隊遇襲時，古爾的半履帶在第一輛裝甲車後方約一百五十碼（一百三十七公尺）。他下令部下朝這輛已經受創、無法動彈的半履帶前進。三輛半履帶趕到它旁邊，也遭到攻擊。摩塔在忙著調度、設法脫困時中彈負傷，只得帶領部下在路邊淺溝藏身。

走在車隊中間的哈卡，知道他的部下已經闖入死亡陷阱。他下令達維迪折返，阻止還沒有進入山隘的車輛。達維迪卸下迫擊砲，對山丘地區開火。哈卡親自帶領一連傘兵與兩輛戰車衝過敵軍防線。他率領的裝甲車輛越過卡在路中的幾輛半履帶，來到兩公里外的山隘另一邊。

米拉山隘已經布滿了前一天遇襲焚毀的埃及車輛，現在又成了以色列傘兵的殺戮戰場。四架

---

65 雷哈法・「甘地」・澤伊維（Rehavam "Gandhi" Ze'evi，1926～2001）：少將。曾任中央軍區司令。一九八八年創辦右翼「國土黨」（Moledet）。後又擔任不管部部長（1999）、觀光部部長（2001）。二〇〇一年，他在耶路撒冷凱悅酒店（Hyatt Hotel）遭四名巴勒斯坦人民解放陣線武裝分子暗殺。

66 半履帶：即車輪與履帶並用的車輛。是為了折中履帶的越野能力及車輪的載重能力而製造，但效能不如預期。以色列是少數在二次世界大戰之後還持續大量使用半履帶車輛的國家。

埃及流星噴射機對以色列車隊進行俯衝攻擊，炸毀了八輛攜帶燃油與彈藥的卡車，還打壞幾門重迫擊砲。

摩塔急電哈卡，要求哈卡重返山隘救援受困士兵，還要達維迪傳令米恰・卡普塔（Micha Kapusta），要米恰的突擊隊從後方掩擊埃及陣地。

米恰的突擊隊——以色列最精銳的部隊——爬上山頂。他的幾名排長開始沿北坡往下殲擊埃及陣地。但這時發生一個可怕的誤會。

突擊隊員摧毀北坡幾處埃及陣地，山道清晰呈現在他們眼前。但他們不知道山坡幾乎就在他們腳前垂直下墜，形成一道山溝，而大多數埃及軍就藏在這道山溝裡面。他們也沒注意到，埃及軍在山道另一邊的南坡上也設有陣地。

突然間，米恰的突擊隊遭到來自南坡的猛烈砲火攻擊。米恰以為向他們開火的是受困路邊的傘兵。他氣得用無線電對達維迪大叫，要摩塔的部下停火。摩塔置身路邊淺溝，看不到藏在南坡、向突擊隊開火的敵軍陣地，當然不了解米恰為什麼裹足不前。

這是悲劇的一刻。達維迪對著米恰大叫：「前進！攻擊！」而米恰則眼見部屬紛紛中彈倒地。傘兵在槍林彈雨中奮勇向前。幾名傘兵衝到陡坡邊，由於不知道腳下已空而滾落山溝，成為山溝裡埃及軍的活靶。

面對如此猛烈的敵火，米恰決定撤到附近一處山丘。但出現在山丘頂的另一個以色列連隊，誤以為他們是埃及軍而向他們開火。米恰憤怒而痛苦的嘶喊聲從對講機裡不斷傳來，他的部隊遭到埃及與以色列軍雙方圍剿。

達維迪終於了解這其間必有差錯，才會造成摩塔與米恰相互矛盾的無線電報。他做了一個重要決定：派一輛吉普車將敵軍砲火引入山隘，讓他的觀察員找出埃及軍究竟從哪裡開火。

為執行這項任務，他需要一名甘冒性命危險的志願兵。

「誰自願去摩塔那裡？」他問。

幾名傘兵立刻跳了出來。達維迪選了替自己駕車的葉胡達．肯—卓爾（Yehuda Ken-Dror）。肯—卓爾知道自己必死無疑。他發動吉普車，衝進山隘，並且立即成為猛烈砲火的目標。吉普車撞毀，肯—卓爾倒在車邊陣亡。但他白白犧牲了，摩塔與米洽沒有找出敵軍開火的位置。

達維迪又派出一輛載了四名傘兵與一名尉官的半履帶進入山隘。這輛裝甲車來到摩塔藏身處，帶上幾名傷兵然後折返，沒有受創。

但敵軍從哪裡開火仍不得而知。

達維迪再次下令米恰攻擊埃及陣地。米恰的部下再次衝下山坡。另一個排則陷入南坡埃及陣地的交叉火網中。米恰突然發現山坡就在自己腳前咫尺之處陡然下墜，他知道埃及陣地在哪裡了。

但就在這時他中了槍。一枚子彈射入他的胸膛，他無法呼吸，覺得自己即將死去。

「杜維！」他向自己的副手大叫。「接管！」

杜維（Dovik）就在這時頭部中槍。這兩名身受重傷的人開始往山丘上方爬。他們見到眼前出現幾名傘兵。為避免傘兵誤將自己視為敵軍，兩人開始嘶聲喊著：「達維迪！達維迪！」

下午五點，狹窄的山谷突然傳來戰車壓路的隆隆聲。哈卡的兩輛戰車從山隘西方出口折返，扭轉了戰局。他們首先把戰車砲對準南丘，炸垮許多敵軍陣地。埃及軍四下亂竄逃命，遭到傘兵機槍掃射，紛紛倒地。兩個以色列傘兵連同時登上山道兩側的兩座山脊。他們從西方入口進入山隘，有系統地肅清埃及陣地。他們事先協議，以停在峽谷中央一輛燃燒的埃及半履帶車為行動終止線。其他傘兵部隊則從東方切入，摧毀北坡與南坡上殘留的敵軍陣地。

入夜以後，五十名傘兵開始攻山。其中半數由兩度獲勳的老兵奧維．拉迪揚斯基（Oved Ladijanski）率領，攻擊南嶺；另外半數由身材瘦削、語音輕柔、來自屯墾區的李維．霍費西（Levi Hofesh）領導，攻擊北嶺。他們預計一路肅清埃及殘兵，直到那輛燃燒著的埃及半履帶車為止。

奧維的部下悄悄上山，沒有開火。在一處岩石嶙峋的山坡邊，他們遇到一座築有工事的機槍陣地。他們由下而上投擲手榴彈，但幾枚手榴彈都撞上岩石跳開，爆炸。奧維朝機槍丟出一枚手榴彈，但手榴彈從山坡滾了下來。「滾回來了。」奧維向他身邊的士兵輕聲說了一句，把那名士兵推到一邊，用自己的身體為他遮擋。這枚手榴彈在奧維胸前爆炸，炸死了奧維。他的一名部下終於把一枚手榴彈投進敵軍陣地，手榴彈爆炸，炸死了躲在裡面的埃及軍。

奧維的殘部繼續挺進，摧毀敵軍陣地。李維．霍費西在南山也展開行動。他發現埃及軍將兵力由下而上分為三股，於是也將自己的兵力分為三個小隊，每一個小隊負責清除一股敵軍。埃及軍做出困獸之鬥，一場殊死戰於焉展開。傘兵花了兩個小時才前進三百碼（兩百七十公尺）。一直打到近上午八時，李維部隊才打死九十名埃及軍，完成任務。

傘兵這時已經控制了米拉山隘。貨機於夜間在附近降落，撤走傷患，包括杜維與米恰，丹尼・麥特以及其他一百二十名傘兵。重傷者名單上還有命懸一線的葉胡達・肯—卓爾。幾個月以後，他終因傷重不治。

三十八名以色列傘兵與兩百名埃及軍在米拉之役中陣亡。另有四名以色列傘兵戰後因傷重而相繼去世。戴陽大發雷霆，指控夏隆為一場完全沒有必要的戰鬥折損這麼多人命。班古里昂對這件事刻意保持謹慎，不願插手，因為這兩名高級軍官都是他的心腹愛將。不過米拉之役確實使夏隆遭到非正式的流放，直到幾年以後，才再次在國防軍中獲得升遷。

米拉之役血腥非常，但它也是一篇英勇奮戰的故事。夏隆的傘兵展示了他信守的原則：傘兵不會在戰場上丟棄同袍，即使因此犧牲人命也在所不惜，而且國防軍的部隊不屈服，不放棄，不完成任務不會撤軍。

西奈之戰打了七天，結果以色列戰勝。以色列打敗埃及軍，征服整個西奈半島。另一方面，英、法聯軍的入侵卻以慘敗收場。以色列的勝利為南疆帶來十一年實質上的和平，直到六日戰爭爆發，這段和平才嘎然而止。

【人物小檔案】

拉法葉・「拉佛」・艾坦（一九〇〇傘兵營營長，後來成為參謀長）

——節錄自艾坦與杜夫・高茲坦（Dov Goldstein）合著的《一個軍人的故事：以色列戰爭英雄的人生與時代》（*A Soldier's Story: The Life and Times of an Israeli War Hero*），Maariv 出版，一九八五年

我站在飛機艙門邊。每每飛臨空降區上空時，總有一股興奮襲上心頭，就算已是空降多次的老手也不例外。特別是面臨一場大規模、距離以色列又這麼遠的軍事行動，更是讓人亢奮不已。你就要躍進深入敵境的未知世界。編隊中飛在我們旁邊的那架飛機，駕駛艙就在我正對面，只有數呎之隔。我向那位副駕駛揮手。他用兩手抱住頭，似乎是在說：「你很快就要……」

紅燈轉為綠燈。我已身在空中，從米拉山隘上空飄落。時間是下午五點，已近薄暮。太陽西下。耳際傳來幾聲槍響。我兩腳著陸。我從降落傘中脫身，迅速進行組織。我們從武器包中取出武器，在任務發起區據守陣地。幾個連都散開了。夜幕已經低垂。我們設障礙物，埋地雷。我們掘壕，建立防禦工事。土耳其人占領時代挖下的戰壕至今猶存，讓我們的工作輕鬆許多。我們派出兩支部隊，分別在通往西方的帕克紀念村（Parker Memorial）與朝北、通往伯．哈斯納（Bir Hasna）的地方據守陣地。我們在地上做標示，為接收隨後空降的補給做準備。

入夜以後我睡了……你必須養足精力才能對抗作戰的壓力；必須把緊張與情緒移到隱密的一角。我為自己挖了一個散兵坑，在裡面墊了包裝空降補給品的硬紙板，還鋪了一兩個降落傘。我睡了進去。晚安，米拉。

第三部

六日戰爭

蘇伊士運河之戰為以色列帶來幾近十一年的和平。一九六三年，班古里昂辭職，由李維・艾西柯[67]繼任總理。參謀長是伊薩克・拉賓。班古里昂與艾西柯發生激烈衝突後，辭去總理職，自創以色列勞工名單黨（Rafi），由班古里昂、戴陽與裴瑞斯擔任領導人。一九六七年五月十五日，埃及總統納瑟突然展開一連串可能導致以色列亡國滅種的軍事行動，他甚至宣布以色列死期將至。以色列設法取得列強支持，但是沒有成功。法國也倒戈；以色列最忠實的盟友法國總統戴高樂，出人意料地實施對以色列武器禁運。在民眾壓力下，艾西柯不情不願地任命戴陽出任「全國團結政府」（Government of National Unity）國防部長，並由反對黨領袖比金，擔任不管部部長[68]。以色列政府認為，除了趁埃及攻擊前先下手為強之外，已別無選擇。

第六章 焦點行動

一九六七年六月五日早上四點三十分，以色列空軍的每一位飛行員都被叫醒。他們停在拉馬．大衛、哈左、特諾夫與哈澤利（Hatzerim）空軍基地、甚至停在勞德民用機場的座機，都已加滿油料、裝好彈藥，做好一切起飛前的準備工作。飛行員坐進駕駛艙以後，奉令不得使用通訊系統，保持徹底無線電肅靜；飛航管制塔臺也一片寂靜。這麼做的用意在於，不讓任何人、任何地方察覺以色列這項大規模起飛行動，就連一點相關的蛛絲馬跡都不能透露。地勤人員使用彩色燈號導引飛機。七點十四分，第一批飛機、法製老古董「颶風」（Ouragans）機起飛，兩分鐘以

67 李維．艾西柯（Levi Eshkol，1895～1969）：以色列第三任總理（1963～1969），於任內死於心臟病發。曾任財政部和國防部部長。他是以色列勞工黨（HaAvoda; Israeli Labor Party）的創始人之一。勞工黨是於一九六八年，由許諾之地勞工黨（Mapai）、勞動統一黨（Ahdut HaAvoda）和勞工名單黨（Rafi）三個黨派合併而成。

68 「不管部」並非部門名稱，而是指「不專門管理某一部門」的內閣閣員，稱為「不管部部長」。較常出現在內閣制或半總統制國家。例如臺灣的「不管部部長」是指「行政院政務委員」。

後，第二批颶風機起飛。等這兩批飛機都升空以後，根據一個以分鐘為單位排定的詳細時間表，禿鷲（Vautour）、神祕（Mystère）、超級神祕（Super Mystère）與幻象（Mirage）式機也分批升空。從多處基地起飛的這些飛機，起飛進度緊湊得幾近瘋狂，平均每一分鐘就有一架飛機升空。在哈左空軍基地，從七點十四分到八點十五分之間，共有七十七架飛機起飛，平均每隔四十八秒就有一架飛機升空。一百八十三架飛機就這麼迅速升空——事實上，整個以色列空軍的飛機都升空了。它們在空中組成四個大編隊，然後各自按行程出擊。只餘十二架幻象機留守，保衛以色列領空。

六日戰爭序幕就這樣揭開了。

這場戰爭的火苗，早在三週以前、五月十五日以色列獨立日那一天就已點燃。埃及陸軍數個師在那一天突如其來開進西奈半島，在以色列邊界沿線布防。埃及總統納瑟趕走駐守西奈的聯合國觀察員，關閉提蘭海峽（Straits of Tiran），並與敘利亞以及約旦簽署軍事協定。就連伊拉克也宣布加入這個同盟。阿拉伯國家的大街小巷激情達於鼎沸，群眾在廣場上歡呼舞蹈，揮舞國旗與標語海報，高喊辱罵、仇恨以色列的口號。納瑟的影像出現在各大小媒體，他笑容滿面，信心十足，圍繞在他身邊的，是伯．吉加法（Bir Gifgafa）空軍基地[69]那些穿著G服[70]、年輕好勇的埃及戰鬥機飛行員。納瑟面向電視攝影機，發表他那篇歷史性的聲明：「如果以色列要戰爭，ahlan wa sahlan（歡迎）！」

整個阿拉伯世界的電臺與電視臺都在報導以色列覆亡在即。英國與美國想不出解決這項危機、重開提蘭海峽為以色列運補的辦法。法國總統戴高樂背棄他與以色列的盟約，開始實施對以色列國防軍的武器禁運。

以色列人民察覺亡國滅種之厄已經迫在眉睫。總理艾西柯與他帶領的政府顯得猶豫不決，不知所措，一味設法爭取時間。在民意壓力下，艾西柯不得不成立一個聯合政府，任命因西奈一戰成名、家喻戶曉的英雄戴陽為國防部長。

六月四日，以色列政府決定訴諸戰爭。而訴諸戰爭的第一步就是空軍的「焦點行動」（Operation Focus），戰爭成敗將取決於焦點行動的成功與否。

焦點行動的目標是，將埃及空軍——如果有必要，將所有敵國的空軍——消滅在地面上。起草這項計畫的，是青年上尉軍官拉菲・西夫隆（Rafi Sivron）。計畫基本要旨在於對敵軍機場發動奇襲，先轟炸機場跑道，使敵機無法起降，然後將敵機擊毀在地面上。一九六五年，西夫隆的這項計畫獲得約西・沙利（Yossi Sarig）少校重用。沙利少校曾擔任禿鷲機一一〇中隊中隊長，當時奉命出任作戰部攻擊處處長。這項新角色對沙利而言彷彿如魚得水。沙利曾經在白天或夜間，執行好幾十次高危險的照相偵測任務，飛過埃及、約旦、敘利亞與黎巴嫩的幾乎每一座阿拉伯機場。他可以如數家珍般道出這些機場的各項細節。隨著中東情勢，以及中東諸國空軍軍力急遽變化，沙利更加全神貫注，為這項行動訂定鉅細靡遺、不斷更新的計畫。整個計畫的成功以奇

69 位於西奈半島。

70 G服（G-suits）：飛行員穿的抗壓飛行裝。

襲為基本要件。以色列的飛機必須出乎意料且同一時刻攻擊埃及各地機場。基於這個理由，以色列機必須在全面無線電靜默的情況下起飛與飛行，以最低的飛行高度——在雷達搜索區間的下方——在分秒不差的同一時間飛抵目標。為了從北方進入埃及，出擊的以色列機大多數必須穿越地中海上空。而以最偏遠地區為攻擊目標的以色列機，則需要飛越國境的奈吉夫沙漠與紅海。整個行動計畫需要非常精確的飛行路線圖與時間表，以及不斷演練起飛動作，不斷演練超危險的一百英尺（三十公尺）超低空飛行。

以色列空軍只有兩百架攻擊機，但遂行這項計畫卻需動用五百三十架攻擊機。這個問題因班古里昂在視察拉馬．大衛空軍基地時提出的一項訊問而得以解決。當時他問基地指揮官：「你要用多少時間才能為剛返航的一架飛機做好準備，進行下一次任務？」

這個關鍵性時段——用油罐車為飛機加油，將彈藥車開到飛機邊等——需要一個小時到一個半小時。班古里昂一言讓空軍參謀如夢初醒，他們於是決定大幅縮短每一架飛機停留地面、為下一次任務做準備的時間。他們把油管裝在飛機停靠的地下機庫，飛機一旦停妥就可以立即加油。每座機庫內停有一整車可供出一次或兩次任務的彈藥與炸彈，這些彈藥與炸彈一送上飛機，另一輛車隨即進入機庫，準備下一架飛機出勤使用。地勤人員開始不斷受訓，要用最短的時間完成這一切準備與檢查工作。他們的指揮官就拿著碼表守在飛機旁，評估能夠再節省幾分、幾秒的辦法。中隊各機組之間彼此競賽，甚至基地與基地之間也在較勁比快。

就這樣，每一架戰鬥機的再起飛準備時間縮短到五至七分鐘。以色列戰機出勤次數比過去多了幾倍，空軍軍力自然也因此多了幾倍。阿拉伯空軍飛機在出完任務回到地面以後，要花很長時間才能做好下一次起飛的準備，以色列空軍卻能迅速再次升空，以規模小得多的兵力發動一波又一波攻勢。

轟炸機場的計畫現在已經訂妥。有些目標機場跑道鋪的是鋼骨水泥，有些則是柏油瀝青。跑道類型不同，需用的武器也不同。以色列空軍有一百一十磅（五十公斤）、一百五十四磅（七十公斤）、五百五十一磅（兩百五十公斤）與一千一百零二磅（五百公斤）幾種炸彈，必須根據目標機場的情況搭配炸彈與攻擊機類型。有些機場只有一條跑道，但埃及米格機還可以利用與跑道平行的滑行道起飛，因此滑行道也在攻擊之列。有些機場使用交叉跑道。有幾個機場跑道長度超過一點八五英里（三公里），而米格機只需要這個長度的三分之一就能起降；在這種情況下，計畫人員必須將跑道分成三段，對每一段實施準確的攻擊。

以色列軍事工業（ＩＭＩ）旗下的研究實驗室，在工程師阿拉漢．馬柯夫（Avraham Makov）管理下，監製研發了一種專門破壞跑道的滲透彈。這種炸彈在距離地面約三百三十英尺（一百公尺）處空投，一個小降落傘立即打開，導引炸彈鼻錐以六十度角衝向地面。裝在炸彈尾部的一具火箭同時啟動，推著炸彈向跑道猛鑽。這種一百五十四磅（七十公斤）的炸彈可以滲透鋼骨水泥跑道，在六秒鐘以後爆炸，造成幾近五英尺（一點五公尺）深、直徑超過十六英尺（四點八公尺）的大坑。ＩＭＩ還研發了一種威力更大的「跑道殺手」炸彈。當戰爭開打時，ＩＭＩ為以色列空軍提供了六十六枚大型殺手彈，與一百八十七枚較小型的殺手彈。

問題在於怎麼炸跑道？一架載有兩枚殺手彈的飛機，應該在一次投彈行動中將兩枚炸彈同時投下，還是需要再飛一次？如果遇上強風，應該怎麼做？早上刮強風的機率有多少？殺手彈能為跑道造成多大損傷？

為解答這些疑問，當局決定讓空軍轟炸以色列自己的哈左空軍基地。在實施轟炸那天，哈左關閉跑道，進行整修，機組人員住在機場附近的家屬盡皆撤離。當天晚上，以色列空軍戰機在哈左上空俯衝而下，炸毀了跑道。評估這次作業的成果以後，空軍還進行估算，以了解埃及人要花多少時間才能填平跑道上的坑洞，讓被炸的機場重新啟用。根據這項估算，從埃及基地指揮官登上吉普車、前往檢視跑道受損情況，然後下令修補算起，直到跑道修復為止，大概需要四十分鐘。但以色列空軍當局要讓埃及人花兩個小時修好跑道，這樣第二波以色列攻擊機才能在跑道剛修好的時候，就已臨空。

解決辦法是在炸彈上加裝定時引信，讓炸彈在跑道上撞出一個大坑卻不爆炸。埃及指揮官一定會下令將坑填平，等預設時限到了以後，埋在跑道下的炸彈爆炸，炸壞跑道，使機場再次癱瘓。以色列當局於是決定，每一個擔任跑道轟炸任務的編隊，都要攜帶一、兩枚具有延時引爆機能的炸彈。

但是，以色列的戰機都去了埃及，誰來保衛以色列領空？空軍司令摩德柴・「摩提」・哈德[71]甘冒奇險，把以色列的整個空防任務交給十到十二架幻象機。並且決定，幾個幻象機編隊將攻擊距離以色列較近的敵軍機場，一旦有必要，可以立即返防，保衛本國。

最後一個問題是：什麼時候攻擊？有些指揮官主張在日落前一刻出擊，因為他們知道埃及人不在晚上飛。但根據情報，埃及空軍戰備作業聚焦於破曉時分，因為埃及飛行員起得很早，一起先出偵查任務，於七點三十分（以色列時間早上六點三十分）結束任務、在基地降落。之後他們會去喝杯咖啡，吃個早餐。基地指揮官與參謀官也在這時候開始上班。哈德親自說明：「如果有人在我早上七點四十五分從扎哈拉（Tzahala）家中啟程前往總部時，透過手機告訴我出了問題，我也什麼事都辦不了。」

事情就這樣決定了！攻擊發起時間為上午七點四十五分。

這項計畫經過無數次反覆演練，一切都準備就緒，但戰爭始終不見蹤影——直到一九六七年五月十五日，一切都變了。

沙利已經完成行動規畫工作，前往美國接收天鷹（Skyhawk）式戰鬥機，準備成立一個新的中隊。但旅美十天以後，他奉召緊急返國。剛飛抵勞德機場，專車就把他直接送到特拉維夫國防軍總部稱為「地洞」（Pit）的地下作戰指揮中心。來到這裡以後，沙利重掌作戰部攻擊處處長舊職，開始接收新情報。根據這些情報，埃及空軍正在改變警戒等級，圖波列夫（Tupolev）Tu-16轟炸機也已啟程，調往盧克梭（Luxor）與拉斯．巴納斯（Ras Banas）這類比較遠的機場。

哈德、沙利，以及曾任以色列空軍司令、這時擔任國防軍副參謀長的艾澤．魏茲曼，一起出席總參會議，沙利在會中說明焦點行動計畫。赫澤．夏飛（Herzel Shafir）將軍問道：「敘利亞與約旦呢？」

沙利答：「三個小時以後，我們可以在敘利亞與約旦如法泡製。」

---

71 摩德柴．「摩提」．哈德（Mordechai “Motti” Hod，1926～2003）：少將。曾任戰鬥飛行員、以色列空軍司令（1966～1973）。

夏飛打斷他的話：「看看你們空軍這些傢伙。艾澤．魏茲曼與摩提．哈德老愛說大話，這是老毛病改不了，也就罷了，現在連一個小小少校也這麼囂張？」

六月四日晚，以色列當局與基地指揮官進行最後簡報。飛行員奉令保持全面無線電肅靜：「就算你的引擎出問題，需要折返基地，或甚至放棄你的飛機，都不准打開通訊系統。」飛行員只能靠手表、羅盤與地圖，不准運用其他儀器指路飛往埃及境內目標。他們有五到七分鐘時間轟炸跑道，然後對目標機場進行三次低空飛越，掃射停在地面的飛機與其他目標。

為了讓飛行員翌日一早精神抖擻，當天傍晚後不久，他們都奉命就寢。不過許多飛行員興奮得一夜難眠。一場規模空前龐大的行動即將展開，他們要一舉殲滅整個埃及空軍。這場戰役勝負攸關重大，甚至以色列存亡都在此一舉。

一位名叫雅爾．紐曼（Yair Neuman）的飛行員，在他的中隊日誌中寫到：「一九六七年六月五日。明天就是埃及與其衛星國大淪亡的日子。我的手在顫抖！」（紐曼在大戰第一天陣亡。）另一位飛行員寫到：「整個以色列人民的命運彷彿都落在我們肩上。」還有一人這麼寫：「全世界所有猶太人的眼睛，都非常焦慮地望著我們。」他的友人在旁邊加了一句：「上帝與猶太人同在，冒煙起火的林木與戰車都在西奈。」

七點十四分，第一架飛機呼嘯升空，其他一百八十二架也相繼起飛。

他們保持無線電肅靜，為了不讓埃及人察覺有異，以色列還派出幾架福加（Fouga）教練噴射機，機上飛行員假冒成在以色列上空執行例行演練的神祕與幻象機中隊，不斷使用無線電通訊。埃及人如果在監聽，一定會認定以色列空軍一切如常，沒有特別動作。

攻擊機群即將進入埃及領空時，以色列國防軍電子戰鬥系統啟動，開始切斷或干擾埃及發報網路與雷達系統。在地下作戰指揮中心，一場讓人牽腸掛肚的等待開始了。

上午七點四十五分，攻擊機群抵達目標上空。一百八十三架以色列戰機同步展開對埃及機場的俯衝攻擊。鉅細靡遺的準備、策畫、評估與訓練發揮了效果。無線電突然打破靜默，空軍通訊網瞬間充滿來自埃及上空、令人興奮的報告。埃及人被打得措手不及，戰果比以色列預期的還要好。十一座埃及機場一一被炸，升起一縷縷烈火濃煙。一百七十三架以色列戰機攻擊艾．阿利西（El Arish）、艾．瑟爾（El Sir）、伯．吉加法、伯．塔馬達（Bir Tamada）、基利（Kibrit）、費葉（Fayed）、阿布．蘇威（Abu Suwayr）、印夏（Inshas）、開羅國際、西開羅（West Cairo）與班尼．蘇夫

埃及轟炸機在地面被擊毀。（以色列政府新聞局提供）

（Beni Suef）等機場，其餘十架執行巡邏與偵照任務。

第一枚跑道殺手滲透彈在基利機場落地。飛行員沒有炸艾．阿利西的跑道，因為根據作戰計畫，以色列裝甲部隊將占領這座機場，供以色列空軍使用。在伯．吉加法空軍基地，五架米格機在地面被擊毀，一架漏網飛離。在西開羅機場，十五架圖波列夫Tu-16轟炸機以及其他幾架飛機被毀。在印夏，儘管當時晨霧濃密，能見度很低，以色列戰機仍然將停在機場的米格機悉數擊毀。以色列的一個編隊誤闖開羅國際機場，發現停在商用機之間的戰鬥機，於是發動攻擊，毀了許多戰鬥機。阿布．蘇威機場的反抗最猛，幾架停在機場的米格機還升空與來襲的以色列機作戰。以色列對這座機場一共進行了二十七次低空飛越，投下一百零二枚炸彈。在這場戰役中，班—吉昂．左哈（Ben-Zion Zohar）上尉的表現尤其可圈可點。他的禿鷲機與多架米格機接戰之後，重返機場投彈，在折返以色列途中還攻擊了一個地對空飛彈連。他最終降落在以色列基地時，油料已經點滴不剩。左哈隨後獲頒勳章。

緊接在第一波之後，第二波攻擊隨即升空，對十六處機場進行一百六十四次的攻擊。其中有些機場，例如盧克梭，是第一波攻擊的漏網之魚，幾架埃及飛機從這裡逃逸。然後是第三波、第四波與第五波攻擊。在第五波攻擊中，就連最偏遠的賈達卡（Ghardaqa）與拉斯．巴納斯機場也沒能倖免。

在發動第三波攻擊時，以色列發現敘利亞的米格機與約旦的鷹獵人（Hawker Hunters）噴射戰鬥機準備攻擊以色列。哈德於是下令一隊以色列機轉向，在約旦與敘利亞實施焦點行動。以色列空軍於是殲滅了整個約旦空軍，還擊毀敘利亞空軍大多數的飛機。

以色列在焦點行動中也犯了幾個錯，其中尤以對伊拉克H-3機場發動的攻擊戰況最為慘烈。當時米格機、鷹獵人、甚至還有幾架圖波列夫轟炸機都從這座機場起飛，準備攻擊以色列境內目標。這是一座名不見經傳的機場，沒有人想到阿拉伯人會用它作為對付以色列攻擊的發起基地。以色列空軍飛行員對這座伊拉克機場進行了三次攻擊，前兩次很成功。但伊拉克人很快回過神來，導致以色列飛機在第三度臨空時墜入陷阱。兩架禿鷲與一架幻象中彈墜毀，一名飛行員跳傘被俘；剩下三架以色列機狼狽不堪地逃回以色列。

但瑕不掩瑜，焦點行動獲得空前大勝。以色列在短短幾個小時內消滅了敵國空軍。以色列能在六日戰爭取勝，這項行動是決定性要素。一位以色列空軍領導人寫到：「這場大勝為我們帶來無比驕傲。有人說，這是以色列國防軍有史以來成果最輝煌的一次任務。」

在六日戰爭中，以色列國防軍擊毀三百二十七架埃及機，三十架約旦機，六十五架敘利亞機，二十三架伊拉克機與一架黎巴嫩機。不過以色列也付出了沉重代價：在這場戰爭中，以色列空軍損失四十六架飛機，二十四名飛行員戰死。

【人物小檔案】

阿維胡·班—能[72]少將（前空軍司令）

在焦點行動展開前，以色列國防軍參謀長拉賓來視察中隊基地。他與飛行員會面，還對我們說，這是一項「不成功便成仁」的任務。以色列的生存在此一戰。拉賓與艾澤（魏茲曼）讓我們體認到，一切都靠我們了，如果這項任務不能取勝，國家也沒有前途可言。

我率領一個神祕機組成的四機編隊飛往費伊德（Fayeed）機場。每架飛機攜帶兩枚重七百九十四磅（三百六十公斤）的炸彈。途中飛越海上時，四號機失去蹤影。我心中壓上一塊石頭。在飛抵西奈海岸的巴達威（Bardawil）時，雲層在一千英尺（三百公尺）的高空聚集，我心中又壓上一塊石頭。但在飛抵費伊德時，我見到一小片藍天，於是我們發動攻擊。我將炸彈投在跑道上，並在第二次低空飛掠時，掃射了停在跑道邊緣的兩架米格機，看到它們起火。

一架安托諾夫（Antonov）An-12運輸機突然出現在我眼前，並轉向往南逃逸。我有些躊躇。我只需十秒鐘就可以把它擊落，但也可能因此錯失擊毀地面主要目標的時機。我終於決定還是一心一意對付米格機。我們擊毀了十六架米格機，還在飛越運河時炸掉一個SA-2（地對空飛彈）連。最後又見到了那架失蹤的四號機——他因為油料系統出問題而折返基地。我在降落以後獲悉，我們的中隊長尤納坦·夏恰（Yonatan Shachar）座機中彈跳傘，我奉命繼任中隊長。

許多年以後，開羅《金字塔日報》（*Al-Ahram*）刊出一篇報導，談的是埃及空軍最功勳卓著的飛行員，說他如何在一九六七年六月五日駕一架安托諾夫掙脫一群以色列飛機的追擊。我這才知道我放過的那架安托諾夫上，載了一整群埃及參謀總部高參。我看了這篇報導以後懊惱不已。

在戰爭第三天，我們飛越耶路撒冷，電臺播放著〈耶路撒冷金城〉[73]。我第一次在飛行途中落淚。

72 阿維胡·班—能（Avihu Ben-Nun，1939～）：少將。曾任以色列空軍（1957～1992）、戰鬥飛行員、以色列空軍司令（1987～1992）。

73 〈耶路撒冷金城〉（Jerusalem of Gold）：一九六七年以色列創作歌后拿俄米·謝莫爾（Naomi Shemer）所作的歌曲。曲中描述猶太人兩千年來對於重回耶路撒冷的冀望。六日戰爭勝利後，為了慶祝東、西耶路撒冷再度統一，拿俄米在最後又加了一段詩詞。現已成為以色列非官方國歌。

征服東耶路撒冷原本不是以色列在六日戰爭的目標。以色列在六日戰爭的主要攻擊目標是西奈。但由於約旦對以色列展開砲擊，國防軍發動反擊，征服了西岸。兩名內閣部長向總理艾西柯大舉施壓，要他解放耶路撒冷。艾西柯一開始有些猶豫，戴陽也有些拿不定主意。最後，當戰事進行到第三天，戴陽下令國防軍進攻東耶路撒冷。

第七章
聖殿山之戰

「紅被單！我重複，紅被單！」

一九六七年六月五日清晨，在以色列空軍將大部分埃及戰機摧毀在地面上之後不久，集結在埃及邊界的以色列地面部隊，從無線電收發機中接到「紅被單！」密令。數以千計以色列戰車、裝甲運兵車、自走砲、吉普車與卡車開始越過邊界，衝向西奈的埃及陣地。

六日戰爭開打了。

以色列不想同時與約旦作戰。於是外長阿巴・伊班[74]找上駐耶路撒冷聯合國停火監督組織（United Nation Truce Supervision Organization）參謀長亞德・布爾（Odd Bull）將軍，要求他急電約旦國王胡笙：「如果約旦不採取行動，以色列不會，重複一次，不會攻擊約旦。但如果約旦採

74　阿巴・伊班（Abba Eban，1915～2002）：曾任以色列外交部長、教育部長、副總理、駐美國和聯合國大使，以及聯合國大會副主席和魏茨曼科學研究院（Weizmann Institute of Science）院長。

取敵意行動，以色列將全力反擊。」布爾將這份急電交給胡笙，但只是徒勞。胡笙已於五月三十日與埃及總統納瑟簽署一項軍事協定，而且深信阿拉伯國家這次一定可以打垮以色列。於是約旦軍奉命攻擊以色列。

上午十點四十五分，約旦駐衛軍沿以色列停戰線全線開火，尼坦亞（Netanya）、沙巴村（Kfar Saba）、耶路撒冷、拉馬・大衛都遭到砲擊。駐守西岸、卡基利亞（Qalkiliya）與金寧（Jenin）附近的「隆湯砲」[75]，對準以色列人口密集地區開火。約旦噴射機飛向以色列，地面部隊也進入以色列控制區，占領聯合國軍將領亞德・布爾作為總部的耶路撒冷政府大樓。以色列國防軍耶路撒冷旅在戰車增援下發動反擊，奪回政府大樓，然後設法與科普斯山（Mount Scopus）的一處以色列聚落取得聯繫。科普斯山是一座俯瞰耶路撒冷的山丘，駐有一支小規模以色列部隊，負責保衛一所醫院與希伯來大學舊校園。

中央軍區司令尤吉・納吉斯（Uzi Narkiss）將軍決定派傘兵馳援耶路撒冷。原先率領傘兵的傳奇人物夏隆，已經不再是傘兵指揮官。他獲得參謀長拉賓提拔，升為將軍，現在在西奈指揮一個師。納吉斯把新成軍的第五十五傘兵旅派到耶路撒冷。這個傘兵旅由後備役傘兵組成，旅長是久經戰陣的摩塔・古爾。

摩塔既有學識，又是天生的鬥士，像他這樣文武全才的軍人並不多見。獨立戰爭爆發時，摩塔十八歲，是官校學生。他奉命停學，與戰友一起進占貝爾謝巴，在奈吉夫與埃及人作戰。他喜歡向部屬講述自己臨陣的經歷。他說，他在第一次出戰時只是一個怯懦青年，當子彈在身旁橫飛時，他突然發覺自己褲襠溼了一大塊。他簡直羞得無地自容。自己怎麼這麼懦弱，竟會尿溼了褲子？戰役告終後，他躲進一處隱密的角落，檢查自己的衣物，這才鬆了一大口氣。原來埃及人的子彈打穿了他掛在腰間的水壺，水濺溼了他的褲子……他並不是懦夫。

他打了幾場艱苦而血腥的戰役，失去一些最好的友人，之後離開軍隊，進入希伯來大學就讀。他在希伯來大學遇見夏隆，但沒有留下什麼印象。他聽說一〇一部隊成軍，卻決定留在學校，繼續研究中東歷史與文化，直到一九五五年，有一天，他遇到在奈吉夫作戰時結識的老戰友達維迪。

達維迪說：「我現在當傘兵了。」

「你們幹些什麼啊？」

達維迪把傘兵的任務告訴摩塔。他用平和而不帶情緒的語氣，向摩塔描述傘兵如何進行報復突襲，如何深入敵後。摩塔聽得興奮不已，直呼：「我也要去！」摩塔就這樣加入了傘兵。

身為D連連長的摩塔，參加了大多數報復突襲戰役。他在加薩走廊的一場戰鬥中負傷，因勇敢獲戴陽贈勳。但他毫不留情地批判夏隆；在米拉山隘之戰結束後，他更將夏隆罵得體無完膚，說「我從未在衝向敵軍時見到夏隆的背」，意指這位名揚以色列的傘兵部隊長根本不是英雄。但無論如何，摩塔仍然留在傘兵，英勇奮戰。在喋血米拉山隘、打完西奈之戰後，以色列當局把他送進巴黎軍校（Ecole Militaire）深造。就讀巴黎軍校期間，他除了攻讀軍事以外，還與妻子莉塔一起發掘法國文化：劇院、博物館，卡繆、沙特與季洛杜（Giraudoux）的書，都是他倆涉獵的

75　隆湯砲（Long Tom）：一五五公釐大口徑重砲（155 mm Gun M1），暱稱隆湯砲（Long Tom）。

對象。回到以色列以後，摩塔在軍中歷任幾項職務。他會在傍晚為他的四個孩子講故事，也喜歡寫信給他們。他還寫了幾本有關「傘兵狗阿吉」（Azit, the paratrooper dog）的童書，登上以色列暢銷書排行榜，甚至拍成兒童電影。

六月五日下午，他將領著一旅久經戰陣的傘兵進行耶路撒冷之戰。

那天下午，內閣部長義加．亞隆（Yigal Allon）與比金走進總理艾西柯的辦公室。亞隆原是家喻戶曉的「打擊軍」指揮官，也是左翼勞動統一黨（Ahdut HaAvoda）黨領，比金則是右翼政黨自由黨（Herut）極具政治魅力的黨領。但兩人都是政治鷹派，一起呼籲艾西柯解放耶路撒冷舊城。然而他們面對一項大障礙：國防部長戴陽。戴陽擔心，一旦攻打舊城，可能損及全世界最神聖的幾處古蹟，以色列征服舊城也可能造成國際負面的回應。戴陽還擔心，在耶路撒冷城內戰鬥，可能導致外國對以色列施壓，從而影響以色列對埃及用兵，而無法完成作戰目標。不過戴陽也知道，科普斯山若是落入約旦手中，對以色列的威信會造成嚴重打擊。戴陽於是授權國防軍，只能占領耶路撒冷東北、通往科普斯山的道路。

摩塔奉戴陽之命，將攻擊東耶路撒冷的任務分配給他的三個營：約西．雅飛（Yossi Yaffe）的六十六營負責攻擊約旦警官學校（Jordanian Police Academy），任務為占領警校以及附近的彈藥山（Ammunition Hill）與大使酒店（Hotel Ambassador）。另兩個營則以鉗形攻勢占領洛克斐勒博物館（Rockefeller Museum）。黑箭行動的英雄尤吉．艾拉，負責率領七十一營穿越幾處阿拉伯人社區與美國殖民地[76]，往洛克斐勒博物館進發；約西．傅拉金（Yossi Fradkin）的二十八營則沿著撒拉．阿—丁街[77]北進，占領博物館與舊城牆附近地區。傘兵將在戰車與大砲支援下進兵，以控制通往科普斯山的道路為最後目標。所有的攻擊目標都在阿拉伯耶路撒冷，但都不在舊城內。

連長級軍官與會的最後一次簡報，在貝．哈克雷（Beit HaKerem）區柯漢家族的避難室舉行。在會議途中，屋主柯漢的老母親走進避難室，把一面已經磨穿露線的以色列老國旗交給約拉．札摩西（Yoram Zamosh）上尉。她哽咽地告訴在場的傘兵，在獨立戰爭期間，這面國旗曾飄揚在她位於舊城的房子上。她被迫放棄那棟房子時，把這面旗子取了下來。現在，她希望軍官們能將這面旗子在西牆上升起。她的請求感動了以色列戰士；儘管老婦人並不知情，官方文件上也沒有任何紀錄，但她此舉決定了傘兵們的目標。

凌晨兩點三十分，尤吉．艾拉率領他的營向阿拉伯耶路撒冷挺進。他們越過邊界，經過一場激戰，占領了美國殖民地，逼近洛克斐勒博物館。但另兩路行動進行得很不順利。傘兵不熟悉耶路撒冷，有關阿拉伯駐衛軍陣地位置與火力部署的情報也錯得離譜。按照計畫負責第二部分鉗形攻勢的二十八營，跨過無人區向洛克斐勒博物館挺進，後面跟著幾輛戰車。但部隊在抵達城牆邊的交岔路時錯過一個彎，結果沒有開進撒拉．阿—丁街，反而進入了納布魯斯路（Nablus Road）

76 美國殖民地（American Colony）：位於耶路撒冷，一八八一年由一對芝加哥夫婦建立的基督教烏托邦社團，在當地進行慈善工作。如今已不存在，過去的公共住所則改建為美國殖民地飯店。

77 撒拉．阿—丁街（Salah a-Din Street）：又譯撒拉丁街，阿拉伯耶路撒冷的一條主要幹道。

的死亡陷阱。

一片漆黑的納布魯斯路與舊城牆是約旦精銳部隊防區。他們在這裡建有重機槍與步槍陣地，配備迫擊砲、火箭筒與無後座力砲。約旦軍以交叉火力猛擊進犯的傘兵，造成傘兵傷亡慘重。正在為約瑟夫．哈高爾（Yossef Hagoel）包紮傷口的醫護兵希洛莫．艾斯坦（Shlomo Epstein），聽到砲彈破空而至，立即撲倒在哈高爾身上，保護哈高爾。炸彈炸爛了他的身體，哈高爾活了下來。摩德柴．傅萊曼（Mordechai Friedman）中尉揚手向暗巷中一處噴著火的陣地投擲手榴彈，遭一陣機槍子彈掃倒。手榴彈在他手裡爆炸。

營長發電求援，幾輛戰車於是加入戰鬥。其中幾輛遇襲受損，另幾輛卡在障礙物中無法動彈。經過七小時激戰，傘兵才終於肅清不到一英里（一點六公里）長的納布魯斯路。他們進抵面對納布魯斯門（Nablus Gate）的哥倫比亞（Columbia）酒店與希洛門（Herod's Gate）邊的黎華利（Rivoli）酒店。約旦駐衛軍在城牆頂端建立防禦工事頑抗，集中重火力對付黎華利。海姆．魯沙克（Haim Russak）在搶救一名負傷同袍時遭約旦軍機槍掃倒。醫護兵納森．謝特（Nathan Shechter）為他施救，但已經回天乏術。謝特自己沒多久也在洛克斐勒博物館陣亡。

在納布魯斯路戰火正熾的同時，六十六營也陷入與敵軍的惡戰。傘兵衝進阿拉伯城區，攻擊警官學校。打頭陣的吉奧拉．阿西金納吉[78]連隊，使用爆破管進擊。爆破管是一種像管子一樣的炸藥裝置，可以爆破鐵刺網一類的防禦工事，也可以在地雷區炸出一條通路。跟在吉奧拉一連後方的，是杜迪．羅坦伯格（Dodik Rotenberg）的連隊。杜迪的連負責攻擊築有敵方工事的戰壕與警校建築物。賈比．馬加爾（Gabi Magal）與戴迪．雅柯比（Dedi Yaakobi）的連在將警校建築物徹底肅清以後，來到彈藥山滿布殺機的暗影前停了下來。

彈藥山是一座固若金湯的要塞，在英國託管期間曾是警校軍械庫所在地。約旦人將這座山築成一座易守難攻的堡壘。整座山丘四面圍有柵欄，山丘上布滿狹窄、蜿蜒、石頭覆蓋的戰壕。日後有些作者在描述這些戰壕時，說它們是一堆盤根錯節的腸子。這些陣地大多築有掩體，陣地與陣地間還有鋼筋水泥築成、位置很巧妙的碉堡。山丘每一寸土地都被來自幾處陣地構成的交叉火網覆蓋，負責防禦的守軍更是駐衛軍中最優秀的精銳部隊。他們是不屈不撓的戰士，也知道除死戰以外，已經別無退路。

戴迪・雅柯比領著他的傘兵攻山，但迅速遭到來自四面八方又急又猛的敵火，他們發現自己身陷煉獄，無法脫身。機槍噠噠聲，砲彈與手榴彈爆炸聲，傷兵哀號與垂死的嘶叫聲響徹夜空。在狹窄的戰壕中前進的傘兵，很快淪為敵陣密集火力的獵物。戴迪的連被切割成好幾段，而且狀況都很危急。伍長梅爾・馬穆迪（Meir Malmudi）的小隊遭敵火困在一處沒有掩蔽的空間，全數陣亡。冷靜、不多話的約拉・艾利亞西夫（Yoram Eliashiv）在領著一排傘兵衝鋒時被殺。戴迪的副手伊爾米・艾西柯（Yirmi Eshkol）前額中彈。開打沒多久，戴迪的大多數部屬已經非死即傷。他向杜迪求援，但在援軍抵達以前，他的部屬，包括一些已經身負重傷的傘兵，仍然在戰壕中踏著已經倒地的約旦駐衛軍屍身、喋血向前。

78 吉奧拉・「賈比」・阿西金納吉（Giora "Gabi" Ashkenazi，1954～）：中將。曾任副參謀長（2002～2005）、國防部總檢察長（2006）、參謀長（2007～2011）。

杜迪部隊的遭遇也同樣凶險。排長約夫・朱利（Yoav Tzuri）領著部下通過馬穆迪小隊遭到圍殲的那片空地時中彈倒地陣亡。杜迪的副手尼爾・尼詹（Nir Nitzan）又領著一排人衝進周邊戰壕的西段。他要艾坦・納法（Eitan Nava）殺出戰壕，率先衝鋒，用衝鋒槍掃射敵軍。納法出身屯墾農村，是個硬漢。他知道這是一項自殺任務，但毫不猶疑地跳出壕溝，用手中衝鋒槍對約旦軍不停狂掃，但也成為各方砲火的焦點。其他傘兵對他大叫：「跳進壕裡去，不然你會送命！」可是他繼續跑，打倒三十名駐衛軍士兵，自己也陣亡了。

另一名叫以色列・朱利爾（Israel Zuriel）的傘兵立即跳出戰壕，取代納法的位置。儘管冒此奇險，但他九死一生，沒有送命。

在戰壕來回奔波、救助幾十名傷兵的醫護兵也傷亡過半。迪迪爾・古塔（Didier Guttal）蹲伏在一處壕溝中，整條手臂撕落。另一名叫義加・阿拉德（Yigal Arad）的醫護兵，在兩個連之間來回狂奔，為傷兵消毒傷口、綁止血帶、固定斷骨。

沒有倒下的傘兵繼續從四面八方逼近主碉堡。副排長茲維・馬金（Zvi Magen）一馬當先，想用手榴彈攻擊主碉堡，一陣機槍把他掃倒。這時太陽已從東方升起，將傘兵暴露在敵軍狙擊手與機槍火力之下。但傘兵繼續奮戰，一寸寸逼向這座彷彿怪獸似的堡壘。這是一座上下兩層的碉堡，有十八英寸（四十五公分）厚鋼筋水泥牆作為保護。三名傘兵——雅基・海茲（Yaki Hetz）、大衛・夏洛（David Shalom）與葉胡達・肯德爾（Yehuda Kendel）——從兩邊逼近，用自動武器、火箭砲與手榴彈不斷攻擊，但碉堡依然屹立。指揮官於是下令送炸藥包。傘兵將炸藥包堆在碉堡牆上引爆。一聲巨響過後，碉堡終於垮了，但傘兵衝進碉堡廢墟時，仍然碰上五名奇蹟般還活著的駐衛軍士兵。傘兵殺了他們。

上午六點十五分，戰鬥結束。三十六名傘兵與七十名駐衛軍士兵在彈藥山陣亡。幾名駐衛軍士兵被俘，他們做的第一項工作就是掩埋戰死的同袍。一名傘兵臨時做了一面牌子，插在駐衛軍士兵墳上，上面寫著：「二十八名駐衛軍戰士在此長眠。」另一名傘兵在牌子上添了幾個字：「二十八名勇敢的駐衛軍戰士……」

彈藥山已經為傘兵控制，但代價慘重。兩個出擊的連只有少數人存活。以色列詩人約拉・塔哈利夫（Yoram Taharlev）寫了一首讓人酸鼻的詩，歌詠這場戰鬥：

七人活著進城
硝煙仍在山上沖天
旭日高掛在東方
那是彈藥山。
在那鋼筋水泥的碉堡裡
躺著我們心愛的戰友
留在那裡，永遠年輕
那是彈藥山。

傘兵現在控制了警官學校、彈藥山，艾拉的七十一營與二十八營A連也占領了洛克斐勒博物館。通往科普斯山的路打通了；那天早上，戴陽與幾位高級軍官視察以色列陣地，下令在區內戰鬥的傘兵與其他以色列部隊全面包圍舊城，直到它「瓜熟蒂落」為止。耶路撒冷旅征服了舊城城南阿布．托（Abu Tor）區，尤利．班阿利（Uri BenAri）上校率領的一個裝甲旅，攻下位於耶路撒冷北方入口邊的米塔山（Mivtar Hill）與法蘭西山（French Hill）。約旦指揮部急忙派出一支由四十二輛性能優越的巴頓（Patton）式戰車組成的特遣隊馳援耶路撒冷，但這支裝甲縱隊還沒有接近舊城，就遭到以色列噴射機擊毀在路上。

入夜以後，摩塔．古爾派出一支戰車分隊，與米恰．卡普塔的傘兵突擊隊一起向耶路撒冷城北最後一座仍然握在敵人手中的山丘——橄欖山（Mount of Olives）與奧古斯塔．維多利亞（Augusta Victoria）莊園進擊。以色列部隊這次又彎錯了路；戰車卡在面對阿拉伯駐衛軍陣地的基德隆溪（Kidron creek）的一座橋上，遭到砲彈與機槍鋪天蓋地的猛攻。突擊隊員也有許多傷亡，有人墜落溪中，他們的幾輛吉普車或翻覆，或起火。卡普塔衝到乾涸的溪中，想拯救自己的部下。戰鬥英雄梅爾．哈—金也與他一起行動。哈—金當時本來沒有任務，但為了與部屬一起行動而趕到耶路撒冷參戰。當時已經在洛克斐勒博物館建立了新指揮中心的古爾，眼見基德隆溪戰況如此慘烈，當然憂心如焚。但他此刻除了得為基德隆溪傷神以外，自己也遭到約旦人猛烈砲擊。他大叫大喊，要部下找掩護，幾乎叫啞了聲音。他與部下一起跌坐於地，為犧牲那麼多好戰士而悲痛不已。不過他很快恢復鎮定；六月六日傍晚，約旦陣地似乎崩潰在即。

凌晨四點，比金聽到英國廣播公司的新聞播報說，西奈的戰事已近尾聲，聯合國安全理事會即將宣布停火。比金將這個消息告知艾西柯與戴陽。艾西柯與戴陽非常重視這個問題；如果他們不能迅速行動，舊城可能維持以色列占領區內約旦屬地的現狀。兩人於是不再猶豫，下令攻取舊城。

黎明時，摩塔的傘兵與幾輛戰車攻下奧古斯塔．維多利亞與橄欖山。前一晚率部攻擊警官學校的連長吉奧拉．阿西金納吉，在奧古斯塔．維多利亞戰死。摩塔的前進指揮部設在橄欖山，與洲際酒店很近。童話故事般美麗而莊嚴的舊城就矗立在他們眼前。

「耶路撒冷」就像魔咒一般，讓摩塔麾下傷亡已經很重的傘兵鬥志昂然。七十一營在橄欖山重行休整；駐守科普斯山上的六十六營與舊城牆邊的二十八營也表示完成戰鬥準備。

時間到了。摩塔用無線電對旗下傘兵以及支援傘兵的戰車下令：「攻舊城！」

摩塔跳進他的半履帶指揮車，衝向舊

在發動最後攻擊前幾分鐘，摩塔．古爾與部下軍官從橄欖山遙望舊城。（以色列政府新聞局提供）

城牆的獅子門。他的指揮車越過幾輛戰車，搶到縱隊最前方。指揮車駕駛兵是一位名叫班祖爾（Bentzur）的巨漢。班祖爾雖說已經像發瘋一樣駕著半履帶車往前猛衝，但摩塔仍然不斷對他大叫：「衝啊，班祖爾，衝啊！」這句話後來成為以色列人著名的口頭禪。

他的半履帶車闖入獅子門。或許城門埋了詭雷；或許阿拉伯駐衛軍正守候在狹窄、彎曲的巷弄；或許是那輛停在路中央的摩托車暗藏地雷。摩塔沒有想這些事。他下令駕駛用半履帶碾過那輛摩托車，衝向聖殿山。所羅門王的聖殿幾千年前就建在這座山上。「衝啊，班祖爾，衝啊！」他不斷喊著，心裡只有一個念頭：當他的小女兒露西聽說他征服聖殿山時，她會說什麼？半履帶指揮車在狹窄的街道上不斷攀高，突然來到山頂那座大廣場。眼前就是歐瑪清真寺（Omar Mosque）閃耀生輝的金頂。

以色列軍的無線電與對講機傳來摩塔嘶啞的喊聲，沒隔多久，這喊聲開始在以色列以及全球各地的電臺不斷播放：「聖殿山在我們手中了！」

摩塔的副手、也是他的好友摩西·「史提帕」·史提波（Moshe "Stempa'le" Stempel），連同約拉·札摩西與另幾名傘兵，跑上所羅門聖殿的最後殘跡——西城。札摩西從袋子裡取出一面疊好的國旗，就是柯漢太太一九四八年從舊耶路撒冷猶太區取下、在這場聖城之戰開打前幾小時交給他的那面舊國旗。札摩西與同袍把旗子從城牆上升起。

此情此景，讓以色列與流離在全球各地的猶太人彷彿身在夢中。幾千年來的祈求禱告終於成真。

在這場耶路撒冷之戰中，一百八十二名以色列軍人陣亡，其中包括九十八名傘兵。

三天之後，六日戰爭結束。以色列征服了耶路撒冷、西岸、西奈半島與戈蘭高地。但和平因此靠近一點了嗎？

【人物小檔案】

摩塔．古爾將軍（前五十五旅旅長）

——譯自他於一九六七年十二月六日在聖殿山舉行的傘兵勝利紀念儀式演說

各位傘兵，耶路撒冷的征服者：

當希臘人占領聖殿山時，馬卡必人[79]解放了它；巴—柯奇瓦[80]率領信徒與第二次摧毀聖殿的異族戰鬥。兩千年來，聖殿山一直都是猶太人的禁地。直到你們——傘兵們——來到，才將身為我們全國靈魂的聖殿山重新奪回。讓全以色列魂牽夢縈的西城，終於又握在我們手中。

在我們悠久的歷史中，許多猶太人為了能到耶路撒冷，為了能在聖城生活而甘冒生命危險。歌詠猶太人對耶路撒冷的無盡渴望、思慕的詩歌，更是多不勝數。

79 馬卡必人（Maccabee）：西元前二世紀猶太人的一支。
80 巴—柯奇瓦（Bar-Kochva，?~135）：猶太領導人，曾起義反抗羅馬帝國。

在獨立戰爭中，為了重建國家之心——舊城與西城——以色列人費盡心血。繞了這麼一大圈，最後負責完成這項任務，將我們的首都、我們的神聖都心交還人民手中的，是你們。這是何其大的榮幸。

在這場殘酷的戰鬥中，許多傘兵戰死，包括我們最精銳、最有經驗的同袍。這是一場艱苦、慘烈的戰鬥，但你們全軍一條心、奮不顧身、勇猛向前，擊碎了一切障礙。

你們沒有爭辯，沒有抱怨，沒有申訴。你們只是奮勇前進——你們征服。耶路撒冷是你們的——永遠是你們的。

第四部

消耗戰

以色列人占領西奈、西岸、耶路撒冷與戈蘭高地，結束了六日戰爭。以色列以為阿拉伯鄰國這下應該會願意和談，討論收回失地的問題。但阿拉伯領導人頑強堅守原本的立場：不與以色列談判，不與以色列和解。埃及隨即展開對付以色列的「消耗戰」。

而以色列這邊的一些主要角色也已經換了人。艾西柯於一九六九年二月去世，由梅爾夫人繼任總理。伊薩克．拉賓成為駐美大使，由海姆．巴—里夫[81]將軍繼任參謀長。巴—里夫言談舉止溫文沉靜，但有鋼鐵一般的意志，主張採取大膽的突擊作戰。他獲得了國防部長戴陽的支持。

第八章 突襲格林島

「我聽到總參偵搜隊員走近的聲音，於是大叫要他們備戰。突然一枚手榴彈在我旁邊爆炸。我感覺不到自己右半邊的身體。我的手臂無恙，但一個暖暖的東西刺穿我的頸部，我覺得快要窒息，那是一種不可能忍受的狀態。突然我聽到自己喉頭發出一種死亡的嘎嘎聲，我還記得，不久前中彈的埃及士兵也發出這種可怕的聲響。」這是以色列海軍突擊隊員阿米．阿雅隆[82]對格林島（Green Island）突擊戰的回憶。他在這場戰鬥中受到重傷，後來獲頒英勇勳章。

時間是一九六九年夏，與埃及的消耗戰正打得如火如荼。為耗損以色列國力，讓以色列窮於

---

81 海姆．巴—里夫（Haim Bar-Lev，1924～1994）：中將。曾任參謀長（1968～1971）。負責建立巴—里夫防線（沿蘇伊士運河建設的要塞）。擔任過幾個部長職位，也做過駐俄大使（1992～1994）。

82 阿米柴．阿米．阿雅隆（Amichai "Ami" Ayalon，1945～）：曾任海軍將領、海軍十三偵搜隊隊長（1979）、以色列海軍司令（1992～1996）。獲頒英勇勳章。也曾擔任以色列國內安全局局長（1995～2000）、不管部部長（2007～2008），以及以色列民主研究所（Israel Democracy Institute）資深研究員。

應付，埃及不斷在西奈攻擊以色列國防軍，造成以色列重大損失。在突襲格林島前一週，埃及襲擊了圖費克港（Port Tewfik）一處以色列陣地，打死七名國防軍士兵，打傷五名，俘虜了一名，還毀了三輛戰車。以色列參謀總部一片陰霾。他們決定，為重振以色列國防軍信心，必須發動一項有效的嚇阻作戰。

海軍十三偵搜隊隊長吉也夫·奧摩（Ze'ev Almog）於是訂了一項突擊格林島的計畫，交給總參作戰官大衛·「達杜」·艾拉沙[83]。格林島位於蘇伊士灣北面，是一座易守難攻的要塞，原本用來防衛蘇伊士運河南方入口。埃及在島上駐了約一百人的部隊，要塞頂部架有六門兩用（對空對地）機砲與對空射控雷達，並且擁有二十個裝備重型與中型機槍，以及輕型火砲的陣地。此外，駐防在海岸的幾個埃及一三〇公釐砲兵連，還能對格林島施予火力支援。

這項突擊行動的目標在於深入埃及境內，在埃及軍自認高枕無憂的情況下予以迎頭痛擊，以打擊埃及的信心。此外，鑑於運河區衝突導致以色列國防軍傷亡日重，士氣跌至谷底，突襲格林島也能收提振

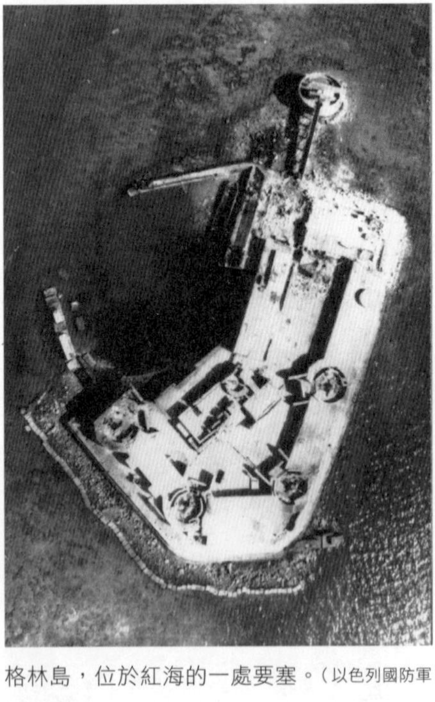

格林島，位於紅海的一處要塞。（以色列國防軍發言人提供）

國防軍士氣之效。這項突擊行動能讓埃及人知所警惕，遵守與以色列的停火協議。摧毀格林島射控雷達，還能破壞埃及空軍早期警報系統，有利於不斷在埃及上空執行任務的以色列空軍。

突擊這個島的任務，交由梅納罕・迪格里（Menachem Digli）領導的海軍十三偵搜隊與總參偵搜隊負責。任務指揮官為傘兵指揮官拉佛・艾坦。曾經以少校身分率領傘兵在西奈空降的拉佛，由於在六日戰爭中功績卓越，現在已經官拜將軍。他判斷，突擊這座要塞化島嶼顯然需要兩棲登陸與面對面肉搏，送命的可能性很高，需要出動四十人。

根據計畫，突擊隊將分乘十二艘橡皮艇。首先登陸的滲透分隊由二十名海軍偵搜隊員組成，乘第一波五艘橡皮艇；二十名總參偵搜隊員則分乘其餘的橡皮艇。海軍偵搜隊員奉命，在抵達距格林島三千英尺（九百公尺）海面時必須放棄橡皮艇，用游泳與潛水的方式逼近海岸。一旦突破柵欄、在島上建立灘頭陣地，就立即通報守在距海岸約一英里（一點六公里）外的其餘七艘橡皮艇。海軍偵搜隊員在游泳、潛水上岸的過程中，身上還配備了個人武器與其他戰鬥裝備，總重略超過八十八磅（四十公斤），他們藉由繩索與游在最前面的指揮官連結——事實證明，這不是一項簡單的任務。

國防軍建了一座格林島模型，供突擊隊進行演練。以色列當局決定，在七月二十日凌晨一點

83 大衛・「達杜」・艾拉沙（David "Dado" Elazar，1925～1976）：六日戰爭期間擔任北方軍區司令。也曾任參謀長（1972～1974）。贖罪日戰爭結束後，由於艾拉納調查委員會（Agranat Board of Inquiry）的裁決而被迫辭職。一九七六年因心臟病突發去世。

三十分與兩點三十分之間突擊。

在攻擊發起前不久，參謀長海姆・巴—里夫抵達部隊集結點。中等身材的巴—里夫，喜歡戴一頂裝甲部隊的黑色貝雷帽。他說話慢條斯理，實事求是、冷靜沉著，總能鼓舞人心。巴—里夫對突擊隊員強調人員折損的問題。他說，如果傷亡超過十人，任務就算失敗。由於當時以色列國防軍在蘇伊士運河地區幾場戰鬥中傷亡慘重，他認為，高傷亡率會打擊士氣，就算攻占目標也得不償失。

七月十九日晚間八時，橡皮艇與一艘暱稱「豬仔」（Pig）的小型潛艇下水，突擊隊員往目標進發。海軍偵搜隊員做好潛水準備。他們身著潛水裝與達克龍[84]制服，腳踏套有蛙鞋的膠鞋，護身馬甲上裝滿戰鬥器械，還帶著救生衣、氧氣筒、衝鋒槍、手榴彈與彈匣。晚上十一點，他們抵達距離目標三千英尺（九百公尺）的潛水點，開始游泳前進。狀況立即出現：二十名海軍偵搜隊員由兩條繩索繫在一起，分別由兩名軍官前導，每一名軍官領導十個人，每個人攜帶近九十磅（四十公斤）裝備。但裝備太重，一條繩索牽引的士兵人數也太多，而海潮也比預期大得多。他們失去穩定，幾名士兵下沉，部隊在洶湧的浪潮中掙扎前進。第一波指揮官杜夫・巴爾（Dov Bar）決定提前潛水，但事實證明，這麼做也同樣不容易。他們因海潮過於強勁，偏離了航道。潛了半小時以後，巴爾上尉浮到海面，發現他們距離目標還有幾乎兩千英尺（六百公尺）。時間已是十二點三十分；守在無線電旁的艾坦與奧摩於是開始呼叫，以為第一波突擊隊員已經突破柵欄登島，總參偵搜隊也即將投入戰場。但第一波隊員根本還沒有登岸。

巴爾當機立斷。他事後說：「我決定無論如何，一定要先抵達目標再說。」他向其他隊員做手勢，要他們無視原訂計畫，全部浮上水面，繼續游泳前進，直到接近目標時再潛入水中。月光照在海面上，突擊隊員的形跡隨時可能暴露，但巴爾鎮定如常。又游了半小時，他們終於抵達格林島。

當突擊隊員卸下潛水裝備時，已是一點三十八分，較行動發起的最後限期晚了八分鐘。滲透分隊輕鬆剪除第一道柵欄，卻發現還有兩道柵欄阻路，若一一剪除要花太多時間。行動規畫人員根據早先一次的觀測，認為左近一處柵欄應該有一個缺口。躲在一座小橋下的突擊隊員發現附近有三名埃及衛兵，其中一人還拿著一根點燃的香菸。突擊隊員可以看到規畫人員說的那處缺口，但位置就在埃及陣地正下方。滲透分隊負責人擔心形跡暴露，於是決定放行動第一槍，向埃及衛兵開火。戰鬥展開了。

埃及軍被打得措手不及，但也迅速展開反擊，彈火就在突擊隊員頭頂上不斷穿梭飛掠。不到一分鐘，他們發射曳光彈，將整個島嶼照得有如白晝。這群打頭陣的突擊隊員也開始用火箭砲攻擊目標。

奧摩、迪格里與艾坦帶著二十名總參偵搜隊員，等著事先約定好的信號向目標進軍。信號遲遲未至，但他們聽見了槍聲、見到曳光彈升空，奧摩決定不再等候，下令橡皮艇朝格林島前進。

儘管按照原訂計畫，總參偵搜隊員應該與他們並肩作戰，但有整整十分鐘的時間，海軍偵搜

---

84 達克龍（Dacron）：美國杜邦（Du Pont）於一九五三年生產的聚酯纖維，商品名為「達克龍」。後來日本跟進製造的商品名為「特多龍」（Tetoron），是目前臺灣較常用的名稱。

隊員必須在島上孤軍奮戰。穿越柵欄以後，這批海軍突擊隊員開始用手榴彈與衝鋒槍在埃及陣地中間殺開一條血路。他們在攻擊中央建築時使用了一套戰術：一個小隊朝要塞屋頂進擊，另一個小隊攻擊各個房間，肅清裡面的敵人。一位名叫雅各．彭迪（Jacob Pundik）、長得又高又壯的隊員站在屋頂下當活人梯子，讓隊員踏在他身上登頂。雅各因此贏得「雅各登頂梯」的雅號。

阿米．阿雅隆中尉踏在雅各肩頭登上屋頂。他的小隊負責摧毀布署在屋頂的機砲與機槍陣地；在任務演習期間，他對各類型武器陣地做過研究。但他一登上屋頂，額頭就遭彈片擊傷。他事後回憶：「我丟了一枚煙霧手榴彈，想找一些掩護。我對著已來到屋頂的薩里（薩爾曼．洛特〔Zalman Rot〕）大叫，要他與我一起衝鋒，但手榴彈沒有爆炸。我對著向我們開槍的陣地丟了一枚爆破手榴彈，又沒有炸。薩里從左側向陣地投出一枚手榴彈，接著我用機槍一陣猛射，衝進埃及二號陣地。早先向我開槍的十號陣地這時又向我們開火。我們還擊。用自動武器射擊我們的那名埃及人倒地，陣地開始起火。」

在阿雅隆與洛特攻擊機砲陣地時，埃及機槍開火。洛特大叫，說他的手指被機槍彈切斷，但他繼續戰鬥。葉迪亞．「迪迪」．雅利[85]也上了屋頂，攻擊第三門機砲，但立即負傷：「我的腿部中彈，像兔子一樣倒在地上……他們把我扶到邊上，我又一次中彈，手榴彈彈片傷了我的臉與身體，讓我又聾又盲……我的臉灼熱難當，陷入半昏迷狀態，不知道發生了什麼事。」

就在這時，總參偵搜隊隊員也登陸加入戰鬥。海軍突擊隊員的彈藥逐漸告罄，但巴爾繼續奮力向前，派兩名隊員攻擊五號陣地。兩人遭手榴彈當場炸死。埃及軍向阿雅隆也丟了一枚手榴彈，重創他的頸項。阿雅隆聽到自己發出如同埃及人垂死時發出的嘎嘎聲，心想或許這次輪到他了。他爬著撤退，靠自己的力量回到橡皮艇邊。

總參偵搜隊的一支小分隊上了屋頂，加入戰鬥。分隊指揮官艾胡・拉姆（Ehud Ram）上尉沿著屋頂彎腰前進；卻在他聽取部下報告時，一枚子彈穿透他的前額，拉姆當場陣亡。他倒地以後，兩個小隊下來肅清天井內的殘敵；一名隊員中彈，之後傷重不治。

時間已經是上午兩點十五分。奧摩向指揮中心報告說，埃及軍砲火逐漸平息，他的部隊有不少傷亡。突擊隊員這時在要塞北區引爆了一百七十六磅（八十公斤）炸藥。一聲巨響撼動了小島，島上的機砲與機槍都毀了。幾分鐘以後，艾坦下令撤軍。這場戰鬥的成果逐漸明朗，部署在大陸的埃及大砲開始向小島猛轟，炸毀了海軍偵搜隊的一艘橡皮艇。

傷兵之一的達尼・阿維能（Dani Avinun）說：「撤軍行動展開時，我已經知道整個情況。他們抬著死傷的人，從我身邊走過。我們把後來成為海軍司令的葉迪亞・雅利丟進一艘小艇，大家都以為他死了，我們在給總部的無線電報告中也這麼說。事後才發現他只是受傷而已。」

將近上午三點，戰事結束，橡皮艇開始返航，帶著筋疲力盡的突擊隊員，六名死者與十一名傷患。埃及軍死亡總數超過三十人。

行動結束後的簡報揭露了不少缺失。有關海潮的情報不夠充分；駐守在島上的埃及軍不是一般軍人，而是準備襲擊以色列的突擊隊員；島上所謂的射控雷達根本是假的；那些機砲不過是過

85 葉迪亞・「迪迪」・雅利（Yedidya "Didi" Ya'ari，1947～）：後來成為以色列海軍司令（2000～2004）。曾一度退役，贖罪日戰爭期間又再度加入國防軍。

時的重機槍。

儘管有許多失誤，一般仍將格林島突擊戰視為以色列國防軍最輝煌的勝利之一。有些人認為，就野戰規畫、準備與實施而言，這場戰役是一個歷史性的轉捩點。艾坦事後評論道：「格林島突擊戰的執行出奇成功。這場戰役的成就在於行動本身。這一戰打下來，我們為一種加強國家安全的新戰法鋪了路。埃及人做夢也沒想到以色列會有這麼大膽的行動。這場戰役為今後許多年豎立了一個戰力與戰鬥表現的里程碑。」

行動結束第二天，各大報紙爭相讚頌：「一件世代相傳的大事……一個成為傳奇的故事……突擊一座建在岩石與珊瑚礁上、以峭壁為牆的堡壘……一場媲美二次大戰期間英國人突襲愛琴海納瓦隆（Navarone）島的戰役。但《納瓦隆的巨砲》[86]是作者憑空想像的故事，而格林島的巨砲卻是千真萬確、名垂不朽的史實。」

埃及人對這項行動的態度也極為慎重。穆斯塔法・卡巴（Mustafa Kabha）博士在他的研究報告〈埃及對消耗戰的反思〉（The War of Attrition as Reflected in Egyptian Sources）中寫到：「這項行動成為消耗戰的一個轉捩點。它象徵這場戰爭一個新階段的開始，大多數埃及研究人員稱這個階段為『反消耗階段』，在這個階段中，軍事主導權由埃及人手中轉移到以色列人手中。」

【人物小檔案】

阿米．阿雅隆（後來成為海軍司令）

我上了屋頂，才發現情況與事先演練的完全不一樣，那裡沒有掩蓋，我完全暴露在埃及人不斷的砲火下。我抬起頭，子彈從我頭頂呼嘯而過，飛舞的彈片撞上我的額頭，我知道自己處於生死交關……我決定衝鋒，友人薩里跟在我後面衝，我們兩人衝進埃及陣地。我打死兩名埃及兵，薩里也打死兩名……我們從那裡繼續向其他陣地衝殺……

以今天的條件來說，這項行動應不應該執行是一個大問號。我不認為它扭轉了消耗戰，也不認為它像任務結束後大家說的那樣，展示了專業能力或特別高人一等的表現。

但在那段日子，這項行動對以色列國防軍、對我們的自信心、對以色列社會的士氣，以及對運河沿線的埃及軍確實有巨大衝擊。

我必須承認，從海軍偵搜隊的觀點而言，這項行動暴露了我們一些專業上的缺失，因為它是世界上同類型行動的第一遭，是戰爭史上以潛水為掩護、從水下接近敵人目標、而且冒出水面立即開打的頭一例。

86《納瓦隆的巨砲》（*The Guns of Navarone*）：軍事小說家阿利斯泰爾．麥克萊恩（Alistair MacLean）一九五七年的暢銷作品，之後改編為電影《六壯士》。目前臺灣的中譯本多與電影同名。

六日戰爭過後，以色列與美國的關係大幅改善。在詹森與尼克森總統時代，美國成為自戴高樂實施武器禁運以來，以色列最主要的武器供應國。於戴高樂之後繼任的法國總統喬治・龐畢度（Georges Pompidou），則進一步加強了對以色列的武器禁運。

第九章
諾亞行動

一九六九年十二月二十四日，法國港都瑟堡（Cherbourg）「巴黎餐廳」（Café de Paris）的老闆，焦慮地將眼神一次又一次投向餐廳入口。這天晚上，來餐廳用餐、買醉、唱歌的客人不計其數，但訂了一桌聖誕大餐的十四位客人卻始終不見蹤影，而現在時間已經過了午夜。鵝肝、烤火雞與香檳，就空擺在那裡一個晚上，無人享用。這位老闆的不快可想而知，只是他不知道，他這十四位客人此時正與一百零六名友人一起，置身泊靠在瑟堡商港的五艘尖端科技飛彈快艇艙中，頂著艙外狂風暴雨的咆哮，向以色列的神祈禱，希望風暴趕快過去。以色列海軍最重要的一項任務，很可能因這場驚人猛烈的風暴而解體。這項任務的正式代號是「諾亞行動」（Operation Noa），但事件曝光之後，大家都叫它「瑟堡之艇」（Boats of Cherbourg）。

整件事的始末得從兩年半前的一九六七年六月說起。在六日戰爭前夕，法國總統戴高樂放棄親以色列的政策，對以色列實施全面武器禁運。以色列國防部的使節，以及他們在法國軍中的友人，於是日以繼夜地想方設法，把重要武器從法國走私到以色列。不過法國工廠有好幾張訂單尚未完成，包括以色列訂購的五十架幻象噴射戰鬥機，與在瑟堡造船廠建造的十二艘飛彈快艇。造船廠管理人名叫菲利・阿米奧（Felix Amiot），是以色列的友人。約兩百名以色列人住在瑟堡，其中包括海軍人員與他們的眷屬；當地居民對他們很友善，這也不足為奇，因為飛彈快艇的建造為一千戶法國家庭帶來生計。

法國的禁運當時仍有一些漏洞，以色列就利用這些漏洞，在其中五艘飛彈快艇剛完工的時候，立即帶走了它們。但到一九六八年十二月二十八日，整個情勢完全改觀。由於來自黎巴嫩的恐怖分子在雅典攻擊了一架以色列航空公司班機，所以艾坦帶著傘兵降落在貝魯特機場，炸毀十三架屬於中東航空公司（Middle East Airlines）的飛機，這件事把戴高樂氣得火冒三丈，因為執行這項報復行動的以色列傘兵乘坐的是法製超級黃蜂（Super Frelon）直升機。法國當局立即電告所有為以色列製造武器

海法港的飛彈快艇。（摩西・米納〔Moshe Milner〕攝影，以色列政府新聞局提供）

的法國工廠，特別是位於瑟堡的幾家工廠。以色列國防部駐巴黎代表團團長摩德柴・「摩卡」・里蒙[87]將軍的法國友人，把法國當局致電瑟堡的事向里蒙通風報信，里蒙於是下令負責飛彈快艇訂購案的哈達・基齊[88]上校，立即把不久前完工的快艇「阿柯號」（Akko）送回以色列。另一艘快挺「暴風雨號」（Tempest）仍在最後施工階段，但曾經擔任以色列海軍司令的里蒙，下令在快艇上裝載五十噸燃油。由摩西・塔巴克（Moshe Tabak）中校將一切必要裝備裝上快艇，出海「試航」。幾天以後，阿柯號與暴風雨號都抵達以色列。

這些飛彈快艇情況特殊，它們由於購款幾乎全數償清（除五艘尚未完工的快艇不計），事實上已經是以色列的財產，但它們不理會禁運令離境，讓戴高樂非常惱怒。瑟堡的法國軍官於是決定將以色列海軍從瑟堡軍用區趕進商用區以示懲罰。此外，情勢也已經非常明朗：剩下五艘施工已進入後期的快艇將遭到扣押。甚至在龐畢度繼戴高樂之後擔任總統期間，都將持續禁運。

以色列由於當時與埃及的消耗戰正打得難解難分，迫切需要為海軍提供最先進武器裝備，購得剩下五艘飛彈快艇的壓力也因而不斷增加。冷靜沉著的里蒙於是飛到以色列，向主管國防事務的首腦提出三個把五艘快艇帶進以色列的辦法。第一個辦法是耐心等候，或許要等許多年，等候禁運令解除。第二個辦法是將船非法走私離開瑟堡。第三個辦法是利用合法途徑騙過法國政府，

87　摩德柴・「摩卡」・里蒙（Mordechai "Moka" Limon，1924～2009）：海軍將領，曾任海軍司令（1950～1954）、國防部駐巴黎採購團團長（1962～1970）。

88　哈達・基齊（Hadar Kimchi，1929～）：瑟堡行動（1968）指揮官。曾任以色列海軍副司令（1971～1973）。

把船送回以色列；也就是說，以色列表面上放棄這些快艇，將它們賣給第三方，然後由第三方將它們送回以色列。

國防部長戴陽與他的副手茨維・祖爾[89]都主張採取第三個辦法，以避免違法。海軍司令阿拉漢・「獵豹」・包澤（Avraham “Cheetah” Botzer）與副司令班哲明・「比尼」・提雷（Benjamin “Bini” Telem）准將於是開始規畫。而要將五艘快艇弄出來，必須等到它們都準備妥當了才行。以色列船運公司以星（Zim）撥出丹（Dan）與利雅（Leah）兩艘船供行動調遣。兩艘船都在艙裡裝載了大油罐，與海軍飛彈快艇一起進行海上加油操演。兩艘加油船一艘守候在直布羅陀左近，另一艘守候在馬爾他（Malta）南方，負責在飛彈快艇從瑟堡駛往以色列途中接應。以星公司還另外調撥了尼坦雅（Netanya）與太巴列（Tiberias）兩艘船，以備一旦海上發生嚴重變故的不時之需：其中一艘裝載拖船裝備，準備拖送受損的飛彈快艇，另一艘則負責協助海軍人員撤離。

一九六九年八月底，五艘飛彈快艇中的四艘，包括「風暴號」（Storm）、「長矛號」（Spear）、「火山號」（Volcano）與「利劍號」（Sword）已經完工，第五艘「箭矢號」（Arrow）預定十一月交船。

九月間，里蒙與友人尼提維・奈夫（Netivei Neft）石油公司執行長摩德柴・福萊曼（Mordechai Friedman）會晤。奈夫石油是以色列國營石油公司，在西奈的阿布・魯戴（Abu Rudeis）鑽探石油。里蒙與福萊曼在物色一名能向法國購買這些快艇的仲介，他們屬意的對象是挪威一家名叫阿克斯（Akers）的探油公司。阿克斯的負責人馬丁・席姆（Martin Siem）是工程師與二次大戰期間的英雄，曾在挪威領導反納粹地下組織，是福萊曼的好友。

里蒙做出結論，把快艇帶出法國的最佳日期是一九六九年聖誕夜。法國人會在這天晚上歡慶，戒心一定會降低。而且到聖誕夜那一天，「箭矢號」應該也可以出海了。

十月間，里蒙與福萊曼在哥本哈根會晤席姆，席姆同意與以色列套招，佯裝購買這五艘飛彈快艇。不過他不能透過阿克斯採購，只能用一家他控制的、在巴拿馬註冊的子公司星船（Starboat）進行這項交易。

諾亞行動展開了。星船找上瑟堡造船廠的阿米奧，表示想購買四到六艘快艇，作為在北海探油之用。里蒙後來眨著眼對我們說：「純屬巧合，星船有意採購的快艇規格和性能，與瑟堡這些快艇正好一樣。」

阿米奧答覆，瑟堡造的五艘快艇已經有主，不過如果這位客戶願意放棄這些船，阿米奧願意把它們賣給星船。法國國防部非常熱心。如果以色列同意放棄這些船，讓這些船賣給第三造，這惱人的議題便可迎刃而解。里蒙這時卻裝模作樣，表示拿不定主意，拖了三週才勉強同意法國提出的要求。交易完成，文件也簽署了。刻有星船名號的木製名牌就擺在飛彈快艇旁邊，里蒙還相當大方地同意，以色列船組人員會在這段時間暫時留在快艇上，負責快艇操作。里蒙與席姆還簽了一項祕密協議，指明與法國人的這整項交易都無效。

行動指揮官基齊認為，這項合約冗長而瑣碎，但其中指出這些快艇的最後目的地，是「一家在蘇伊士灣探勘石油的公司」，也就是以色列。因此，以色列必須在法國當局展開深入調查以

89 茨維．祖爾（Tzvi Tzur，1923～2004）：曾任參謀長（1961～1963）。

前，盡快把這些快艇弄出法國。

以色列海軍最優秀的八十名官兵，以絕密的方式向瑟堡集結。他們穿著便裝飛抵巴黎，然後兩個一組，乘火車來到瑟堡。他們奉命不得說希伯來文，不得引人注意，有的住進私人公寓，有的就住在快艇上。每艘快艇需要船組二十四人，所以五艘快艇總共需要一百二十名船員。除了來自以色列的這八十名官兵以外，以色列又從駐守在瑟堡的國防軍海軍人員中挑了四十人。隨著行動發起日不斷逼近，船員開始小心謹慎、不著痕跡地在各處購買大量食物——根據一百二十人在海上生活十天所需，他們得買一千兩百天的食物。由於快艇通訊系統還沒有完工，以色列人在全城各地搜購可以相隔四分之三英里（一點二公里）通話的對講機。他們終於在玩具店裡找到這種東西。船員還開始以船塢停電為由，每晚打開快艇引擎，幾天下來，瑟堡當地居民在晚間聽到引擎隆隆作響也不以為意了。同時，以星公司的船隻也已出發，在預定海面就位。

到了聖誕夜，一切準備就緒，各路人馬都已進入快艇。里蒙將軍、基齊、基齊的副手艾茲拉·「鯊魚」·基登（Ezra "Shark" Kedem），以及五艘快艇艇長都坐在利劍號快艇指揮艙內。法國人準時卸下戒心，預備過節，做到「分派」給他們的任務。

只有一個變數沒有按計畫來：天氣。

海上出現一場可怕的風暴，濤天巨浪由西方席捲而至。海軍人員評估海況為「海七到海九」[90]，在這種狂風巨浪下行船有滅頂之險。

時間不斷逝去，軍官們緊盯著有關風暴位置與動向的一切資訊。里蒙決心要讓快艇在當晚啟碇，否則整個計畫可能崩壞。不過，最後決定權仍握在基齊手中。十點，十一點過去了，午夜也過了……風暴仍然沒有止歇的跡象，情勢愈來愈緊張。基齊決定把最後拍板時間延到凌晨二時。一點過後，最新氣象預報帶來讓船員振奮的消息。風暴正在轉向，轉朝蘇格蘭與斯堪地那維亞（Scandinavia）半島而去。十分鐘過後，又一次預報證實風暴確已轉向。

船組忙著準備啟程。五艘快艇的引擎發出雷鳴般巨響，凌晨兩點三十分，出發令下達。利劍號打頭陣，其餘四艘相繼駛離瑟堡，航向大海。在它們的身影逐漸於暗夜消逝之際，以色列國防軍瑟堡代表團刻意以車輛封鎖瑟堡港區的入口，以防法國警察突然對港區進行臨檢。俯瞰海面的大西洋酒店住著一些快艇船組員的家屬，他們將燈光忽明忽滅，向快艇內的親人道別。

船塢一片空蕩。里蒙最後一個離開瑟堡。他在三點三十分把阿米奧叫醒，告訴阿米奧五艘快艇已經駛往以色列。阿米奧擁抱他，興奮得落淚。里蒙遞給他一張五百萬美元（約臺幣一億五千萬）的支票，結清了五艘快艇的建造費用。

五艘快艇駛進怒海，頂著狂風巨浪奮勇向前。它們與以色列海軍總部的聯繫時斷時續，船上的引擎也運作不佳。但無論如何，原訂計畫仍然按部就班，一一實施；快艇於十二月二十六日夜晚與利雅號在海上會合，儘管由於始料未及的事故，作業進行得異常緩慢，但總算完成加油。它們隨後抵達馬爾他南方，按照計畫進行第二次加油。最嚴重的難題起於海水滲入箭矢號引擎。由於引擎可能因海水浸溼而受損，在欠缺適當儀器的情況下，船員不得不喝下箭矢號引擎內的油料，檢驗是否已遭海水污染。經過幾輪喝油測試，問題解決，箭矢號繼續前進。

90　此處應是指世界氣象組織的海況代碼（WMO Sea State Code），七至九代表浪高達六至十四公尺，甚至以上。

地中海上的風暴終於平息，但另一場風暴隨即爆發，這一次是席捲國際新聞界。聖誕夜過後將近兩天，瑟堡快艇失蹤的事終於引起人們注意。記者問以色列駐巴黎大使館：「它們到哪裡去了？」以色列外交官若無其事地回答：「這些船已經不是以色列的財產了，我想它們是去了挪威。」但先是一架西班牙直升機、之後又有一架英國廣播公司的輕型飛機都在海上發現這些快艇，全球媒體於是報導：「瑟堡的船」從法國眼皮底下逃跑了。世界各地的報紙紛紛以頭版頭條刊出搭配空拍圖片的巨幅報導。法國淪為笑柄，以色列卻因執行這項精密的行動而聲名大噪。當新聞報導透露這些快艇正通過地中海駛往以色列時，挪威首都奧斯陸響起一片怒罵，席姆被迫答覆一些令人尷尬、難以說明的問題。在巴黎，法國政府發現自己被擺了一道，丟人現眼。曾經堅決支持以色列的法國國防部長麥克・戴貝（Michel Debré），現在要求參謀長運用一切手段阻擋這些快艇，就算必須從空中轟炸也在所不惜。但法國總理賈奎斯・夏班—戴瑪（Jacques Chaban-Delmas）拒絕這麼做。

五艘飛彈快艇就這樣，三艘在前，兩艘因故障而蹣跚在後，駛向全國人民等候它們凱歸的以色列。快艇後來在海法靠岸，國防部長、參謀長與海軍司令都到場迎接。

諾亞行動按照計畫逐步完成。幾位法國將領因這次事件而丟了官，席姆遭到放逐，在美國屈就一個次要職位，里蒙也被迫離開法國。

儘管遭到法國厲聲譴責，諾亞行動仍讓世人對以色列讚不絕口，不過巴黎官方對以色列的政策仍然充滿敵意，直到許多年以後才重歸正常。

【人物小檔案】

哈達・基齊（海軍副司令）

對我來說，決定啟程的那一刻最是困難。一開始，我決定在晚間八時啟程，但那場風暴刮得正猛，我只好將時間延後。這些船都是新船，船員又年輕，沒有操縱這類船隻的經驗，而且大多數快艇沒有制式通訊裝備與雷達。我不能冒這個險。我把時間延到晚上十點，然後延到午夜，又延到凌晨兩點。

凌晨一點，無線電傳來報告，說風暴轉往北方。我通知所有相關人等：我們在兩點三十分出海。這是一個艱難的決定。我們在海上與風浪搏鬥了超過十二個小時。船在驚濤駭浪中翻騰；每個人都暈船。有一次有幾架飛機飛到我們上空拍照。我在無線電上宣布：「大家注意，把頭髮梳一梳！他們在拍照！」行程中有幾個引擎無法發動，在我們抵達愛琴海的時候，我用無線電請求附近的以色列船隻拖我們。第一位回覆我的船長在無線電上告訴我：「我願意拖你們。這是為我們的國家，我不收費。」我聽了非常高興。於是問他：「你在哪裡？」他答道：「在哥本哈根附近……」

在他之後，又有六艘船表示願意拖我們。

最後，我們安全抵達基順（Kishon）港。五年以後，我重訪瑟堡，受到熱烈歡迎。法國人說：「你們跑了，但讓我們名聲大噪。由於你們，希臘人與伊朗人都向我們購買飛彈快艇，做引擎的公司也接到許多訂單。」

蘇伊士運河沿線的消耗戰，讓以阿雙方死傷慘重。蘇聯為重振自己在阿拉伯世界低靡的威信，開始以最先進軍事裝備——包括戰車、飛機、飛彈與電子裝置等——供應埃及。

第十章

雄雞五十三號行動

一九六九年十二月二十六日，三架以色列空軍超級黃蜂直升機飛越蘇伊士運河進入埃及，在拉加里（Ras Gharib）沙漠地區降落。一連以色列傘兵隨即下機，朝目標進發，以色列國防軍最異想天開的一項行動就此展開。

當時適逢消耗戰（六日戰爭結束後爆發）期間。以色列控制西奈，國防軍在蘇伊士運河沿線與埃及軍不斷衝突：大砲砲轟、突擊隊突擊、深入埃及境內的行動、空戰、伏擊與地雷埋設。以色列的損失不斷升高。埃及以蘇聯提供的大量精密武器，取代六日戰爭中被毀的軍事裝備。新式戰車與裝甲運兵車、米格機、地對空飛彈與精密的雷達站，都從蘇聯源源運抵。以色列空軍一次又一次攻擊這些雷達站，因為它們使以色列飛機在埃及領空執行任務時束手縛腳。

其中最讓以色列空軍惱火的，是蘇聯建造的一座最先進的P-12雷達站，它能偵測超低空飛行的飛機。以色列在拉加里一處警戒森嚴的地點發現這處雷達站，於是出動空軍在十月中旬加以攻擊。這次攻擊很成功，徹底摧毀了這處雷達站。但幾天以後，以色列人訝然發現它竟然還在運作。以色列空軍專家終於了解，他們之前炸毀的是埃及人造來欺騙他們的假雷達站，真正的雷達站藏身在沙漠另一處隱密地點。

十二月二十二日，以色列空軍在這個地區進行空拍偵察。由來自情報部門的兩位技術服務處（Technical Services Unit）士官負責判讀空拍照片。其中一位名叫拉米・夏里夫（Rami Shalev）的士官日後回憶：「在一格格檢驗這些照片時，突然間，我找到它了！我鎖定了真正的拉加里雷達站。我對自己說，雷達站就在這裡。」這座雷達站的掩護做得非常好，看起來就像貝都因人架在沙漠中的兩座帳篷，但事實上是裝在俄製ZiL卡車上的兩個巨型貨櫃。這座雷達站既不設防，也沒有掩蔽，只有一支配備一個迫擊砲連的埃及部隊部署在雷達站北方幾公里處。顯然為了不吸引注意，雷達站附近地區沒有部署任何高射火砲。相對而言，先前遭以色列轟炸的那座假雷達站，附近部署了約五十名守軍，還配置機槍與高射火砲。

技術服務處的葉奇爾・哈洛（Yechiel Haleor）中尉把這些照片交給空拍情報部門首腦葉夏亞胡・巴卡（Yeshayahu Barkat）上校。空軍作戰部部長大衛・艾夫利[91]上校也出席了會議。巴卡指示哈洛準備一份「目標清單」，其中包括轟炸這座雷達站的地緣坐標。

哈洛當時問道：「如果我們可以據為己有，又為什麼要炸它？」

哈洛這句話恍若春雷，驚醒了指揮官們的無窮想像。「據為己有」——要把一整座雷達站從埃及人眼皮底下運到以色列！這一整座雷達站包含兩個重型貨櫃，還有一個高聳的天線，要把它運過蘇伊士運河，可能嗎？乘直升機從當時在以色列控制下的西奈出發，十五分鐘可以到達這座雷達站。艾夫利要求進行評估，看直升機能不能執行這樣的任務。十二月二十四日，空軍直升機中隊塞考斯基．「雅蘇」[92]分隊分隊長尼希麥．達干[93]少校向艾夫利報告，直升機可以辦到。以色列當時只有三架可以執行這項任務的雅蘇直升機——剛剛運抵以色列，是一種新型塞考斯基直升機。達干認為，如果雷達站的兩個貨櫃可以分開，用直升機把它們載進以色列領土並非不可能。根據初步估計，主貨櫃，也就是雷達站的「心臟」，重量約在四噸左右。而按照標準規定，雅蘇可以載重約三噸。第二個貨櫃比較輕，重量約在兩噸半左右。

空軍司令摩提．哈德把這項建議交給參謀長海姆．巴—里夫，巴—里夫把地面任務派給傘兵。電腦為任務取了一個代號：雄雞五十三號行動（Operation Rooster 53）。第五十營營長阿瑞．「吉登」．吉梅爾（Arieh "Tzidon" Tzimmel）中校奉命出任任務指揮官。

吉梅爾用兩類型戰士組成這支突擊隊：一類有戰鬥經驗，大多數是軍官，另一類是技術人員，能夠從卡車平臺上卸下雷達站的兩個貨櫃，切斷兩個貨櫃間的接頭，並且拆下天線。

空軍最資深的直升機駕駛員艾立澤．「獵豹」．柯漢（Eliezer "Cheetah" Cohen）對雷達專家

---

91 大衛．艾夫利（David Ivry，1934～）：曾任以色列空軍司令（1977~1982）、以色列駐美國大使（2000–2002），也是以色列國家安全委員會（Israeli National Security Council）第一屆主任（1999）。

92 塞考斯基．「雅蘇」（Sikorsky "Yassour"）：意指美國飛機和直升機製造商「塞考斯基」的產品「雅蘇」。創建於一九二三年的塞考斯基飛機公司（二〇一五年被美國航空製造商洛克希德．馬丁〔Lockheed Martin〕收購），最著名產品為UH-60黑鷹。

93 尼希麥．達干（Nehemiah Dagan，1940～）：准將。戰鬥飛行員（直升機）。曾任以色列國防軍軍教處長（1985～1988）。

艾茲拉（Ezra）上士說，他想找一個可供直升機駕駛員進行訓練的雷達站模型。

艾茲拉說：「現成就有一個俄製雷達可以使用，何必找什麼模型？」原來，茲里芬（Tzrifin）基地藏有許多以色列繳獲的敵軍裝備，其中一個是在六日戰爭中奪取的俄製雷達貨櫃。儘管這個貨櫃的零組件已經過時老舊，但大小和形狀仍與P-12雷達一般無二。柯漢、艾茲拉與傘兵副指揮官李維．霍費西立即趕往茲里芬。他們沒有循正規管道、向國防軍軍需處提出申請，因為公文申請不僅耗費時間，還可能洩密。他們找來一輛拖車，「偷」了這個貨櫃。這個舊俄製雷達貨櫃就這樣運到一處空軍基地，兩位雅蘇直升機駕駛員——尼希麥．達干與吉也夫．馬塔（Ze'ev Matas）——以及他們的組員，就用它進行直升機裝載與空吊演練。

同時，傘兵則在演練如何奪取與拆卸雷達站。他們領了符合俄國規格的扳手，以及用來切斷纜線與接頭的重型剪刀，還有氧氣筒與焊燒裝置，以防萬一剪刀不管用。五十營一個連長把連士官長馬丁．雷保維（Martin Leibovich）蒙上雙眼，送上一輛吉普車，載到基地最遠的一條跑道。在眼罩取下來以後，雷保維見到眼前擺著幾個大氧氣筒，旁邊站著一名軍械處士兵。這士兵不斷大聲叫喊，說他是做文書的，沒辦法參加這項任務。雷保維於是替代了他。雷保維事後說：「我就這樣成了這次行動的鎖匠。」除了艾茲拉與雷保維以外，這項任務還徵召了幾名技術專家，以及一名會駕駛俄製ZiL卡車的年輕人，屆時如果決定要將卡車連同貨櫃一起送到運河岸邊，可以由他駕車。所有這些準備工作，都在二十四小時以內完成。

第二天晚上，三架超級黃蜂飛越蘇伊士運河，在雷達站附近卸下六十六名傘兵突擊隊員。那天晚上是滿月，傘兵都穿著淺色制服，攜帶的武器也包在淺色織物中，以融入沙漠背景。他們在一座油井附近發現這座雷達站，於是先以急行軍方式接近，再匍匐前進逼近目標。他們分成兩股，一股負責阻截，一股負責攻擊，然後衝向雷達站。一名埃及警衛用自動武器向他們開火，之後又有一名埃及軍也加入戰鬥。經過短暫交火，傘兵控制了雷達站，打死兩名士兵，俘虜四人；跑了三名埃及人。傘兵在雷達站旁的碉堡與帳篷中，還找到詳細的檔案與手冊，說明如何操作這些電子裝備。

他們隨即展開拆卸雷達站的工作，不過進展很不順利。他們帶來的扳手規格不符，剪刀完全派不上用場。最後用焊燒裝置總算奏效，不過連接兩個貨櫃的纜線需要一條一條拆除。而裝在一個厚重鋼座上的天線，幾近七十英尺（二十一公尺）高，怎麼拆也拆不下來。後來幾名傘兵爬到天線頂端，用他們的體重一陣猛壓，才終於弄了下來。原以

戰役結束；雷達站已經落在傘兵手中。（茲維．馬里克〔Zvi Malik〕攝影，以色列國防軍檔案提供）

為只需三十分鐘就能完成的拆卸作業，結果持續了一個多小時。同時，為了聲東擊西，空軍天鷹式（Skyhawk）戰鬥機對蘇伊士運河地區的埃及目標展開攻擊。拆卸作業終於完成，由達干駕駛的第一架雅蘇直升機於凌晨兩點四十五分抵達。主貨櫃用一個「吊床」（一種特製大吊車）綁妥固定，達干慢慢把直升機升起。直到這一刻，他才發現這個貨櫃的重量比預期還重：足有四點一噸。雅蘇直升機的最大承重只有三噸，但直升機還是緩緩升起，地面上的以色列軍無不興奮得大喊大叫。

守候在蘇伊士運河另一端的高級指揮官們也興奮不已，只是這熱情很快消逝，取而代之的是極度焦慮。直升機機艙裡的紅燈開始閃爍，警報聲也嗚嗚作響。達干向指揮中心報告，直升機上兩個液壓傳動系統中的一個已經完全停擺。由於貨櫃過重，綁縛貨櫃的吊索扯得太緊，結果壓壞了油管，油管漏油，損及直升機的液壓傳動系統。根據操作手冊，發生這種狀況，達干應該立即拋棄吊著的貨櫃，否則可能發生致命意外。但達干決定繼續吊著貨櫃往前飛。在西奈半島以色列這一邊的指揮所裡，指揮官們無不屏息以待。他們知道達干這麼做是在賭命：只剩下一個液壓傳動系統，卻要吊著一個比雅蘇的最大承重量超過許多的重物繼續飛。達干後來回憶：「整架飛機都在顫抖。但我們終於跨過蘇伊士運河，立即在沙漠降落。」

就在同一時間，馬塔也抵達目標區，吊起比較輕的第二個貨櫃與天線，往回程飛。他的雅蘇在蘇伊士灣上空劇烈震盪，不過馬塔控制住機身，也終於安全降落。還有三架超級黃蜂在拆下來的雷達站旁邊降落，把突擊隊員載回以色列領土。

傘兵回到以色列以後，拉佛．艾坦接見他們，對他們說，在第二次世界大戰期間，英國突擊隊也曾執行過一次類似的任務。這些英軍戰士在法國境內一處德軍基地登陸，但他們只帶回雷達站的一些零組件，而且許多突擊隊員戰死。以色列的空軍與傘兵帶回來一整座雷達站，而且全員返航——這是全世界絕無僅有的一次同類型行動。國防部長戴陽為直升機中隊指揮官送來兩瓶香檳，作為給中隊的禮物。

這項任務保密了幾天，直到倫敦《每日快報》將之公諸報端。必須接受嚴厲軍事審查的以色列報紙，也發表了一些諷刺漫畫，描繪以色列直升機把金字塔與人面獅身像吊走了。

以色列空軍專家分析這座雷達系統，學得蘇聯使用的一些原則。他們根據這些發現，研發出新的電子戰手段。以色列也將這座雷達的相關祕密透露給美國。

達干獲頒戰功殊勳章（Medal of Distinguished Service），參謀長巴—里夫對參加這項任務的傘兵說：「你們完成了以色列國防軍有史以來最複雜、最大膽、最震撼人心的行動。」

【人物小檔案】

尼希麥．達干（戰鬥飛行員）

最先兩架雅蘇在九月間從美國運底，不到一個月，以色列已經深深陷入消耗戰中。我們在美國接受訓練——包括四名飛行員與五十名機工人員。我奉命出任黃蜂中隊雅蘇分隊分隊長。

他們把我召到總部，與我討論吊一座雷達貨櫃的事。依照正規，我可以用雅蘇吊兩點九噸的重物。吉也夫．馬塔與我兩人練習空吊雷達貨櫃，只受了一天訓。他們告訴我：「你要吊的那個雷達貨櫃重三點二噸。」我對他們說：「幫幫忙，老兄，這太重了。」他們回答：「尼希麥，我們已經夠煩了，別拿你的問題來煩我們。」

我們沒有夜視裝置，所以需要月光照明，而且飛得很低。我原本擔心，如果貨櫃架在卡車底盤的位置過高，綁縛貨櫃會有問題。但現場我們發現，載貨櫃的卡車是停在地坑裡的，我可以把直升機盤旋在幾乎與地表等高的位置。

我吊起貨櫃，發現它重四點一噸，比規定的承重上限超過一點二噸。吊起來的那一瞬間，機上一排警告燈同時亮了起來。我說：「液壓系統不轉了。」一般遇到這種狀況，你應該立即著陸，把一切都關了。

但我決定繼續飛。我對我的副駕駛、一流直升機機工專家特隆（Tron）說：「我們縮短航程。」我飛到紅海，要特隆注意艙外，看飛機引擎有沒有冒火。我終於把直升機停在蘇伊士灣另一邊。馬塔剛在我們旁邊卸下第二個貨櫃，他們就立刻要他接運我吊的這個貨櫃。這個貨櫃在吊運途中搖擺得非常厲害。我獲得一枚勳章，但相信我，我執行過比這危險得多的任務。

蘇聯在一九七〇年大舉介入中東衝突，以至於演變成與美國武裝對抗的可能性也愈來愈高。

第十一章
里蒙二十行動

一九七〇年四月十八日，消耗戰打得最凶的時候，兩名以色列幽靈機飛行員艾坦·班·伊利雅胡[94]與拉米·哈帕茲（Rami Harpaz），在結束埃及上空的空拍偵察任務後返航。消耗戰在六日戰爭結束後不久開打，一開始戰區大部分集中在蘇伊士運河附近，但之後不斷延伸，以色列空軍也開始不斷深入埃及領空，執行搏命的任務。

那天早上，在伊利雅胡與哈帕茲飛回以色列途中，幾架埃及米格二十一型戰鬥機在高空出現。這類遭遇並不稀奇，不過這一次，以色列空軍五一五情報隊[95]的監聽裝置錄到一種奇怪的語言。當時在西奈地區烏姆·哈希巴（Umm Hashiba）基地執勤的一位名叫大衛的青年懂得這種語言。他立即打電話給部隊長圖維亞·范曼（Tuvia Feinman）少校，興奮地報告：「我們錄到蘇聯

94 艾坦·班·伊利雅胡（Eitan Ben Eliyahu，1944～）：少將。戰鬥飛行員。曾任以色列空軍司令（1996～2000）。
95 以色列空軍五一五情報隊（515th Intelligence Service Unit）：之後改變番號為八二〇〇情報隊。

戰鬥機飛行員間的通訊了。」

范曼的反應是：別發神經了！他知道蘇聯在埃及駐有技術人員、訓練員與顧問，但沒有派駐飛行員。他因此認為，大衛與他的友人錄到的，一定是蘇聯非戰鬥人員之間的對話。

「不，圖維亞，」大衛答道：「這不是那種對話。」

范曼立即派出一架貝爾（Bell）直升機飛到烏姆．哈希巴，把錄有這段對話的盤帶取回來。能說流利俄語的范曼在聽完盤帶以後，立即趕往面見軍事情報負責人亞隆．雅利夫[96]將軍。之後，雅利夫闖進國防部長梅爾夫人的辦公室。梅爾當天晚上就把盤帶交給美國總統尼克森。這卷錄音帶是鐵證：蘇聯不僅提供武器，還將軍隊與戰鬥機中隊祕密派遣到埃及。這些戰鬥機漆著埃及空軍的標誌，但駕駛的是蘇聯飛行員！

事情演變至此就更加凶險了。以色列不想捲入與超級強國的衝突裡。自一九五〇年代中期以降，蘇聯一直是埃及與敘利亞（後來還包括伊拉克）的主要武器供應國，自埃及軍在一九六七年遭以色列國防軍重挫以後，蘇聯又一次大舉軍援埃及。應埃及總統之請，莫斯科將軍事專家、顧問、飛航管制員與飛行員源源派赴埃及。直到以色列發現之前，這些事一直保密。

三十四名有俄羅斯背景的以色列士兵，負責監聽蘇聯人進駐埃及的活動。他們在最高機密的馬斯里加．「織針」（Masrega "Knitting Needle"）部隊服務，指揮官為范曼少校。除情報訓練以外，這些士兵還學習俄文。他們為自己建了獨樹一格的次文化：唱俄國地下反抗軍的歌，念普希金的詩，喝伏特加酒，說俄文故事。其他人也因此根據蘇聯國防部長葛里柯（Grechkos）的名字，稱他們為「葛里柯」。隨著有關蘇聯介入埃及的報告不斷升溫，五一五部隊奉派進駐西奈。

他們一點一滴，弄清了俄國人使用的軍事術語，不過直到四月十八日以前，他們錄到的只有技術人員間的對話。但在這一天，無線電監聽裝置上突然傳來蘇聯飛行員的對話聲。

這使以色列與蘇聯之間爆發衝突的可能性大幅升高，情勢愈來愈緊急。以色列試圖不讓情勢惡化。國防部長戴陽指示空軍司令摩提・哈德，要他暫時停止深入埃及腹地的攻擊。美國也勸以色列保持謹慎。美國人說，無論如何，與一個超級強國對抗，對以色列沒有好處。但蘇聯人得寸進尺；他們把飛彈連調進蘇伊士運河岸邊，他們的飛機追逐執行照相偵察與轟炸任務的以色列噴射機，還不斷向以色列飛行員挑釁求戰。他們有一次甚至發射一枚空對空飛彈，擊中一架天鷹式戰鬥機的尾翼，不過機上以色列飛行員還是把飛機降落在西奈雷費迪（Refidim）空軍基地。

梅爾與戴陽仍然猶豫不決。直到七月二十五日，以色列天鷹式戰鬥機攻擊蘇伊士運河的埃及陣地時，蘇聯米格機在空中現身，一直追在以色列機後面進入西奈。梅爾喃喃說著「管你是不是超級強國」，於是下令以色列還擊，給俄國人應得的教訓。

空軍司令哈德決定設計一項對付俄國人的行動：一種以色列飛行員在蘇伊士灣地區搞過不止一次的伏擊。曾經設計過幾次伏擊作戰的大衛・波拉（David Porat）奉命策畫這項特別的行動。

但在一望無際的藍天，怎麼設伏？

哈德調集空軍最優秀的飛行員，組了一支菁英團隊，在一九七〇年七月三十日下令設伏。以

---

96 亞隆・雅利夫（Aharon Yariv，1920～1994）：曾任以色列軍事情報負責人（1964～1972）、交通部長（1974）、新聞部長（1974～1975）。

色列選定的伏擊區，位於開羅往蘇伊士城三分之一的路程、靠近卡塔米亞（Katameya）空軍基地的地方。俄國人的幾個米格機中隊就駐守在這座基地。卡班・伊利雅胡領導的四架幽靈機從拉馬・大衛空軍基地起飛，展開這項代號「里蒙二十」（Rimon 20）的行動。這四架幽靈機飛越蘇伊士運河，攻擊阿達比亞（Adabiya）旁邊的埃及基地。它們假裝是具有轟炸能力、但性能不如蘇聯米格機的天鷹式戰鬥機，並以「印第安式圓圈」（Indian circle）在目標上空盤旋，模仿美國印第安人騎在馬背上繞著圈攻擊牛仔的戰術，每次只有一名飛行員駕機向目標俯衝，投下炸彈以後返回編隊。這是天鷹式戰鬥機慣用的戰術。守在雷達站的埃及人與俄國人見到四個點在阿達比亞上空盤旋，在地面管制員眼中，這四個點顯然是四架天鷹式戰鬥機。

同一時間，雷達螢幕上還出現一個光點。這個光點在兩萬英尺（六千公尺）高空由北向南飛。管制員判斷這光點是一架單飛、執行偵察任務的幻象。以色列人在這裡也擺了他們一道。這「單飛」的光點事實上是四架幻象機。它們以非常緊密的隊形飛行，在雷達幕上看起來就像是只有一架飛機。這些幻象機飛行員甚至還透過無線電報告偵察任務的進度。這些都是以色列布下的餌——看起來像是一架似乎沒有武裝的偵察機與四架老舊的天鷹式戰鬥機。蘇聯戰鬥機中隊的指揮官果然上當，決定派出部下，獵取這些看似可以一舉拿下的獵物。

俄國人不知道，另有四架幻象機已從拉馬・大衛起飛，以低於山陵線的飛行高度進入西奈，雷達上根本看不到它們。同時，還有四架幻象機也在西奈的吉加法空軍基地跑道上蓄勢待發。艾胡・約納[97]在他所著《沒有犯錯的本錢：以色列空軍的建立》（*No Margin for Error: The Making of the Israeli Air Force*）一書中寫到，波拉就用這套伎倆「把四架幻象機與四架幽靈機藏在夏日藍空中，還在不遠處藏了另外八架幻象」。

俄國人從班尼・蘇伊夫（Beni Sueif）與科・奧先（Kom Osheim）空軍基地派出四個米格機四機編隊。由卡米尼夫（Kamenev）上尉領導的第一個編隊往北飛，朝「單飛」的那架幻象偵察機進發，意在攔路阻截。第二個四機編隊由尼古萊・尤成柯（Nikolai Yurchenko）上尉領軍，意在從南方以鉗形攻勢逼近這架幻象。由沙拉寧（Saranin）上尉率領的第三個四機編隊從西方進行阻截。另一個米格機四機編隊則朝「天鷹」進擊。幾分鐘以後，又有四架米格機起飛，加入戰鬥。而哈德在空軍地下指揮中心按下他的碼表，下令展開攻擊。

蘇聯人嚇得目瞪口呆。那架「單飛」的幻象突然變成四架飛機，而且都拋下了懸掛的油箱朝米格機衝來。而那四架天鷹突然拔高，露出最先進幽靈式戰鬥機的本相，從高處朝蘇聯米格機俯衝而下。一直在西奈山陵線以下低飛的四架幻象這時突然衝上雲霄，吉加法空軍基地跑道上待命的四架幻象也隨後升空。由於無線電頻道遭以色列空軍電子戰專家封鎖，蘇聯地面管制員的聲音突然消失，習慣不斷接受地面管制員指示的蘇聯飛行員因而慌了手腳，不知應該怎麼做。

幻象機飛行員阿謝・史尼爾（Asher Snir）擊落第一架米格機。機上飛行員彈出機艙逃生，他的降落傘就在三十六架飛機混戰的藍天冉冉降下。阿維胡・班—能與阿維・塞拉[98]擊落了兩

---

97 艾胡・約納（Ehud Yonay，1940～2012）：以色列記者暨作家。電影《捍衛戰士》（Top Guns）的劇本原型即是來自於他發表在《加州雜誌》（*California magazine*）上的一篇同名文章。

98 阿維・塞拉（Aviem Sella，1946～）：上校。戰鬥飛行員。塞拉因涉及強納森・波拉德（Jonathan Pollard）間諜案而晉

架，阿拉漢・沙蒙（Avraham Salmon）與伊塔・史佩托[99]也打下兩架米格機。

俄國飛行員習慣以編隊戰陣接敵，不習慣死纏爛打式的空戰，沒有地面管制員提供指示也讓他們不知所措。一開始，他們透過無線電傳來的聲音還能保持鎮定，但隨著戰鬥持續，他們愈來愈恐懼，有人還在無線電中叫到：「任務中止！」蘇聯地面管制員也失去冷靜，開始叫著飛行員的名字，想與他們取得聯繫。幾名蘇聯飛行員掙脫，逃回他們的基地，還有幾人也想逃，但以色列機窮追不捨。在空戰持續兩分半鐘以後，哈德瞥了一眼手上的碼表，下令停火。以色列地面管制員的聲音於是在無線電中響起：「全員停止交戰。立即脫離現場！」

藍空迅即恢復平靜。以色列噴射機開始返航。他們在埃及沙漠中留下五架起火焚燒的米格機，其中三架的蘇聯飛行員跳傘撿回

在一望無際的藍空進行伏擊。（《空軍雜誌》提供）

一命，另兩人陣亡。

莫斯科大為震驚。蘇聯空軍司令帕維．史提波諾維奇．庫塔柯夫（Pavel Stepanovich Kutakhov）元帥於第二天抵達埃及，調查蘇聯飛行員落敗的原因。埃及當局板起臉孔進行調查的同時，以色列幾處空軍基地低調地開了幾個慶祝會。空軍指揮官沒有忘記那些「葛里柯」，為他們送去幾瓶香檳。在私底下慶祝的，除以色列人以外，還有一些埃及空軍飛行員。他們過去一直是蘇聯飛行員嘲弄的對象，蘇聯人挖苦他們，說他們無能對付以色列空軍。對這些受盡屈辱的埃及飛行員而言，這次事件幫他們報了蘇聯盟友的一箭之仇。

不到幾天，消息走漏給外國記者，世界各地媒體紛紛以驚人的大標題報導里蒙二十行動。

【人物小檔案】

阿米爾．艾謝[100]將軍（空軍司令）

擊落蘇聯噴射機讓人想起獨立戰爭中的一場戰役。在那場戰役中，以色列空軍第一批飛

升受阻。強納森．波拉德原是美國政府情報分析師，後承認替以色列做間諜，刺探美國情報。

99 伊塔．史佩托（Iftach Spector，1940～）：准將。曾在特諾夫和拉馬．大衛空軍基地擔任戰鬥機飛行員和空軍指揮官。

100 阿米爾．艾謝（Amir Eshel，1959～）：少將。自二〇一二年起擔任以色列空軍司令。

行員擊落五架滲透以色列南部領空的英國飛機。有人說，以色列空軍還不錯，不過只能對付中東地區那些層次比它低一級的空軍。但這一次我們與一個超級強國作戰——一個來自完全不同等級的對手作戰——結果應付自如。而且無論就絕對條件或時代背景而言，我們的戰果都十分輝煌。那段期間，美國人在越戰與其他幾場衝突的戰果都比不上我們。而以色列空軍卻一戰揚威。

一些喜歡嘲諷的人或許會說：「你們設下埋伏，打敗了一些不怎麼高明的飛行員。」這話不實。在埃及出任務的蘇聯飛行員並非泛泛之輩。他們不是傻瓜，也都知道任務不許失敗。但我們的行動讓以色列空軍發揮了專業能力、敏銳與決心。

以色列把最好的資源投入空軍。我們能夠達到其他人達不到的水準，並用這種水準完成任務。一架空軍飛機知道怎麼樣在德黑蘭發動攻擊，知道怎麼樣在加薩行動，而駕駛它們的都是頂尖人才。

里蒙行動把我們最優秀的特性、人才與能力結合在一起，堪稱是一個里程碑，一種楷模。

阿拉伯軍於一九六七年潰敗以後，幾個恐怖組織填補了遺下的空缺，想不斷透過劫機、爆炸與暗殺行動打擊以色列。其中最主要的恐怖組織是阿拉法特的巴勒斯坦解放組織，它的祕密攻擊部隊取名叫黑色九月（Black September）。

第十二章
同位素計畫

比利時航空公司機長雷金納・李維（Reginald Levy），心中滿懷欣喜與期待。今天是一九七二年五月八日，是他五十歲生日，他要駕一架波音七〇七航班從布魯塞爾飛往特拉維夫，與現在就坐在他後面頭等艙的太太黛布菈一起慶生。李維曾經是英國皇家空軍飛行員，生在黑潭（Blackpool），父親是猶太人。他對以色列這塊土地懷有一種特殊感情，能在耶路撒冷紀念他人生這個重要里程碑，無疑是再好不過的美事。

這架波音機飛越南斯拉夫上空時，李維突然感覺到一管槍狠狠抵在他的頸子上。他看不見用槍比著他的人，但透過眼角餘光，他發現他的副駕駛金—皮葉・艾林（Jean-Pierre Arins）跌坐在椅子上，一名留八字鬍的男子用槍抵著艾林的頭。他們被劫持了。

李維很快發現，劫持他的飛機的，是四名持偽造以色列護照、在布魯塞爾登機的巴勒斯坦恐怖分子。機上沒有人發現「吉哈利亞・格雷」（Zeharia Greid）其實是阿布・阿濟・艾・阿拉西（Abd Aziz el Atrash），「莎菈・比登」（Sara Bitton）是莉瑪・塔諾（Rima Tannous），而「米利亞・哈森」（Miriam Hasson）是蒂莉莎・哈爾沙（Theresa Halsa）。沒多久，他們的頭子阿里・塔哈・阿布—奈納（Ali Taha Abu-Sneina），也做了自我介紹，自稱「里法隊長」（Captain Rif）。這四名劫機匪徒都是「黑色九月」的成員。黑色九月是阿拉法特祕密建立的恐怖組織，這次劫機是他們對以色列展開的第一項行動。

在劫持這架飛機以前，這四名恐怖分子陸續進入機上盥洗室取出他們藏在身上的武器：兩把手槍、兩枚手榴彈、兩條各重兩公斤的炸藥帶[101]、還有雷管與電池。

里法與艾阿拉西這時站在駕駛艙，用槍抵著兩名駕駛員。「你給我飛到特拉維夫，」亢奮不已的里法惡狠狠地向李維下令。「不要耍花樣！我們有炸藥與手榴彈。」

「我本來就是要飛去特拉維夫。」李維有些不解地答道。

「沒錯，你是要飛往特拉維夫，但現在你得聽我的命令行事。」

在乘客艙，一位穿著花紋迷你裝的黑髮美女，優雅地在一對老夫婦身邊靠走道的位子坐下。這對老夫婦名叫赫謝爾與伊達・諾伯，打算搭這班飛機前往以色列與他們睽違二十年的親戚團聚。老夫婦瞠目結舌地望著少婦，因為她的腰間綁著一根金屬線，金屬線一頭繫著一個圓形黑盒子。

里法在駕駛艙抓起擴音器。「注意！全體乘客注意！留在你們的座位上，不要動。我是黑色九月的里法隊長。我們代表巴勒斯坦人民。這架飛機現在由我們掌控。你們必須服從命令！」

咆哮聲與哭泣聲在機艙各個角落響起。赫謝爾・諾伯恐懼地望著眼前這名穿著花衣的女郎，只見她從椅子上一躍而起，把那個黑盒子高舉在頭上。伊達呻吟著：「上帝，我們碰到瘟神了！」坐在她後面的一位以色列中年婦人在座椅上昏了過去。還有一位來自耶路撒冷、名叫布蘭黛・傅萊曼的婦人，因見到駕駛艙走出來的兩個人而嚇得渾身哆嗦。兩人中的一人用尼龍襪套在自己頭上，看在布蘭黛眼裡彷彿鬼怪。這人手裡握著一把手槍與一枚手榴彈。另一名劫機匪徒個子較矮，窄肩，蠟黃色皮膚，一頭亂糟糟的黑髮，布蘭黛認定他戴的是假髮。

又一名女劫機匪徒穿著淡色褲裝、出現在走道上，用一個大袋子蒐集乘客護照。她突然抓起空服員手中的擴音器叫道：「如果以色列不滿足我們的要求，我們會把這架飛機炸掉。每個人都得死——每個人！」一些乘客聽到這裡哭了起來。「上帝，救救我們！」一位婦女用希伯來語喊道：「末日到了！」

國防部長戴陽在乘直升機視察蘇伊士運河沿線以色列陣地時，接到劫機事件報告。他對駕駛員說：「直接飛到勞德！」但最先抵達勞德機場（後來改名班古里昂機場）的，是中央軍區司令雷哈法・「甘地」・澤伊維。

像伊薩克・拉賓、海姆・巴—里夫與其他許多高級軍官一樣，澤伊維也曾是打擊軍的一員。打擊軍是英國託管期間的半軍事地下組織，後來在以色列獨立戰爭期間成為國防軍精銳部隊。瘦得像皮包骨的澤伊維，一個週五晚上前往屯墾區餐廳用餐時，剃了大光頭，全身除了圍在腰間的一條浴巾以外一絲不掛，那模樣活脫脫就是甘地，從那以後，大家都叫他「甘地」。他有一種與眾不同、喜歡炫耀成就的癖好：在當上中央軍區司令時，由於中央軍區的軍徽是一頭獅子，他就

101 炸藥帶（explosive belt）：一種裝炸藥的背心，上面附有引信，可以引爆，又稱「自殺背心」。

在軍區司令辦公室入口處擺了一個籠子，裡面養了兩隻小獅子。

但他也是極優秀的軍人，勇敢，聰明，而且足智多謀。兩年前，幾名恐怖分子劫持了四架美國民航機降落在約旦與埃及，之後將它們炸毀。當時甘地聚集部下參謀，要他們假想恐怖分子劫持民航機在勞德機場降落的話，他們有何對策。中央軍區參謀只當甘地是突發奇想，對問題冷嘲熱諷，並不認真，但甘地不為所動，設計出「同位素」（Isotope）計畫，一旦發生狀況，可以先阻止飛機，然後制服劫機的恐怖分子。當戴陽與運輸部長裴瑞斯抵達勞德機場時，「同位素」計畫已經部分執行。突擊隊員就位，塔臺也已奉令引導遭劫持的波音機降落在二十六號跑道。這是距離主航站大樓最遠的「無聲跑道」（silent runway）。

國防軍幾位高級軍官已經趕到，擠在三樓一間權充指揮總部的小房間裡。站在新任參謀長達杜．艾拉沙身邊的，還有作戰部部長以色列．塔爾[102]，空軍司令摩提．哈德，軍事情報負責人亞隆．雅利夫，以及幾名著便服的夏巴（Shabak）——以色列國內安全局（Internal Security Service）——官員。戴陽一直與總理梅爾夫人保持聯繫，不斷向她報告事件最新進展。

這架比利時航空公司客機於下午七點零五分降落。劫機匪徒的計畫是一場豪賭。他們刻意選定勞德這座獅吻上的機場降落，顯然意在挑釁以色列國威。這些恐怖分子揚言炸毀飛機，與機上無辜乘員同歸於盡，就好比用槍抵著以色列的腦袋、迫使以色列接受他們的要脅一樣。但他們的計畫儘管聰明、大膽，卻有一個瑕疵：他們不知道，在舉世矚目的情況下，面對在以色列本土向以色列挑戰的恐怖分子，戴陽與他的僚屬們輸不起。

里法隊長用機上無線電說出他的要求：以色列必須釋放關在其監獄裡的三百一十七名巴勒斯

坦恐怖分子；這些恐怖分子一經獲釋，立即飛往開羅。遭劫持的比航客機接著飛往開羅，最後劫機匪徒會在開羅釋放機上人質。

戴陽不動聲色，主控整個大局。他的殺手鐧是用拖字訣拉長談判，讓恐怖分子疲累不堪；以色列也會策畫軍事行動，但只作為萬不得已的最後手段。雅利夫將軍負責與里法談判。沒隔多久，國內安全局調查處（Shabak Investigation Department）處長、能說流利阿拉伯語的維克多．柯漢（Victor Cohen）也加入談判。雅利夫禮貌地問里法：「你能給我們多少時間，讓我們滿足你的要求？」

「兩個小時，」里法斬釘截鐵地答道。「你如果不能在兩小時內照辦，我們就炸飛機。」

雅利夫說：「可是只給兩小時怎麼夠，我光把十五個人帶來這裡就要花兩小時。」

事實上，以色列國防軍已經把不只十五人帶進機場，不過這些人不是里法說的巴勒斯坦恐怖分子，而是以色列家喻戶曉的參謀總部偵搜隊（二六九部隊），是國防軍最精銳的突擊勁旅，只有最優秀、最果敢的戰士才能加入這支部隊。總參偵搜隊於一九五七年建軍，其中隊員與指揮官身分從不曝光，任務也從不公開，甚至它的存在都在嚴格新聞管制下，顯得諱莫如深。總參偵搜隊的隊員在服役以前都經過審慎挑選，必須通過各種測試，然後進入一處祕密基地受訓。總參偵搜隊恍若一個傳言，一個幻影。在一九七二年，它的隊長是把玩命行動視為兒戲的艾胡．巴拉克

---

102 以色列．塔爾（Israel Tal，1924~2010）：少將。以擅長戰車（坦克）戰術，以及領導以色列開發「梅卡瓦主力戰車」（Merkava tank）而功勳卓著。

上校。

巴拉克在米希馬・哈夏隆（Mishmar HaSharon）屯墾區長大，年紀輕輕就因為智計百出與勇敢善戰獲得軍方注意。他是一位很有天分的鋼琴家，以偏愛拆卸、重組鐘表而聞名。巴拉克由於驍勇善戰，很快成為國防軍戰功最輝煌的戰士，他的許多戰績至今仍是不宣之密。之後他離開軍旅，進入希伯來大學研讀物理與數學，又在美國史丹福大學拿了一個學位。隨後在魏茲曼研究所（Weizmann Institute）工作了一段時間。並在一九七一年，奉命出任總參偵搜隊隊長。

五月八日這天晚上，在雅利夫偕同柯漢與里法進行談判的同時，總參偵搜隊也在機場一處偏遠地區，對一架以色列飛機工業公司（Israel Aircraft Industries）提供的波音七〇七進行奇襲實戰演練。在強力弧光燈令人目眩的強光下，突擊隊員演練從駕駛艙與飛機緊急出口同時破門而入的行動。在隨即爆發的槍戰中，他們要迅速制服恐怖分子，讓恐怖分子連引爆炸藥的時間都沒有。

入夜以後，戴陽很擔心怎麼讓遭劫持的客機留在地面、防止它起飛。比利時航空公司資深機工班雅明・陶里杜（Benyamin Toledo），在巴拉克與另一名突擊隊員護送下，潛入飛機機尾。陶里杜爬到機腹，熟練地卸下著陸裝置液壓系統的控制閥。機上油料立即開始灑在跑道上。幾分鐘以後，陶里杜一聲不響地把卸下的閥門擺在戴陽面前。

但戴陽還是不太滿意。五分鐘以後，陶里杜帶著另一名叫做艾雷利（Arieli）的機工二度爬到波音機下面。這一次他們的目標是飛機輪胎。隨著壓縮空氣外洩，整架飛機下沉了幾寸，不過沒有人發現。只有李維機長見到液壓油表警示燈亮起。他打電話給塔臺，報告這個問題。沒隔多久，他又向塔臺報告，說飛機輪胎也出了問題。

戴陽告訴李維：「跟那些傢伙說，他們不能起飛了。」

「我已經說了。」李維答道，並且要求派員修復液壓裝置。戴陽說，這需要時間，因為機場必須從特拉維夫調派專人前來修理。里法默許了等待，但要求立即與紅十字會駐以色列代表談話。紅十字會代表也遲遲未至。到凌晨一點三十分，里法終於按捺不住，揚言如果飛機不能在一個小時以內修復，他就要炸飛機。柯漢冷靜地回答，飛機在夜間沒辦法修。里法最後同意等到上午八點。

在夜幕掩護下，總參偵搜隊隊員神不知鬼不覺地逼近飛機。他們認為一切準備就緒，可以立即發動攻擊，但戴陽決定再多等一下，不過他告訴艾拉沙將軍：「從現在起，你必須準備行動。」

凌晨三點，機場陷入一片令人昏昏欲睡的沉靜，幾名以色列軍官坐在椅子上睡著了。戴陽原本躲在飛航管制員休息室休息，但很快就被附近一間盥洗室的抽水馬桶響聲弄醒。最後他走進一間兒童遊樂室，在長沙發上躺了下來，伴著一個保麗龍長頸鹿與一個橡膠製大力水手卜派玩偶稍稍補了眠。

天色轉亮，紅十字會官員抵達機場，獲許登上飛機。上午九時，他們回到航站大樓，告訴戴陽說，機上情勢惡劣得令人無法忍受。食物與水都已告罄，冷氣機壞了，乘客無不筋疲力盡，劫機恐怖分子也緊張得神經兮兮。紅十字會特使問戴陽：「你會釋放人犯嗎？」戴陽仍然守著他的拖延戰術：「我們同意談判。」

當時的情況說來荒誕不經。這是個陽光燦爛的週日，勞德機場一切運作如常，飛機不斷起降，入境與出境乘客擠滿航站大廳。但就在人來人往之際，一條僻靜的跑道遠端，卻有一百名人質被劫持在一架裝了炸藥的飛機上，而且這架飛機隨時可能爆炸。

李維機長獨自一人坐在駕駛艙裡，劫機匪徒阿拉西走了進來。李維覺得機不可失，於是猱身撲向阿拉西，奪下他的槍，對準阿拉西扣下扳機。

但槍沒有響。

阿拉西把李維撲倒，把槍從李維手中奪下。他打開槍上的保險栓，然後把槍描準李維的頭。李維求饒：「不要開槍！」他叫道：「不要開槍！如果你殺了我，一切都完了！」

讓李維大感驚訝的是，阿拉西歪著嘴笑了。他緩緩說道：「我本應一槍斃了你，不過你或許說的沒錯，我們還需要你飛離這裡。」

里法隊長這時走進駕駛艙。他疑心以色列之所以一再拖延談判，是因為他們不相信他能把飛機炸了。於是里法把一個小塑膠袋塞進李維手中，袋裡裝的是他帶上飛機的一些炸藥。他下令李維下飛機，會晤「塔臺裡的那些人」。他毫不遮掩地說：「告訴他們，飛機裡裝滿了這東西。我們帶來的炸藥不僅可以炸掉一架飛機，炸五架都沒問題。如果你帶回來否定的答覆，或者你根本不回來，我們就會炸了飛機。」

一輛紅十字會的車載李維面見戴陽。李維表現得很冷靜。兩名軍官迅速做了一番檢驗，證明塑膠袋裡裝的確實是一種高爆炸藥。就在這時，國內安全局分析專家也查出里法的真正身分。這人有好幾次劫機前科。他曾於一九六八年劫持一架以色列航空公司班機飛往阿爾及利亞，又於一九七二年二月劫持一架德國漢莎航空公司班機前往亞丁（Aden）。

在面見戴陽與幾位將領時，李維簡短扼要地說明了機上情勢，還有恐怖分子以及他們的位置。兩名女劫機匪徒將她們的炸藥帶擺在客艙前後兩端，身上帶著手榴彈。他的報告對之後執行動的總參偵搜隊很有幫助。在他說話的同時，一名布署在航站大樓屋頂上的觀測員傳來報告說，他已經鎖定一名女劫機匪徒，憑她穿著衣服的花色可以輕易認出她來。

當李維談到他在駕駛艙與阿拉西扭打，結果這個巴勒斯坦人決定不殺他時，戴陽顯得非常高興。因為這證明戴陽以拖延戰術延宕談判、拖垮恐怖分子的作法是對的。他判斷得沒錯，這些恐怖分子並不想自殺；他們不想死，他們饒了李維就因為他們還想保命。

戴陽於是做出決定。他對李維說：「回到機上去，告訴那些傢伙我們同意釋放囚犯。我們會把囚犯帶到機場，讓他們眼見為實。我們也會修好飛機，讓你把飛機飛到開羅。」

李維似乎大大鬆了口氣，但他把戴陽拉到一邊。「我有一個最後心願，」他說：「如果我們逃不過這一劫，你能保證以色列會照顧我幾個女兒嗎？」

戴陽當即做了保證。在李維離開以前，戴陽問他：「機上有沒有什麼病患？」

「沒有。」

「有任何孕婦嗎？」

李維笑出了聲。「還沒有。」即使在這種性命交關的節骨眼上，李維仍然保有他的幽默感。

李維的勇氣讓戴陽深深感動。但一旦轉身面對達杜．艾拉沙，戴陽又成了那位憤世嫉俗、玩世不恭的戴陽。「達杜，」他半玩笑地說：「你得在下午四點以前把旅客都救出來。我五點以前必須趕回辦公室赴一個約會。」

李維回到被劫持的飛機上。將近下午四點，恐怖分子見到一幕壯觀景象：一輛小型拖拉機拖著一架環球航空公司波音客機，來到他們劫持的飛機旁邊。要載著獲釋的恐怖分子飛往開羅的，就是這架環航客機！里法與他的同夥還見到幾輛巴士來到機場，上面載著銬著手銬、身著連身服的犯人；很顯然，這些人就是即將獲釋的恐怖分子。里法與他的三名手下禁不住大喜狂呼：「猶太狂徒投降了！」他們樂得手舞足蹈，相互擁抱賀喜。

他們弄錯了。巴士上載的那些「犯人」，其實是伊薩克．摩德柴[103]中校手下的傘兵新兵，他們穿上囚衣、戴上手銬前來機場亮相，為的是讓恐怖分子信以為真。至於那架環航波音客機，根本是以色列飛機工業公司最近購得的廢鐵，飛機上連引擎都早已卸下了。

作戰計畫準備就緒。根據與恐怖分子達成的協議，由小型工程車組成的車隊將駛近這架比航客機，載著負責修理飛機的機工。但事實上，這些「機工」是十六名總參偵搜突擊隊員。巴拉克將這些隊員分成幾個攻擊小隊，帶頭的指揮官分別是尤吉．戴陽[104]、丹尼．雅東[105]、摩德柴．拉哈明（Mordechai Rahamim）與班雅明．「畢比」．納坦雅胡。尤吉．戴陽是摩西．戴陽的姪子，後來擔任總參偵搜隊隊長，當時因罹患德國痲疹而在家養病，但他聞訊後趕赴部隊，志願參加任務；丹尼．雅東則是日後莫薩德負責人。

在行動即將展開的最後一刻，納坦雅胡兩兄弟永尼與畢比，卻為誰參加這項任務而爭執起來。永尼與畢比都是總參偵搜隊隊員（還有兩人的弟弟艾杜，艾杜當時在美國念書，翌年也加入總參偵搜隊），也是以色列著名右派學者班—吉昂．納坦雅胡教授的兒子。兩人分別在以色列與美國長大，都以勇敢著稱。兩人都想參加這項任務，但巴拉克只准許其中一人出擊。永尼以軍階與年資壓他的弟弟，但巴拉克最終還是選了畢比。

為騙過恐怖分子，突擊隊員穿上緊急從附近的特哈夏摩（Tel Hashomer）醫院借來的白色工作服。他們上了工程車，但甘地發現他們穿的工作服太白，太整潔，於是把他們攔了下來。修飛機的機工看起來不像這個樣子，甘地說，這身打扮可能會被恐怖分子看出破綻，而毀了整個計畫。甘地下令突擊隊員把工作服弄髒弄皺，還要他們在跑道上打滾，看起來就像一群已經忙了一整天的機工。他還派了幾名年齡較大的真正機工加入隊伍，以免突擊隊員年輕的面孔啟人疑竇。

總參偵搜隊員面對的一項重大挑戰是使用手槍。這項攻擊任務要以手槍執行，而偵搜隊員雖受過各式各樣槍械訓練，但就是沒有用過手槍。納坦雅胡後來承認：「這是我有生以來第一次握手槍。」為克服這項障礙，當局決定從以色列航空公司調幾名在飛機上擔任警衛的後備偵搜隊員。這些隊員都受過嚴密的手槍訓練，是公認的手槍專家。摩德柴．拉哈明就是這樣的專家。他曾因隻身制服四名恐怖分子而成為英雄。在那次事件中，四名配備卡拉什尼柯夫衝鋒槍與手榴彈的恐怖分子在蘇黎世攻擊一架以色列航空公司客機，拉哈明跳出飛機，打死一名恐怖分子，並且不斷開槍攻擊其餘三名匪徒，直到瑞士保安部隊趕到為止。拉哈明只憑一把手槍就將三名手持衝

103 伊薩克．摩德柴（Yitzhak Mordechai，1944～）：少將。曾任傘兵與步兵司令、北方軍區司令（1993～1995）、國防部長（1996～1999）、副總理（1999～2000）。二〇〇一年從政界退休。

104 尤吉．戴陽（Uzi Dayan，1948～）：少將。摩西．戴陽的姪子。在總參偵搜隊服務十五年。曾任副參謀長、國家安全會議（National Security Council）負責人（2003～2005）。

105 丹尼．雅東（Dany Yatom，1945～）：曾任以色列情報特務局莫薩德負責人（1996～1998），以及艾胡．巴拉克擔任總理時的幕僚長和安全顧問（1999～2001）。

鋒槍的匪徒困住，在全球新聞界傳為美談。拉哈明名聲大噪不說，他配帶的點二二貝利塔[106]也在以色列大為暢銷。

拉哈明在最後一刻奉召加入這支攻擊比航客機的突擊隊。幾名總參偵搜隊員守候在航站大樓，一架以航客機剛剛著陸，他們就上機徵召機上警衛，加入突擊隊。

最讓人擔心的是炸藥。任務指揮官都知道，如果炸藥引爆，整架飛機就會淪為死亡陷阱。因此，救援分隊的第一項任務就是拆除炸藥帶。在任務發起前一分鐘，參謀長艾拉沙把拉哈明拉到一邊。他激動地用拉哈明的綽號對拉哈明說：「摩大，闖進飛機以後先找炸藥！」

這個小型車隊終於上路，緩緩駛向飛機。恐怖分子下令，要「機工」一個一個通過駕駛艙前，里法隊長握著一把槍，站在駕駛艙邊監視。站在「機工」旁邊的是紅十字會代表。每一個「機工」在走過飛機前面時都必須解開工作服，以示身上沒有攜帶武器。事實上，他們都把手槍插在腰帶後面。紅十字會的人注意到他們身上帶槍，但什麼也沒說，也沒採取任何行動。

突擊隊員開始帶著工具箱與其他儀器繞著飛機走來走去。他們祕密組裝好用來爬進飛機的梯子。拉哈明後來回憶：「我認定自己不可能活著離開這架飛機。」他低聲向友人交代了幾句話，要他們在他死後轉告他的家人。

接著又出現一個狀況。剛從以航客機一個長程航班上下來的安全警衛雅柯夫・祖爾（Yaakov Tzur）說，他再也撐不下去了。他說：「我必須解放一下才行。我一路上一直忍著，好不容易飛到以色列，你們就二話不說，硬把我從飛機上拖下來。我沒辦法，必須蹲下來解決這問題才行。」這個意外既讓人難堪，又讓人發噱，只是當時沒有人面露一絲笑意。祖爾的同伴對他說，軍情緊急，一分鐘都不能浪費，而且任務很快就會完成，結束以後，他想上多少時間廁所都可以。負責他分隊的納坦雅胡問他：「雅柯夫，你是要小解還是要大解？」但祖爾不再等待，他扯下褲子，就在飛機下蹲了下來。就這樣，總參偵搜隊全員、一大堆將領，以及以色列全體人民都得耐心等候，直到祖爾站起身，扣好褲子為止。

突擊隊員現在終於架妥他們的梯子。下午四點二十四分，他們聽到巴拉克尖銳的哨音。這是行動發起的訊號。不到幾秒鐘，突擊隊員爬上機艙出口與駕駛艙入口。首先從左前方出口闖進飛機的，是摩德柴・拉哈明與丹尼・阿迪提[107]。摩德柴一進去就與阿拉西撞個正著。阿拉西向他開火，摩德柴舉槍還擊，但沒有擊中。就在同一時間，畢比與艾利克也從右前方出口破門而入。歐莫・艾蘭（Omer Eran）與丹尼・布隆納（Danny Brunner）從機艙左後方出口衝進來。歐莫見到阿拉西，將他射殺。

里法隊長擋著前門向突擊隊員開火，丹尼・雅東沒辦法從前門入內。就在這時，尤吉帶著他的小隊從後門闖入。尤吉見到眼前一名黝黑的男子，以為是恐怖分子，於是開槍。但這名男子其實是來自比利時的鑽石商人，他因此身負重傷，不過救活了。另有一位名叫瑪麗・霍茲伯格—安

106 點二二貝利塔（Beretta 0.22）：一種半自動手槍。

107 丹尼・阿迪提（Danny Arditi，1951～）：官拜准將。曾在一九七六年恩德培事件中領導一支突擊隊。後又擔任以色列情報特務局莫薩德的高級指揮官（1984～1994）、國家安全委員會反恐局局長（2002～2007）、國家安全委員會主席（2007～2009）。

德森的以色列乘客，運氣更是不佳。她在突擊隊員與恐怖分子火拚之際為流彈所傷，結果傷重不治。尤吉的任務是找出莉瑪．塔諾，也就是守在客艙後排、帶著炸藥帶的那個女劫機犯。他從後排往客艙中央移動，突然有個名叫馬塞拉．艾尼的乘客，指著一名伏在走道上的女子。這女子手持一枚已經扯下保險栓的手榴彈。「不要開槍！」莉瑪哀求道：「不要開槍！」

尤吉抓住她的手，「一根一根」非常謹慎地扳開她僵硬的手指，奪下手榴彈，丟到飛機外，然後押著她走出機艙。

同一時間，拉哈明也在緩緩前進。里法從駕駛艙門口向他開火，拉哈明舉槍還擊，直到彈匣射空，然後他蹲在一張座椅後，一面裝彈，一面用英語好言安撫坐在他身邊、已經嚇壞了的一位婦人：「不要擔心。」他不知道這名婦人就是雷金納．李維的妻子。在交火過程中，里法逃進盥洗室，拉哈明追在後面，將他射殺在盥洗室內。

畢比與馬可．艾希金納吉（Marko Eshkenazi）也向前艙前進，搜索蒂莉莎．哈爾沙。畢比在

救援行動結束後，在機翼上留影。穿白色工作服的是艾胡．巴拉克。（隆．伊蘭〔Ron Ilan〕攝影，以色列政府新聞局提供）

客艙左側逮到她。馬可在她的衣服裡找到一個啟動炸藥引信的電池。她瘋狂抗拒，不肯離開機艙，馬可打了她幾記耳光，結果他的槍走火，子彈傷了她與畢比。

事件就這樣落幕了。

接管飛機的行動前後只花了九十秒。兩名男性劫機匪徒被打死，兩名女匪被捕。乘客歡呼雀躍，擁吻在一起。

戴陽與他的幕僚也加入同樂。在向部屬賀喜之後，他坐進座車。在抵達特拉維夫國防部長辦公室時他看了一下表，時間是五點零五分，還趕得上他的約會。

赫謝爾與伊達．諾伯與家人團圓，沉醉在濃得幾乎令人窒息的愛裡。不過諾伯始終忘不了總參偵搜隊發起攻擊時他意外瞥見的那一幕。當時他望著窗外，突然發現幾個白影搭著梯子在機翼上上下下。這讓他想起《聖經．創世記》中雅各的梯子，以及天使在梯子上上下下的那段經文[108]。

對他與其他上百位乘客來說，那些突擊隊員確實是天使。

108 《聖經．創世記》二十八章十二節：夢見一個梯子立在地上，梯子的頭頂著天，有神的使者在梯子上，上去下來。

【人物小檔案】

班雅明．「畢比」．納坦雅胡（總參偵搜隊員，後來擔任總理）

直到今天，仍然深深刻印在我記憶中的，是突擊行動展開前的那片刻沉寂。當時我們都穿著白色機工工作服，站在機翼邊等候闖機艙的命令。凡是參加過這類搏命行動的突擊隊員，都嚐過這種等待展開行動的滋味，都知道在這一刻，每一個人都會陷入沉思。

我在黎明前趕到隊部，當時裡面一個人也沒有。我們知道機場出了事，於是趕到機場，迅速組成編隊。我哥哥永尼趕來對我說：「我要去那裡。」他說，他是整個隊裡最有經驗的戰士，我無法辯駁，因為他說的是實話。我告訴他，我必須在場領導我的部屬，但他堅持要指揮我的部下。我不肯。他說：「既然如此，我們兩人一起出任務吧。」我問他：「如果我們中有一人出了事，怎麼向爸媽交代？」後來我們找艾胡．巴拉克仲裁，他決定由我帶領我的部屬出任務。

當展開行動的訊號傳來時，我們站在機翼上撞擊客艙緊急出口，把門撞下、丟到跑道上。恐怖分子的槍彈在我們四周飛舞，擊中瑪麗．霍茲伯格—安德森。這也是我直到今天仍然無法忘懷的一刻。

我們在搜尋恐怖分子時，一位乘客指著一名蹲在兩張座椅間的女人叫道：「她是恐怖分子。」我過去抓她頭髮，才發現她戴著一頂假髮。我再抓，問她炸藥在哪裡。馬可．艾希金納吉這時朝我們衝來，說：「畢比，我來對付她。」我見到他手中的槍已經上膛。由於這名女匪沒有武裝，我對他叫道：「馬可，不要！」但已經遲了。他的槍枝走火，射傷了她，也連帶讓我掛彩。

比航行動最大的意義是，我們進一步確立了一項原則：只要有軍事選項我們就執行！就抵制劫機、與恐怖分子奮戰到底、絕不妥協的觀點而言，比航行動是一次開疆拓土的任務。從那以後，恐怖分子的手段也改變了，他們開始用自殺炸彈客、飛彈等發動攻擊，對抗恐怖分子的代價也變得更沉重、血腥。但是除非我們奮戰，否則恐怖分子不會善罷甘休；除非我們反擊，否則這種危險不會就此銷聲匿跡。

根據以色列國防軍的道德律，不能拋下任何以色列士兵，讓他在戰場上淪落敵人戰線後方，或是遭敵人俘虜。

第十三章
板條箱行動

一九七二年六月二十一日，總參偵搜隊展開「板條箱三號行動」（Operation Crate 3），目標是從黎巴嫩境內綁架敘利亞陸軍高級軍官，用他們交換過去兩年在敘利亞被俘的三位以色列飛行員。

在這項行動中擔任副指揮官、後來出任總參偵搜隊隊長的尤吉・戴陽將軍在退役後回憶道：「為了拯救這些飛行員，我們向參謀總部提了好幾項瘋狂的計畫，但都被打回票，板條箱行動就在這樣的情況下產生。有一天，我實在氣不過，衝進國防部長辦公室，對他說：『或許你老糊塗了，搞不清楚狀況，不過這些俘虜都是我們的友人。如果易地而處，他們也會盡一切努力拯救我們。』」

當時的國防部長是摩西・戴陽，尤吉・戴陽的叔叔。三位被俘的以色列飛行員分別是吉德安・馬根（Gideon Magen）、平卡・納契曼尼（Pinchas Nachmani）與包茲・艾坦（Boaz Eitan），他們在敘利亞監獄受盡酷刑折磨的消息也令參謀長艾拉沙惱火不已。一直想辦法加速換俘談判的艾拉沙，遂於這時下令總參偵搜隊提出綁架敘利亞軍官的行動計畫。總參偵搜隊提出的構想獲得當局認可，便交付總理梅爾夫人批准。

根據這項構想，綁架的對象必須層級很高，讓敘利亞高級情報官員為換取如此有價值的談判籌碼，不僅同意釋放三名以色列飛行員，還願意說服他們的埃及盟友釋放十名關在埃及獄中的以色列人。

偵搜隊幾名指揮官對黎巴嫩邊界附近的杜夫山（Mount Dov）山區進行幾次觀測之後，板條箱一號行動隨即展開。他們選定的綁架地點位於黎巴嫩境內一條泥土路上，這條路由北面山坡攀緣而上，而車輛駛到這個區段必得減速。總參突擊隊員利用暗夜滲入黎巴嫩，抵達目標區。山坡上林木茂盛，正好設伏。突擊隊員分為突襲與阻截兩個分隊，分別由艾胡．巴拉克與班雅明．納坦雅胡領軍。他們在那裡等了好幾個小時，但敘利亞高官一直沒有出現，任務於是取消。

代號板條箱二號的第二次綁架行動，預定六月十九日在加利利（Galilee）北方的羅希．漢尼拉（Rosh Hanikra）地區進行。這一次選定的設伏地點是黎巴嫩境內另一條路。與第一次行動一樣，這次行動仍由巴拉克指揮綁架，由納坦雅胡負責阻截。畢比．納坦雅胡的兩個兄弟永尼與艾杜也參加了這項任務。艾杜．納坦雅胡後來說：「這是唯一一次畢比、永尼與我一起參與的任務。我們這麼做，其實違反了國防軍軍規。」他說的沒錯。以色列國防軍確實不准許兄弟一起參與同一任務，為的是怕他們可能全部陣亡或受傷。

阻截分隊的任務是阻止增援部隊進入行動區，以及攔下任何想在巴拉克分隊攻擊下脫逃的人。在他們等待時，一名黎巴嫩牧羊人突然出現，見到被突擊隊員碾平的一處邊界鐵刺網。他與他的羊群險些撞上藏身在那裡的突擊隊員。畢比用無線電向巴拉克報告，巴拉克下令立即將牧羊人拿下。突擊隊員抓了牧羊人，迫使他在他們身邊躺下。這個牧羊人嚇得魂飛魄散，認為自己只有死路一條。艾杜．納坦雅胡後來說：「為了讓他閉嘴，我用阿拉伯語對他說『烏斯庫！』[109]還用手比個手勢，示意他如果再亂嚷嚷，就把他的喉管割了。」這個牧羊人果真不敢再出聲。

但新問題來了：跟在軍官車隊後方約一點二五英里（兩公里）處，又出現一輛載有機砲的黎巴嫩裝甲車以及另一輛車。這兩輛尾隨在後的車，正好就在畢比．納坦雅胡分隊藏身處旁邊，而車隊繼續朝山嶺駛去。納坦雅胡輕聲用無線電向巴拉克報訊。巴拉克要他按兵不動，一面向當時擔任北方軍區司令的摩塔．古爾與參謀長報告。參謀長命令巴拉克立即停止行動，撤回以色列。

巴拉克不願撤軍，想說服長官們任務仍有可能在無風險狀況下完成，但遭指揮中心全面拒絕。畢比．納坦雅胡心灰意冷，只得要部下準備返航。這是他退役以前最後一次任務，原本想大幹一場，卻不料事與願違。

尤吉．戴陽說：「最後，那車隊在我們眼前駛過，距離僅僅幾公尺遠，而我們只能眼睜睜看著他們過去。」事後他們得知，那個車隊裡的敘利亞與黎巴嫩高官中，有一位是黎巴嫩陸軍參謀長。

以色列突擊隊在回到漢尼塔（Hanita）屯墾區附近的集結區以後，仍然爭辯不休。巴拉克質問參謀長以及參謀長身邊那些高官：「為什麼要阻攔我們？我們離他們那麼近，原本可以完成這

---

109 烏斯庫（Uskut）：阿拉伯語「閉嘴」的意思。

項任務，一點問題也沒有。他們已經在掌握之中，我們卻放了他們。」

艾拉沙想安撫他：「我不想讓執行埋伏的部隊涉險，那輛黎巴嫩裝甲車會發現你們。」

巴拉克反駁：「你這是在逼我們說謊。早知道這項任務會遭取消，我根本不會向你報告那輛黎巴嫩裝甲車的事。你應該相信我的判斷。我當時也已經告訴你，我們可以圓滿完成任務。以後就算碰到什麼裝甲車，我也不會告訴你了！」

兩天以後，在六月二十一日，總部下令執行板條箱三號行動。畢比．納坦雅胡已經當了二十四小時的老百姓，永尼．納坦雅胡成為任務指揮官，尤吉．戴陽則擔任他的副手。

為避免又一次臨時撤軍、半途而廢，巴拉克決定這一次由他自己與古爾將軍以及之後繼任的伊薩克．霍飛留在前進指揮所，以確保任務完成。

這一次總參偵搜突擊隊的兵力也大得多。奉命出擊的除總參偵搜隊員以外，還有一支擔任掩護的傘兵，一支裝甲部隊以及幾名「薔薇」突擊隊[110]隊員。此外，總部還撥出幾輛戰車與反戰車砲，以便必要時提供火力支援。似乎這一次沒有人敢掉以輕心了。

艾杜．納坦雅胡事後回憶說：「在任務展開以前那段時間，我們在永尼指揮下接受了許多綁架訓練——怎麼抓人，怎麼把人從行駛的車輛中拉下車等。永尼覺得有必要好好做一次示範，於是選定一名隊員下手，那人真慘！在示範過程中，永尼突然跳到一名坐在車上的隊員身邊，一把抓著他的頭髮把他拉下車來。那名隊員被永尼從車上摔到地上，示範很成功，只是那名隊員直到幾天以後頭皮仍然疼痛不已。」

天剛拂曉，突擊隊跨過邊界柵欄，滲入黎巴嫩。永尼．納坦雅胡走在最前面，檢查通往大路的小徑有沒有埋設地雷。

上午十一點，敘利亞軍官的車隊進入視野，隨行擔任護送的還有兩輛裝甲車與兩輛荒原路華吉普車。車隊朝拉梅希（Rameish）村的方向前進，在距拉梅希以北不到一英里（一點六公里）的地方停了下來。十一點二十五分，總參偵搜隊員分乘兩輛車離開他們藏身的地方，抵達伏擊的預定位置。突擊隊員假裝車輛拋錨，在路邊修車；同時敘利亞車隊也開始繼續前行。

中午時分，車隊通過拉米亞（Ramia）村，永尼．納坦雅胡奉命進入伏擊區，尤吉．戴陽的小隊在「拋錨」車輛邊就位，其餘隊員也面向敘利亞車隊來路沿線散開。

隨即，始料未及的事發生了：幾名黎巴嫩村民見到了以色列人。他們攔下走在車隊最前面的一輛福斯車，警告那個司機說前面有以色列士兵守候。司機訝異不已，又往前開了幾呎，然後迅速掉頭往東逃竄。守候在伏擊陣地、等著車隊駛近的突擊隊員見到這輛福斯車掉轉方向、迅速駛離現場。一名突擊隊員跑到納坦雅胡面前報告這件事，就在這時，納坦雅胡也接獲指揮所來電，說車隊正在掉頭往回走。

戴陽說：「我們發現他們掉頭折返，於是立即朝他們駛去。半分鐘以後，永尼的吉普車也已抵達。一開始，他們還沒有搞清楚狀況，或許他們以為我們是另一個黎巴嫩單位。我用阿拉伯語對他們大叫：『停車！不許動！手舉起來！』」

這是關鍵的一刻：誰先開槍？戴陽向敘利亞與黎巴嫩人的腳前方開了幾槍示警。他們起先嚇

110　薔薇突擊隊（Egoz）：以色列國防軍一支主打游擊戰的特種部隊，隸屬高拉尼旅。

住了，不過沒隔多久也對以色列軍開火。槍戰很快結束，四名擔任護送的黎巴嫩軍死亡，其中包括一名軍官。還有一名敘利亞軍官與一名以色列突擊隊員受傷。

一名敘利亞與一名黎巴嫩軍官趁亂往北逃逸，消失在叢林之中。其餘幾名軍官被俘，包括一名准將軍階的情報官，兩名在敘利亞陸軍作戰部服役的裝甲部隊上校，兩名敘利亞空軍情報處的中校飛行員。逃脫的那名敘利亞軍官是敘利亞野戰情報處處長。

納坦雅胡、戴陽與穆基·貝澤的小隊大舉搜索，仍然沒有找到逃跑的敘利亞與黎巴嫩軍官。除了兩名軍官落跑以外，還有一輛綠色賓士車也跑了。布署在東方的阻截分隊接獲無線電示警後展開追逐。後來發現，這輛賓士棄置在拉米亞村旁的路邊，車身彈痕累累。原來這輛賓士與那輛

槍戰過後幾分鐘的戰鬥現場。（艾維拉·哈利維〔Aviram Halevi〕與《以色列防衛週刊》〔*Israel Defense*〕提供）

福斯車只是碰巧駛經戰區，與軍官車隊完全沒有關係。

這項任務在下午一點前不久完成。突擊隊員在黎巴嫩境內只停留了九十三分鐘就興高采烈地回到以色列。尤吉．戴陽事後回憶說：「在返回以色列的路上，我們聽到電臺新聞廣播，說以色列在黎巴嫩境內進行了一項行動。我回程時開著一輛雪佛蘭羚羊。我還記得當時很擔心，不知道該怎麼填補留在荒原路華與雪佛蘭車身上那許多彈孔。那輛雪佛蘭後來留在情報處，跑了許多年。」

第二天早上，約旦《輿論報》（*Al Ra'i*）發表評論說：「這是以色列情報特務局在阿以衝突史上最輝煌的勝利。以色列狠狠打了敘利亞陸軍一記情報重拳。」

綁架事件過後，敘利亞要求以色列無條件交還這些軍官，因為他們不是戰俘。一年以後，雙方同意換俘，三位被俘的以色列飛行員於一九七三年六月三日回到以色列。為了換回他們，以色列放了那些綁來的軍官，外加四十一名敘利亞與黎巴嫩俘虜。以色列還同意從輕發落德魯茲教派[111]領導人卡馬．坎吉（Kamal Kanji）。坎吉住在戈蘭高地北部的馬吉達．夏姆斯（Majdal Shams），因替敘利亞做間諜的罪名，在此前一個月被以色列判刑二十三年。

111 德魯茲教派（Druze）：中東伊斯蘭教什葉派伊斯瑪儀派的一個獨立分支，其教義受到基督教和諾斯底主義（Gnosticism）等的影響，被伊斯蘭正統教派視為異端。

【人物小檔案】

尤吉．戴陽（後來擔任副參謀長）

我與這些被俘的飛行員有私交，在綁架敘利亞軍官以後，我們要求敘利亞釋放他們。納契曼尼在約克尼（Yokneam）的屯墾區長大，他的母親與我母親相熟。他與我的表兄弟一起在空軍官校受訓。他曾經是一一四直升機中隊的長機領航員，參加過許多一一四中隊執行的任務。我因為他的關係而認識吉德安．馬根，馬根是幻象機中隊指揮官，也被敘利亞俘虜。

在飛行員獲釋那天，我們在拉馬．大衛空軍基地迎接他們。納契曼尼見到我們第一句話就是：「我知道你們會來救我們脫險的。」後來我們得知，是他太太羅霞蕾通風報信。她透過紅十字會代表，給他寫了一封信，信中告訴他：「我們在巴露村（Kfar Baruch）湖釣魚，帶回來五條特別肥的魚。」納契曼尼知道他太太從來不釣魚，於是問紅十字會代表，以色列最近進行了些什麼行動，這位代表給了他一份有關這項行動的剪報……

這次任務之所以偉大，是因為我們為了任務獻身，絕不放棄。我們三次越界，終於圓滿達成任務。這次任務也非常特殊，因為它不是一次蒐集情報或攻擊敵人的任務，它的目的只是拯救陷在敘利亞獄中的以色列飛行員。

以色列運動員在慕尼黑奧運中慘遭屠殺之後，總理梅爾夫人的反恐顧問亞隆．雅利夫與莫薩德首腦茲維．薩米爾[112]告訴總理，如果以色列能暗殺黑色九月領導人，他們的組織也將瓦解。莫薩德於是在歐洲實施了幾次行動，殺了幾名黑色九月突擊隊員，但幾名黑色九月的主要人物仍然逍遙自在地住在黎巴嫩首都貝魯特。

第十四章
青春之泉行動

一九七三年四月九日晚，一輪明月將如水銀光灑在黎巴嫩首都貝魯特街頭。午夜過後很久，一對戀人出現，沿著佛登街（Verdun Street）依偎前行。男的高大健壯，穿著時髦西服，女的一頭黑髮，一襲黑衣裙尤顯她身材嬌小、豪乳蜂腰。當兩名員警走近他們身邊時，兩人擁吻在一起，直到員警身影消失，兩人才又緩步前行，一直走到一棟豪華公寓前才停了下來。這個男人連同幾名從暗處竄出來的男子與一名金髮女郎很快進入公寓；那著黑衣的女子與另一名茶色頭髮的女子一起留在街上。

一輛紅色雷諾皇太子妃在對街停了下來。一名壯碩的警衛走下車，狐疑地望著這兩位女士。他抽出手槍開始過街。他這輩子最大的意外出現了。這兩位女士突然甩開上衣，各從兩乳間取出

---

112 茲維．薩米爾（Zvi Zamir，1925～）：少將。曾任以色列情報特務局莫薩德負責人（1968～1974）。他是天譴行動（Wrath of God）的主要領導人之一。此項行動暗殺了數名黑九月慕尼黑奧運慘案的主要參與人。

一挺烏茲衝鋒槍向他掃射。這名警衛立即躍倒在一處矮欄後方尋求掩護。一枚子彈擊中太子妃的方向盤，發出刺耳尖聲，劃破夜的寧靜，也揭開了「青春之泉行動」（Operation Spring of Youth）的序幕。

兩名警察在街上碰到的那對情侶不是戀人。那高壯的男子是穆基．貝澤，總參偵搜隊最驍勇的戰士。他的女伴不是別人，正是偵搜隊隊長艾胡．巴拉克。巴拉克戴著黑色假髮，臉上畫了濃妝，胸罩裡塞了手榴彈與舊襪子，還在上衣中藏了武器與一具對講機。「另一名女子」是阿米拉．雷文，後來成為偵搜隊隊長與國防軍將領。兩人選擇女裝是因為身材都很瘦小。那位與幾名男子一起進入公寓的「金髮女郎」名叫洛尼．拉飛利（Loni Rafaeli），也與其他人一樣，都是總參偵搜隊戰士。

「青春之泉行動」誕生於以色列全面展開對恐怖組織黑色九月的祕密戰期間。約旦國王胡笙於一九七〇年九月在約旦境內殺了好幾千名巴勒斯坦解放組織成員以後，巴解領導人阿拉法特成立了一個恐怖組織，並因此命名為「黑色九月」。

一開始，「黑色九月」只攻擊約旦的目標、領導人與特工人員；但沒過多久它就轉而對付以色列，劫持比利時航空波音七〇七航班（見第十二章），還在一九七二年慕尼黑奧運屠殺十一位以色列運動員。以色列總理梅爾夫人遵從莫薩德首腦茲維．薩米爾與反恐顧問亞隆．雅利夫的建議，派出莫薩德幹員前往歐洲，對付以假身分在歐洲祕密作業的黑色九月領導人。薩米爾與雅利夫認為，除去黑色九月的首腦可以讓整個組織土崩瓦解，為它的恐怖行動畫下句點。莫薩德在羅馬、巴黎、雅典與賽普勒斯進行了幾次又快又狠的行動，殺了幾名黑色九月頭目。但莫薩德與以色列國防軍認為這樣做還不夠，必須在黑色九月的老巢——貝魯特——攻擊它的領導人才行。這時的黎巴嫩首都貝魯特，已經成為無數恐怖分子團體與組織的基地，他們可以逍遙法外地從這裡發動恐怖行動。以色列打定主意要讓恐怖分子領導人知道，太陽底下沒有一處可以躲過以色列制裁之手。

「青春之泉行動」的目標是殺掉黑色九月與巴解的三個重要領導人：巴解首席發言人卡馬爾．納瑟（Kamal Nasser），巴解作戰部司令、以色列占領區活動負責人卡馬爾．阿德旺（Kamal Adwan），以及黑色九月大頭目穆哈麥．奧—納加（Muhammad al-Najar），即阿布．約蘇夫（Abu Yussuf）。這三個人都住在貝魯特佛登街一棟大樓公寓，納瑟住三樓，阿德旺住二樓，阿

青春之泉行動指揮官。右起：阿農．里金—沙哈克（Amnon Lipkin-Shahak）、蕭爾．吉夫（Shaul Ziv）、艾曼紐．夏克（Emanuel Shaked）與艾胡．巴拉克。（以色列政府新聞局提供）

布．約蘇夫則住北棟六樓。原先的計畫構想是發動一次大規模國防軍行動，派遣一支大規模精銳部隊進入貝魯特，封閉公寓周遭街道，然後大舉攻進公寓。但巴拉克取消了這項計畫。他對上司說，行動想成功，最重要的關鍵就在於出其不意，而採取這樣的計畫會失去奇襲之效。總參偵搜隊只需派遣十四名突擊隊員，滲入貝魯特，潛進公寓裡，像青天霹靂一樣闖進恐怖分子住處就能完成任務。

摩西．戴陽接受這項計畫，但決定加以擴大。他說，我們不能成天往貝魯特跑，這一次任務非常特別，既然要去貝魯特，不如同時打擊幾個敵方目標。參謀長達杜．艾拉沙與傘兵指揮官曼諾．夏克（Mano Shaked）決定，在總參偵搜隊對付三名巴解頭子的同時，第五十空降營的一支傘兵則去攻擊納耶夫．哈瓦梅（Nayef Hawatmeh）領導的巴勒斯坦人民民主解放陣線[113]的總部。第五十空降營傘兵特遣隊由阿農．里金—沙哈克[114]中校領軍。里金—沙哈克長得又高又瘦，頭腦很冷靜，曾在一九六八年參與代號「烈火行動」（Operation Inferno）的攻擊巴解基地作戰，因「戰火下表現的領導力與勇氣」而獲贈勳。

根據行動計畫，里金的傘兵要殺掉喀土木街（Khartoum Street）巴勒斯坦民解陣線總部入口處的警衛，然後用兩百公斤的炸藥炸毀整棟建築物，消滅裡面所有的人。同時，其他傘兵部隊將在貝魯特郊外登陸，進行規模較小的牽制作戰。

總參偵搜隊與第五十空降營傘兵特遣隊將乘海軍飛彈快艇接近黎巴嫩海岸，然後用左迪雅克[115]橡皮艇在貝魯特灘頭登陸。而一小隊莫薩德特工將從幾個歐洲城市飛往貝魯特，然後等在灘頭接應。這些特工會在行動展開前幾天先持假護照抵達貝魯特，並在當地租車、觀光，熟悉大街小巷。任務執行當天晚上，他們負責開車把突擊隊員載到目標區，並在行動結束後把他們送回海灘。巴拉克要求調撥三輛美國汽車，以便將他的十四名部下都塞進車內。

以色列國防軍的電腦為這項行動訂定代號為：青春之泉。

緊張的任務訓練立即展開。曼諾・夏克與參謀長艾拉沙花許多時間與突擊隊員處在一起。夏克親力親為，務使他的傘兵都能熟悉貝魯特街道。他會先拿一張空拍照片與地圖給一名傘兵看，然後要這名傘兵轉身、背對地圖，並問他：「你右手邊是什麼？左手邊是什麼？」他相信，經過這樣的訓練，部下在貝魯特執行任務時，就算「閉上眼睛」也能有方向感。

傘兵與偵搜隊員的訓練課程包括海上登陸、用徒步或乘坐民用車輛的方式前往目標、撤回海灘，以及乘橡皮艇離開海灘。以色列當局模仿偵搜隊員要攻擊的建築物，在一座偏僻的陸軍基地用木材與布造了一個模型。突擊隊員使用實彈攻擊模型，還在撒馬利亞（Samaria）一座廢棄的警所進行演練。第五十空降營的傘兵甚至把特拉維夫蘭姆德（Lamed）區當成貝魯特的「模型」

113　巴勒斯坦人民民主解放陣線（Popular Democratic Front for the Liberation of Palestine, PDFLP）：一個左傾的毛派恐怖組織。

114　阿農・里金—沙哈克（Amnon Lipkin-Shahak，1944～2012）：中將。曾任傘兵旅旅長、軍事情報局局長（1986～1991）、副參謀長（1991）、國防軍參謀長（1995～1998）、國會議員與內閣部長。

115　左迪雅克（Zodiac）：國際知名的領導品牌。創立於一八九六年。一九三〇年代因替軍方設計了軍用充氣橡皮艇而獲得國際聲譽，一九六〇年代起轉向經營一般休閒用充氣橡皮艇。

進行演練。由於當地有些建築物還在施工階段，用來進行訓練也不至於讓附近居民起疑。

至少他們的指揮官是這麼想的。

一九七三年三月的一個夜裡，蘭姆德區一位居民坐在窗前，見到一些形跡可疑的人在幾棟房屋間鬼鬼祟祟、進進出出，還不時呼喝叫喚。他報了警，警方立即趕到，曼諾．夏克費了好一番脣舌才讓警方人員離去。迪森高夫街（Disengoff Street）一家男裝店的老闆也起了疑心。因為突然間，一個又一個年輕人來到他的店裡，每個人都要買一套西裝，而且尺碼都比實際需求大一號。這間店的老闆不知道，這些年輕人都是即將穿便服前往貝魯特出任務的傘兵，他們之所以需要大一號的衣服，是為了要在裡面藏匿武器。他提出疑問，不過傘兵不知用了什麼手段，讓他忘了他聽到什麼、賣了什麼，以及什麼人買了他的東西。

然而提出問題的，不只是平民百姓而已。一天晚上，傘兵在特拉維夫北部海岸做完了許多個小時的登陸演練，正疲憊不堪地蹲坐在沙灘上，等候橡皮艇。其中一個名叫阿維達．蕭爾（Avida Shor）的尉官走到參謀長面前。「我能跟你說幾句話嗎，長官？」換在世上任何國家的軍中，低階軍官膽敢找參謀長說話簡直是匪夷所思，但以色列不一樣。

「說！」艾拉沙對這名年輕人說。

來自蕭法爾（Shoval）屯墾區的阿維達非常驍勇善戰，在突襲黎波里一役，他的勇猛讓人留下深刻印象。在這場戰役中，他的單位跨越邊界一百三十三英里（兩百一十四公里），在一處荒無人煙的海灘登陸，攻擊並炸毀四處恐怖分子基地，然後幾乎毫無損傷地全員返航。阿維達也以強烈的道德感著名。這時他從衣袋裡拿出一個小筆記本，對艾拉沙說：「我們計畫用兩百公斤炸藥炸毀巴勒斯坦民解總部。但我做了一番計算，發現只要用一百二十公斤炸藥就可以把那棟建築物炸垮。」

「這又有什麼差異？」艾拉沙將軍問道。

「差異就在於，」阿維達毫不含糊地說：「巴勒斯坦民解總部旁邊另有一棟建築物。是一棟七層樓房，住了好幾十戶平民百姓。我認為，我們應該用較少的炸藥，以免造成平民傷亡。恐怖分子還是會知道，我們可以打到他們的老巢執行任務，但我們不願傷及婦女與孩子。」

雙方沉寂了片刻。最後艾拉沙點了頭。「說得有理。就照你的意思，只用一百二十公斤。」

從四月一日到四月六日，幾名觀光客來到貝魯特：吉爾伯・里堡（Gilbert Rimbaud）、戴特・奧努德（Dieter Altnuder）、安德魯・魏奇勞（Andrew Whichelaw）、查爾斯・包沙德（Charles Boussard）、喬治・艾爾德（George Elder）與安德魯・梅西（Andrew Macy）。他們大多持有英國或比利時護照，但事後經外國人士指證，他們都是莫薩德特工。他們分別住進幾家酒店，還從安維斯（Avis）與蘭納（Lena Car）租車公司租車。他們選的車至少有三輛是巴拉克要的美國車：一輛別克雲雀、一輛普利茅斯與一輛勇士。

四月五日，九艘飛彈快艇與「達布」巡邏艇[116]載著總參偵搜隊、第五十營傘兵特遣隊、與十

116　達布（Dabur）：美國造船廠為以色列海軍製造的巡邏艇。於一九七三年贖罪日戰爭期間首次參與戰鬥。

三縱隊[117]從海法港出海。在啟程以前，他們都看了最新的貝魯特、登陸區海灘與目標建築物的空拍照片。總參偵搜隊員接獲三名他們要殺的恐怖分子頭目的照片。幾名隊員還領到裝有消音器的貝利塔手槍。他們的目標以女子名為代號：艾維娃（Aviva）、吉菈（Gila）、法達（Varda）、茲伊菈（Tzila）與朱蒂絲（Judith）。

入夜以後，飛彈快艇接近貝魯特。只見夜總會與餐廳人潮擁擠，好一個燈紅酒綠的不夜之都。同時，在以色列的快艇上，海軍士兵用大型透明塑膠套罩在突擊隊員身上，以防他們穿在身上的便服，以及若干隊員臉上的化妝弄溼。突擊隊員登上十二艘橡皮艇，在午夜前不久來到登陸區：拉姆雷·奧拜達（Ramlet AlBaida）與杜夫（Dove）灘。原本留在這裡的幾對情侶已經盡數離去，這時的海灘上空曠無人。就像鬼魅一樣，十二艘小艇從一片漆黑的海面上現身。

巴拉克的總參偵搜隊與里金—沙哈克的傘兵悄無聲息地分頭展開行動。其他幾個傘兵分隊也準備出動，前往幾個次要目標。一支海軍十三縱隊的隊員要在奧—尤茲艾（Al-Uzai）區登陸，攻擊一座水雷工廠與一處恐怖分子基地。另一支傘兵分隊負責攻擊、爆破貝魯特港的一座倉庫，還有一支傘兵突擊分隊要攻擊錫登（Sidon）以北的一座武器工廠。以曼諾·夏克為首的任務海上指揮中心與一支傘兵救援分隊，則分乘兩艘飛彈快艇接近貝魯特海灘。一切準備就緒。

莫薩德特工已經開著租來的車子守候在海灘上。突擊隊員跳下左迪雅克橡皮艇，跑向車子。永尼·納坦雅胡也在巴拉克的分隊。巴拉克由於在比航劫機事件中，挑了畢比而沒有挑永尼出任務，覺得應該對永尼有所補償，於是這次讓永尼參加行動。偵搜隊戰士擠在幾輛美國車裡，開上佛登街，在靠近目標建築物的瓦里街（Ibn el Walid Street）停車。突擊隊員下了車，分成幾個小組走向那棟大樓。另外三輛車載著里金—沙哈克的傘兵前往迦納街（Ghana Street），然後一聲不響地掩向位於附近喀土木街的巴勒斯坦民解總部。凌晨一點二十九分，兩隊人馬都已就位。

當那對怪「情侶」——艾胡・巴拉克與穆基・貝澤——抵達佛登街的目標建築物時，他們發現建築物大門沒有上鎖，也沒有警衛站崗；進入建築物一點問題也沒有。他們接獲的情報曾特別提到，會有幾名警衛坐在停靠對街的一輛灰色賓士車中，但他們沒有見到賓士車。偵搜隊於是分成幾組進入大樓，爬樓梯走向恐怖分子住的公寓。然而留守在大門外的巴拉克與雷文突然發現，安全警衛原來是坐在紅色雷諾皇太子妃裡，並且與那名走下車的男子爆發槍戰。子彈擊中皇太子妃車的喇叭，發出刺耳尖聲，驚動了沉睡中的社區，「青春之泉行動」出奇制勝的先機就此化為煙塵。

穆基・貝澤、永尼・納坦雅胡與另兩名突擊隊員來到阿布・約蘇夫住的公寓前，用一管炸藥炸開大門。炸藥從啟動到爆炸雖僅有兩秒鐘，但對貝澤而言這兩秒鐘恍若永恆。大門被炸得飛離門框，突擊隊員衝進公寓。他們撞到阿布・約蘇夫十六歲的兒子。「你爸爸在哪裡？」一名隊員用阿拉伯語問他。這名少年恐懼地望著頭上罩了尼龍襪的這群陌生人，然後跑進他的房間，順著窗邊排水管溜到五樓友人住的公寓。阿布・約蘇夫的其他四個子女都在公寓裡，不過沒有人碰他們。突然一間臥室門打開，黑色九月大頭目阿布・約蘇夫穿著睡衣站在突擊隊員前面。他立刻跳回臥室，把門使勁關上。他的妻子瑪雅想幫先生從衣櫥裡取手槍。突擊隊員對著門一陣掃射，接

117　十三縱隊（Flotilla 13）：即海軍十三偵搜隊，以色列國防軍的海陸空三棲特戰隊。

著穆基將門一腳踢開。又一陣亂槍，擊中約蘇夫與站在他旁邊的瑪雅。永尼與另一名隊員補了幾槍，殺了約蘇夫。慕尼黑大屠殺事件的元兇就這樣倒在地板上死去。

穆基離開公寓，跑下樓梯，部屬跟在他後面。

在大樓另一邊，另兩支偵搜突擊隊向阿德旺與納瑟住的公寓逼近。由阿米泰・納曼尼（Amitai Nahmani）領導的幾名隊員來到阿德旺住的公寓前，一名隊員踢開了門。阿德旺就站在他們面前，手中還握著一支卡拉什尼柯夫衝鋒槍。他猶疑了半秒鐘，然後猱身躍入一處布簾後，同時向以色列人開火，打傷了一名突擊隊員。攀著屋外水管爬上公寓的一名突擊隊員這時跳進房間，納曼尼趁機射殺了阿德旺。突擊隊員接著搜索公寓，但沒有傷害阿德旺的妻子與兩個孩子。他們把搜到的檔案與文件裝進兩個公事包，隨即衝向屋外。

就在同一時間，由茲維・里夫尼（Zvi Livne）領導的第三支突擊分隊也炸開了卡馬爾・納瑟的大門。隊員闖進臥室，有兩名婦女睡在床上。但納瑟不在臥室。隊員朝床下開槍，搜了衣櫃，最後在廚房找到這名巴解發言人，將他就地射殺。當突擊隊員從房裡出來時，樓梯轉角對面的公寓門突然打開，一名隊員不假思索立即開火，一位因槍聲驚醒而出來查看的義大利老婦冤死槍下。

這時一場槍戰在街頭爆發。附近街角有一處黎巴嫩保警駐所；在突擊隊員與公寓警衛交火幾分鐘以後，一輛警所開出來的荒原路華吉普車駛到槍戰現場。巴拉克與雷文向駛近的荒原路華開火，擊中駕駛員。吉普車撞上停在街邊的幾輛車。吉普車上的人都被巴拉克與雷文擊中。這時從公寓大樓出來的幾名突擊隊員也加入戰鬥。另一輛黎巴嫩警方的荒原路華隨即飛馳而來，也被突擊隊員猛烈的火力擋住。巴拉克下令部下上車，緊接著第三輛荒原路華也出現了。這輛吉普車同樣被突擊隊員打得遍體鱗傷，還捱了一枚貝澤丟的手榴彈。黎巴嫩保警紛紛跳出燃燒的車輛，逃入附近一棟房子。

突擊隊員跑向他們的車子，永尼殿後也上了第三輛車。整個行動持續半個小時。幾輛美國車加速駛往海灘，但在接近海濱步道時，兩輛警用吉普車出現在他們眼前，吉普車駛得很慢，顯然是在巡邏。幾輛美國車就整整齊齊地尾隨這兩輛荒原路華緩緩移動，直到吉普車轉過街角為止。突擊隊員安然抵達海灘。

與此同時，在貝魯特的另一端，里金—沙哈克的傘兵悄無聲息地逼近巴勒斯坦民解總部。這支傘兵分隊也有十四名成員，包括由兩名傘兵一組組成的四個小組、里金—沙哈克、隨隊醫官、一名海軍十三縱隊隊員與三名駕駛員。根據計畫，兩名傘兵要接近大樓警衛，用裝了消音器的貝利塔手槍殺掉警衛。奉命擔任這項任務的兩名傘兵是阿維達．蕭爾——就是那位說服艾拉沙少用一些炸藥的青年軍官——與他的朋友、來自馬根（Magen）屯墾區的哈蓋．馬陽（Hagai Maayan）。

兩人沿喀土木街緩步而上，在恐怖分子總部大樓前停下來，故作悠閒地點了香菸。警衛就站在他們旁邊。蕭爾用英語對其中一名警衛說：「對不起，請問——」當幾名警衛朝他們走來時，蕭爾與馬陽抽出手槍開火。一名恐怖分子倒地時還叫了一聲：「阿拉！」

沒有人發現還有一輛飛雅特吉普車停在對街，車上坐著兩名警衛，還架著一挺俄製杜西卡（Dushka）機槍。他們這時突然開火，機槍彈如雨點般打在兩名傘兵身上。蕭爾當場戰死，馬陽不久也傷重不治。跟在兩名傘兵後方的另一名傘兵義加．普雷斯勒（Yigal Pressler）也負了傷。

里金用無線電呼叫蕭爾與馬陽，但無人答覆。對里金—沙哈克來說：「這一刻真是凶險萬分。蕭爾沒有回音，馬陽負傷倒在街上，義加也在流血，而我們炸建築物的工作還沒展開呢！」

恐怖分子開始從門廊、窗口、甚至街頭，用步槍、卡拉什尼柯夫衝鋒槍與機槍開火，火力猛惡非常。在里金—沙哈克看來，就算「真正的地獄」也不過如此。他用無線電報告曼諾．夏克說，情況「有一點麻煩」。

「你需要幫忙嗎？」夏克問。

「目前還不需要。」里金—沙哈克說。夏克立即發動牽制作戰，意在牽制可能出動干預的黎巴嫩陸軍。滿載戰鬥人員的橡皮艇如箭一般射向海灘。這項牽制作戰只打了三分鐘，不過這三分鐘非常寶貴。

在喀土木街，傘兵與恐怖分子陷入全面火拚狀態。一名突擊隊員想將負傷的義加拖到安全地點，但一名恐怖分子以為義加是他們的人，也想把義加拖進附近一處天井。在與海軍十三縱隊蛙人阿維希艾（Avishai）一番苦戰之後，這名恐怖分子終於放棄了義加。爆炸聲與陣陣槍聲響徹街頭，還夾雜著恐怖分子的喊聲：「亞胡！亞胡！」（猶太人）讓以色列人稱奇的是，在雙方火拚、槍砲聲大作的街頭，當地平民百姓卻彷彿沒事一樣在附近建築物進進出出，還有人站在門廊上，津津有味地望著這場戰鬥。

四名傘兵冒著激烈砲火闖入總部大廳。他們用自動武器不斷掃射，不斷拋著手榴彈，打倒一個又一個從樓梯上跑下來的恐怖分子。他們終於控制了大廳。一個名叫亞隆．薩巴（Aharon Sabbag）的傘兵突然發現電梯指示燈不斷閃爍，顯示一部電梯正降往一樓。他彷彿被催眠一般，目不轉睛地盯著電梯。四……三……二……一……電梯一停，他一口氣把整個彈匣的子彈全部打進電梯。裡面沒有一個人活著出來。

就在這一刻，載了炸藥的車子闖進大廳，工兵迅速把炸藥安裝在大樓的四根主梁柱上。他們把延遲引信設定為一百八十秒，然後撤退。其他幾名突擊隊員則發射槍榴彈、火箭砲、八十一公釐迫擊砲與催淚榴彈，一邊掩護工兵撤軍，一邊為自己殺出戰場。傘兵把阿維達·蕭爾的屍體，以及還沒有斷氣的哈蓋·馬陽抬進一輛車。里金下令要駕駛兵等候其他人，但駕駛兵沒有理會，立即驅車趕往海灘。突擊隊員在街上丟下許多鐵釘，以延滯追逐他們的車輛，然後擠上剩下來的兩輛車往海灘狂奔。整個行動花了二十四分鐘。

以色列直升機出現在拉姆雷·奧—拜達（Ramlet Al-Baida）灘，後撤傷員，其他突擊隊員則登上橡皮艇，往飛彈快艇返航。六名莫薩德特工把租來的車整齊地留在海灘上，車鑰匙也插在點火鑰匙孔裡，然後跳進橡皮艇。幾天以後，他們用美國運通卡付了這些車的租金。同時，傘兵與海軍十三縱隊突擊隊員也完成了牽制作戰，所有部隊都從其他海灘折返母船。

阿農·里金—沙哈克回頭望向幾分鐘以前的戰鬥現場。他見到一團巨型蕈狀雲從巴勒斯坦民解總部大樓升起，覺得自己彷彿是《聖經》中羅得的妻子，驚得全身僵直，無法動彈。[118]

118《聖經·創世記》十九章十二到二十六節敘述了這段故事，大意是：上帝要毀滅所多瑪城，命天使帶信給住在城裡的義人羅得（Lot），要羅得帶著妻女離開所多瑪，以免玉石俱焚。天使對羅得說：「逃命吧，不可回頭看。」但羅得的妻子在逃命過程中回頭看了一眼，立即變成一根鹽柱。

戴陽與艾拉沙守在海法港迎接突擊隊員。這次任務大獲全勝。巴勒斯坦民解總部被毀，幾十名高階恐怖分子葬身瓦礫堆中。法塔赫[119]與黑色九月的三名大頭目也已擊斃。全球報界紛紛以頭版報導以色列國防軍這項驚人的大勝。黑色九月在幾名最高領導人死後一蹶不振，逐漸化為烏有。

曼諾・夏克對里金—沙哈克在戰陣上臨危不亂的沉穩讚不絕口，頒給里金第二面勳章。巴拉克與另三名突擊隊員也獲得表彰。

青春之泉行動結束後不到六個月，贖罪日戰爭在蘇伊士運河岸邊與戈蘭高地的山巔上爆發。

【人物小檔案】

艾胡・巴拉克（總參偵搜隊隊長，後來擔任國防部長與總理）

大約四個月前，作戰部部長庫提・亞當將軍對我們說，幾名法塔赫頭目住在貝魯特這幾棟建築內，問我們能不能有所行動。我們說能。接著把這些問題交給莫薩德，也得到回音，不過這議題冷卻了下來。我們忙著進行其他計畫，包括突擊敘利亞境內一處軍官俱樂部，從大馬士革旁邊的一座監獄救出飛行員等。

一個週末，我帶著太太在艾拉（Eilat）度假，中途奉召來到參謀長辦公室。達杜出示了幾張照片，對我說：「看看，就是這幾棟房子。」步兵與傘兵首席作戰官曼諾・夏克建議，我們從第三十五旅抽調一支特遣隊發動攻擊。但在我看來，這麼做彷彿是要攻擊一處要塞——派出四十個人，設路障，襲擊一棟棟房子。我說：「用這樣一支大規模的部隊無法成功。我們需要靠奇襲取勝。要完成這項任務，我們得出動十四或十五個人，穿著便服，開著美國車，殺了他們。」我的計畫被批准了。

我對部下說：「我們要把他們殺死在床上。」但兩名指揮官對我說：「這話怎麼講，你要把他們殺死在床上？我們要把人殺死在床上？他們犯了什麼窮凶極惡之罪需要這麼受死？難道這麼做不違反我們『武器純潔』的原則嗎？」

我說：「他們都是很危險的壞人，為阿拉法特工作。」他們說：「你這話很有道理，但你沒有獲得授權。我們要知道參謀長也認為這麼做合法。」我答應了，但之後就把這事擱在一邊。可是這兩人一再提醒我已經答應了這件事，我被纏得沒辦法，最後只得找來參謀長，由他親自向他們解釋。

他們把這項任務執行得非常好。兩人後來都在贖罪日戰爭中陣亡。

阿農・里金—沙哈克（傘兵營營長，後來擔任參謀長）

在戰鬥過程中，我們先把負傷的義加・普雷斯勒，與阿維達・蕭爾的屍體裝進一輛車。

119 法塔赫（Fatah）：一九五九年由阿拉法特成立，是巴勒斯坦解放組織中最大的派系。

但這輛車突然間不見了，駕車的莫薩德老兵也不知去向。好在我們都能擠進剩下的兩輛車，往海灘飛馳而去。我們在海灘上找到那位老兵與第三輛車。我問他出了什麼事。那老兵告訴我，獨立戰爭的時候，他曾經在加利利的柯奇（Koach）要塞作戰。當時他的指揮官對他說：「不要離開這裡。」他遵命留在那裡死戰，甚至友人都撤光了他也沒走。直到最後阿拉伯人贏了，他藏在死屍堆裡，隔了好一陣子才潛身而出，逃得一命。

在與恐怖分子戰鬥的過程中，他想起這段獨立戰爭往事，想起他因為遵命留到最後而險些送命。他對我說：「我當時以為你們都不可能活著出來。於是我決定把車開到我們登陸的那個海灘，希望有人可以救我。」

他只是臨陣脫逃。

第五部

贖罪日戰爭

一九六七年六日戰爭結束後，埃及與敘利亞一直計畫復仇。一九七三年十月六日，贖罪日那天，他們同時攻擊以色列。當時以色列的領導人與六日戰爭期間一樣，不過參謀長換成了達杜．艾拉沙。阿拉伯方面的領導人都換了：埃及總統納瑟已經去世，由安瓦．沙達特（Anwar Sadat）繼任。敘利亞的薩拉．艾─賈迪（Salah el Jadid）遭國防部長哈費茲．奧─阿薩德（Hafez al-Assad）發動政變推翻，淪為階下囚。約旦國王胡笙沒有參與沙達特和阿薩德的聯盟，事實上正好相反，他還曾祕密警告以色列領導人，說埃、敘即將聯手發動攻擊。不幸的是，以色列當局沒有重視這項警告。

第十五章
跨越蘇伊士運河

一九七三年十月十五日，下午四點三十分。二四七後備旅的傘兵爬進他們的半履帶裝甲車。最後一分鐘的簡報剛結束，幾名上士士官帶著作戰地圖，跑向指揮官的半履帶。一名士兵將一個已經開了罐的古拉世（goulash）牛肉罐頭塞進一名同袍（也是本書作者）手中說道：「吃一點吧。下一餐得等到了非洲以後才有得吃了。」

前進非洲。

九天以來，數以千計以色列國防軍官兵期待著這項任務：這一刻到來以後，他們傷亡慘重的軍隊，將突破埃及在西奈建立的防線，跨越蘇伊士運河，出現在敵後。他們知道這項任務可以扭轉戰局。他們也相信自己是在進行一場瘋狂豪賭——他們要滲透埃及防線中的一處漏洞，在兩個巨型埃及部隊集結區中間挺進，抵達運河。但也正因為任務過於大膽，風險奇高，成功機率也很大。埃及人就算做夢也不會想到以色列國防軍竟會甘冒如此奇險，等到發現以色列軍從背後掩至、打跨他們掘壕固守在運河東岸的部隊時，早已回天乏術。

贖罪日戰爭於一九七三年十月六日、猶太人贖罪日那天爆發。當天下午兩點，敘利亞與埃及分別由兩個戰線，從戈蘭高地與蘇伊士運河沿線，同時出兵攻擊以色列。靠著小股守軍視死如歸的勇氣與決心，以色列在戈蘭高地擋住了敘利亞人。但在南方，埃及軍跨越蘇伊士運河、進入以色列占領的西奈，攻下以色列國防軍設在運河沿線的大多數堡壘，還在西奈建立了一條縱深達五英里（八公里）的防禦工事，造成以色列損失慘重。國防部長戴陽似乎有些舉棋不定，他擔心象徵以色列國的「第三聖殿」可能傾倒；參謀長艾拉沙儘管揚言「我們會打斷他們的骨頭」，但這話就像氣泡一樣，一點也不真實。

阿拉漢．「布蘭」．亞登[120]將軍麾下第一六二師於十月八日發動反攻，結果以敗陣收場。他對埃及軍發動正面攻擊，企圖強渡蘇伊士運河，但遭埃及擊退。他不得已，只好將這項任務交由艾利克．夏隆將軍。夏隆當時擔任一四三師師長，麾下有著名的二四七後備傘兵旅（原五十五旅），就是六日戰爭期間征服耶路撒冷的那支勁旅。

時年四十五歲的夏隆就這樣再次成為國防軍重量級人物。儘管夏隆在人格上有些瑕疵，但班古里昂愛才，曾親口要求參謀長伊薩克．拉賓「照顧」夏隆。也由於拉賓賞識他的軍事才賦，夏隆在坐了幾年冷板凳以後，終於獲得拉賓提拔，晉升為將領。在六日戰爭期間，夏隆表現不凡；他對西奈阿布．阿蓋拉（Abu Ageila）要塞發動的聯合攻擊行動，後來成為世界各地軍校的教材。在出任南方軍區司令之後，夏隆於一九七三年脫下戎裝從政，加入統一黨[121]，但在贖罪日戰爭爆發以後，他重返軍中，擔任一四三師師長。也就是在這段期間，夏隆遭遇兩個人生悲劇：他的妻子瑪佳麗在車禍中喪生，他們十一歲的兒子古爾在玩一枝舊步槍時發生走火意外而夭折。不過，瑪佳麗的妹妹莉莉這時為夏隆送暖，後來她嫁給夏隆，為夏隆生了兩個兒子，而且終其一生，都是夏隆的最大支柱。

夏隆在國防軍的上司並不真的想讓他跨過蘇伊士運河。他們不喜歡夏隆，因為夏隆是個特立獨行、桀驁不馴的人，既狂妄自大又愛出鋒頭。此外，他才在不久以前成為一個右翼政團領導人，而他大多數的上司，包括參謀長艾拉沙，都曾是左傾「打擊軍」的戰士。但在亞登於十月八日敗陣之後，戴陽親自干預，要求重用這位建立一〇一部隊的軍人。國防軍高官別無選擇，只好讓夏隆出馬。

夏隆認定，跨越蘇伊士運河的任務非他莫屬。他訂了一套看似瘋狂到極點的計畫。一四三師偵察營在進行一次深入敵營的巡邏任務時，發現一個耐人尋味的事實。跨越蘇伊士運河、在運河沿線占領一個五英里（八公里）縱深陣地的埃及軍分成兩個軍團：二軍團與三軍團。這兩個軍團控有的土地並不銜接，中間隔著一條狹窄的無人地帶。夏隆因此有了主意，打算派遣一個旅，沿著兩個埃及軍團之間的這條「縫」前進。這個旅在抵達、跨越蘇伊士運河之後，要在埃及軍後方建立橋頭堡[122]，並且在運河上架橋，把戰火延燒到埃及腹地。這個構想實在荒唐透頂，只要是正

120 阿拉漢·「布蘭」·亞登（Avraham "Bren" Adan，1926～2012）：少將。曾任南方軍區司令、以色列駐華府武官。

121 統一黨（Likud）：又譯利庫德。以色列右翼政黨聯盟。由自由黨（Herut）和自由中心黨（Free Centre）、民族名單黨（National List）以及大以色列運動黨（Movement for Greater Israel）合併組成（參見註釋26）。

122 橋頭堡：先鋒部隊設立的陣地，用以掩護接下來的主力軍進攻，之後也可作為作戰的基地。

常人，都不相信這樣的計畫行得通。

本書作者之一的麥克・巴佐哈，隨夏隆與一位裝甲旅旅長阿能・里謝夫[123]上校一起攀上一座不毛山丘。夏隆下令，要里謝夫的砲手用磷光彈沿兩個埃及軍團之間那條「縫」開砲，彈著間距五百公尺。砲擊展開時，夏隆透過他的雙筒望遠鏡，望著一股股白色蕈狀煙沿「縫」升起，直到運河邊也升起白煙為止。兩個軍團之間這處無人地帶果然毫無動靜，證明這條「縫」確實沒有埃及駐軍。但埃及裝甲部隊主力仍然部署在運河靠非洲一岸，在這種情況下，搶渡運河根本不可能；埃及軍可以輕鬆摧毀橋頭堡，殲滅任何跨越蘇伊士運河的以色列部隊。夏隆必須等，等到埃及精銳裝甲部隊渡過運河、與以色列裝甲部隊交戰以後，才能展開行動。而以色列裝甲部隊已經準備就緒。

夏隆沒等多久。十月十四日，數以百計的埃及戰車，包括埃及精銳部隊第四裝甲師的主力跨越蘇伊士運河。一場戰車大會戰隨即登場，經過幾個小時惡戰，兩百五十輛冒著煙的埃及戰車殘骸散置在西奈滾滾黃沙中。以色列國防軍只損失二十五輛戰車。夏隆發起行動的時機已至，行動代號為「勇者心」（Bravehearts）。

說夏隆率領的這些後備役傘兵是勇者絕不為過，他們曾經參與以色列大多數的戰役，尤其是征服耶路撒冷，堪稱是他們的代表作。摩塔・古爾這時在以色列駐華府大使館擔任國防軍武官，領導二四七旅的是另一位大名鼎鼎的指揮官——丹尼・麥特。

丹尼生在德國科隆（Cologne），長在沿海平原一處宗教色彩濃厚的小村。他在十六歲那年就加入英國海岸防衛隊，之後加入英軍，在二次世界大戰最後階段參戰。回到以色列以後他加入打擊軍，駐紮在艾英・蘇利（Ein Zurim）屯墾區。當地位於耶路撒冷以南，有許多農村，人稱艾吉昂民團。一九四八年五月十二日，在以色列建國兩天前，一大群阿拉伯民兵攻擊艾吉昂，殺了好幾十名居民。當時丹尼駐守艾英・蘇利附近一處陣地，面對成千搖旗吶喊、揮舞著刀、斧與槍械的阿拉伯人，丹尼在腰帶上插了十三枚手榴彈，舉著一挺機槍，一邊開火，一邊奮不顧身地衝向進犯的敵人。第一波敵人被他打垮，但幾百名阿拉伯民兵立即又大呼酣戰，朝他孤立無援的陣地衝來。丹尼知道，敵人若是攻至，非把自己撕成碎片不可，於是他不斷開火，掃倒一排又一排敵人。不久他開始用右手抽出手榴彈，用牙齒除去保險針，一面還用左手持著機槍不斷掃射。他的面前很快堆滿數十上百具敵人屍體。彈藥打完以後，他丟開機槍，除掉最後一枚手榴彈的保險針，把手榴彈高舉在頭頂上，朝雷法丁（Revadim）屯墾區狂奔。阿拉伯人眼見這一臉鬍子、舉著隨時可能爆炸的手榴彈、兇神惡煞般奔來的狂漢，不禁膽怯，紛紛讓出一條路。丹尼跑到雷法丁，一大群敵人在後窮追不捨。屯墾區有一人把他拖進一棟房子裡，另一人用剪刀剪他的鬍子，還有一人找來一把老剃鬍刀，在既沒水又沒有刮鬍膏的情況下替他剃鬍碴，連臉上的皮都刮了下來。而在同一時間，擠在房子外面的阿拉伯人還不斷大聲喊叫：「那個大鬍子、那個殺人犯逃到哪裡去了？把兇手交給我們！」

所幸就在這緊要關頭，約旦駐衛軍開到，把屯墾區所有的男子全數俘虜。丹尼戴上一個大墨

---

123 阿能・里謝夫（Amnon Reshef，1938～）：少將。曾任裝甲兵司令、和平與安全協會（Association for Peace and Security）主席。

鏡，與他的戰友一起被俘。阿拉伯人沒有認出他來。他在約旦做了一年戰俘。回到以色列以後，他又留起鬍子，加入傘兵，指揮一個精銳連隊，參與的報復突擊行動大大小小、不計其數，還曾在米拉山隘身受重傷。之後他進入巴黎戰爭學院進修兩年，隨後在六日戰爭中寫下輝煌戰功，最後成為著名的二四七旅旅長。

十月十五日，幾支國防軍部隊在日落時對埃及軍發動牽制攻擊，丹尼的旅就在這時登上半履帶，沿著一條代號「蜘蛛」的柏油路駛向蘇伊士運河。二四七旅的一個營沒有在預定時間趕到集結區，但丹尼不肯延後行動時間，於是帶著剩下的兩個營展開行動。根據計畫，傘兵要在晚間八點抵達運河，登上橡皮艇，在運河注入大苦湖（Great Bitter Lake）的迪佛蘇（Deversoir）附近跨越運河。夏隆則搭乘一輛半履帶指揮車，在後面不遠處跟進。

不過由於塞車，這項跨越運河的行動險些失敗。傘兵的半履帶卡在綿延好幾英里的車陣中動彈不得。成百上千輛重型卡車、吉普車、小貨車，甚至還有自小客車，滿載趕往戰場前線的以色列後備軍人，把這條狹窄小路擠得水洩不通。丹尼的車隊偶爾能前進兩百碼（一百八十公尺），但很快又寸步難行。旅長無線電一再傳來夏隆與他的副手氣極敗壞的聲音。這場戰爭最關鍵的任務，可能因國防軍解決不了塞車問題而失敗。

直到午夜過後，路才終於通暢。傘兵車隊關掉車頭燈，望著紅色閃光與不遠處山丘，以及運河對岸上方冉冉升起的蕈狀煙雲，在蜘蛛路上飛馳。到了一處岔路口，一支海軍單位將許多橡皮艇裝在半履帶上。國防軍砲兵轟炸渡河區，以趕走可能駐在那裡的埃及部隊。來自另一個旅的一個戰車營與一支乘坐半履帶的突擊隊，出現在傘兵車隊的前方，護送他們前往運河。

然而這支擔任護送的部隊首先遭到攻擊。走在前面為傘兵開路的戰車營很快就陷入埃及軍的埋伏。大多數戰車與突擊隊乘坐的半履帶都被擊中，起火燃燒，損失很重，但丹尼的車隊繞過這些著火的裝甲車輛繼續朝運河挺進。彷彿奇蹟一般，埃及軍竟然沒有發現這支不斷進發的傘兵，讓他們輕而易舉抵達運河岸邊。但當旅長乘坐的半履帶打頭陣、領著傘兵旅主力接近岸邊時，駐在運河邊沙灘平原上的埃及二軍團與三軍團士兵，發現了丹尼・麥特的半履帶，於是展開猛烈而持續的轟擊。當時這輛半履帶亮著車頭燈，正與守在附近山丘上、觀察車隊進軍的夏隆打訊號。從半履帶帆布車頂冒出來的一堆天線，也讓埃及軍一望而知：這是一輛指揮車。埃及軍用火箭砲、機槍等各種武器

以色列戰車從浮橋上跨越蘇伊士運河。（《巴馬千週刊》，以色列國防軍檔案提供）

攻擊車隊。砲彈在車輛邊呼嘯而過，傘兵也開始還擊。但夏隆判斷得沒錯，埃及軍距離太遠，他們的火砲聲勢雖然壯觀卻不具實效。

在順著道路轉了幾個彎以後，敵軍砲火轉弱。車隊在一個類似天井、陡峭的沙牆環抱的地方停了下來。傘兵攀上西牆，順牆面而下。他們腳下是一條點點水光、潺潺流經的銀帶——蘇伊士運河。傘兵立即從半履帶卸下橡皮艇，帶到河邊。他們跳進橡皮艇，一艘艘橡皮艇就這樣進入蘇伊士運河，向非洲那一岸衝去。凌晨一點二十五分，丹尼用無線電報出暗語「水族館」，意指橡皮艇已經下水。他登上第一波橡皮艇，巴佐哈就蹲坐在他身邊。幾枚砲彈在迅速進發的橡皮艇附近爆炸。艇上傘兵興奮不已，認為在這戲劇性的一刻，他們的行動將扭轉戰局，為以色列帶來最後勝利。

丹尼．麥特表面冷靜，內心卻極度緊張。他這輩子從未有過如此肩負重任的感覺。他在事後說：「我們執行的是一項可以扭轉戰果的任務。我感到整個以色列都睜大了眼、看著我們。」

橡皮艇來到一處石砌矮堤邊靠岸。傘兵穿過一條滿布矮灌木叢的沙灘。丹尼不改一貫冷靜本色，用無線電釋出部隊已經在運河靠非洲一岸登陸的暗語：「阿卡普柯；我重複，阿卡普柯！」

高級軍官亢奮不已，透過無線電向麥特致賀，傘兵則忙著在登岸區進行偵搜。他們登陸的地點是一處埃及軍要塞的核心：有用沙築成的護壘、用石頭與水泥砌成的牆，有強化陣地，還有地下碉堡。如果埃及駐軍留下來對抗傘兵，這裡很可能會爆發慘烈戰鬥，但他們在遭到以色列重砲猛轟後就撤軍了。幾年以後，對於這樣一支只有七百六十人、規模小得幾乎不堪一擊的傘兵，竟能越過蘇伊士運河、在埃及大軍背後建立橋頭堡，史學家與作者都感到不可思議。

要塞區背後有一叢樅樹、尤加利與棕櫚樹。小股傘兵於是在護壘頂端建立陣地。麥特的兩名副手之一亞利克・艾蒙（Arik Achmon）走過來看望一位友人。他咧嘴笑說：「能坐在第一輛進入耶路撒冷舊城的半履帶中，又坐在第一波跨越運河進入非洲的橡皮艇中，男子漢有生如此，夫復何憾！」

運河東岸傳來雷鳴般巨響。傘兵當時不知道，里謝夫的裝甲旅正與埃及大部隊殊死惡戰，戰場就在與蜘蛛路（二四七旅進抵運河前行經的那條路）平行的特圖通道（Tirtur，又叫嘎嘎路）附近。這場惡戰戰火一直延燒到「中國農場」（Chinese Farm）。由於用十八輛戰車拖著走的圓筒橋[124]受戰火阻礙，直到十月十七日才抵達運河岸邊，以色列大部隊跨越運河的時間也延誤了。

但夏隆不願就此放棄。他下令運來兩部巨型挖土機，打通運河邊沙壘，開出一條供重型車輛行走的通道。夏隆早在多年前擔任南方軍區司令時，就曾以紅磚模擬單薄的沙壘，為此做好準備。現在，在打通沙壘以後，夏隆調遣浮舟進入通道（傘兵稱這個地區為「院子」），打算將它們組合成一座浮橋。但由於其中幾艘浮舟遲遲沒有運到，工兵於是調來「鱷魚」。所謂「鱷魚」是一種龐大的兩棲戰車登陸艦，發明人是名叫吉洛（Gillois）的法國軍官，因此也叫「吉洛」。以色列國防部在一段時間以前，從北大西洋公約組織剩餘物資中購買了幾艘老吉洛，加以翻修。就這樣，在十月十六日破曉時分，「鱷魚」載著哈義・艾里茲（Hayim Erez）裝甲旅的第一批戰車穿越運河。

124 圓筒橋（Cylinder Bridge）：以色列人發明的一種預鑄橋。

「院子」與運河對岸的橋頭堡一片忙碌。埃及人不知道以色列的一支特遣隊已經繞道來到他們背後。直到兩天多以後，埃及最高指揮部才發現以色列部隊已經在蘇伊士運河西岸占領陣地。十月十六日，埃及總統沙達特在國會特別會中發表演說，宣布他已經下令解除自六日戰爭以來一直實施的運河封鎖令，讓國際船泊重新使用蘇伊士運河。就在那天下午，以色列總理梅爾夫人也在國會宣布，說國防軍已經進入埃及領土、在運河西岸作業，聽得沙達特大感驚訝。但即使如此，埃及人仍然以為，所謂在運河西岸作業的國防軍只是小股突擊隊而已。

在運河東岸與埃及軍激戰的過程中，夏隆的前進指揮所有若干成員負傷，夏隆本身也受了一些皮肉輕傷，他纏在額上那條白巾，不久就成為傘兵眼中穿越運河的象徵。夏隆在設於「院子」的陣地請求上級，准許他的師渡過運河、擴大初步戰果。他指出，哈義・艾里茲已經用鱷魚將二十七輛戰車送到運河對岸，而且繼續向西挺進，摧毀了幾處埃及地對空飛彈基地，為以色列戰鬥機清除障礙，以便奪回制空權。不僅如此，艾里茲幾乎沒有遇到任何阻力，他認為通往開羅的路已經暢通無阻。艾里茲在無線電中告訴夏隆：「我可以一路打到尼羅河！」

但夏隆的上級怎麼也不肯讓夏隆領兵穿越運河。他們首先要求夏隆另架一座橋，並且打通通往運河的道路。因為他們擔心，在路沒有打通、另一座橋沒有架妥的情況下，埃及有可能採取行動封鎖道路，殲滅傘兵在對岸建立的橋頭堡。之後他們又下令夏隆留在「院子」，由亞登的一六二師跨越運河，包圍埃及第三軍團。夏隆一再請命都遭到拒絕。後來有些輿論堅持，以色列當局是因政治理由攔阻了夏隆。

不過也就在這時，埃及終於了解，以色列的一支特遣隊已經跨越蘇伊士運河，並且在靠非洲一岸建立了基地。新一輪戰鬥於是揭幕：埃及軍團使盡全力，想消滅以色列的橋頭堡。從渡河第二天起一直到停火為止，整整九天期間，麥特守在非洲的傘兵以及夏隆駐在「院子」的部隊，遭到不間斷的猛烈砲轟，傷亡慘重。埃及人用大砲與迫擊砲攻擊以色列軍，還出動噴射機向以色列軍陣地投炸彈、射飛彈。埃及直升機也用降落傘空降照明彈、照亮夜空的方式，無分晝夜地對以色列軍施以燃燒彈攻擊。但跨越運河的作業仍繼續進行；浮橋已經完成，圓筒橋也終於運抵，架在運河兩岸之間。一眼望不見盡頭的車隊，就在沙壘頂端麥特所屬傘兵的注目下，源源不絕地進入非洲。當夏隆跨越運河時，情緒激動的傘兵高呼「艾利克，以色列之王」，

在跨越蘇伊士運河前不久，以色列國防軍高級指揮官在西奈集會。從左到右：師長艾利爾·夏隆將軍；國防部長摩西·戴陽將軍；布隆（Braun）上校；亞登將軍；本書作者之一的麥克·巴佐哈士官；塔爾將軍；塔米爾（Tamir）將軍；高南（Gonen）將軍。（以色列記者尤利·丹〔Uri Dan〕攝影）

他們對他的熱情仰慕，令夏隆開懷不已。

十月二十四日，兩軍停火。埃及第三軍團被以色列軍團團包圍；麥特的傘兵占領運河沿線一長條肥沃的農地，並且朝北挺進到埃及大城伊斯梅利亞（Ismailia）；傘兵也向南進抵蘇伊士城。以色列裝甲部隊沿大路進發，在距開羅六十三英里（一百公里）的「第一〇一公里」處停了下來。

以色列與埃及放下武器、展開談判的時機已至。在「一〇一公里」進行的這項談判最後造成兩軍分隔。兩國在五年以後簽訂大衛營協定[125]，又隔一年，兩國簽署和平條約。

【人物小檔案】

摩西．「布吉」．亞隆[126]（後來出任參謀長與國防部長）

贖罪日戰爭是我DNA的一部分。

戰爭爆發的聲明像青天霹靂一樣，讓我心頭一震。我當時是個平民，一個後備役士官，一個新婚的男子。第五十空降營的指揮官曾經想把我送進軍官班受訓，但我不想加入終身役，於是退出軍旅。在猶太新年年夜，我當選奈吉夫格洛飛（Grofit）屯墾區幹事。

十月六日下午兩點聽到戰爭爆發的消息時，我心裡還以為是在開玩笑。但那天傍晚，我已經置身瑟金（Sirkin）基地，與二四七傘兵旅的袍澤聚在一起。十月十六日，我們從浮橋穿越運河，冒著敵人砲火鞏固橋頭堡，在蘇伊士城裡結束這場戰爭。我身在戰場上，遭遇敵機攻擊，砲擊，轟炸，搏鬥……我以為自己這一次非送命不可。

但頗為諷刺的是，正是因為身在戰場，我才有時間思考。運河沿線要塞失陷，友人戰死、負傷的壞消息接踵傳來。我開始對政、軍領導人愈來愈不信任。我覺得自己無能為力。或許我們的國家這次要垮了！我們的領導人在哪裡？情報在哪裡？我們理應信任的那些人又在哪裡？

我告訴自己，如果僥倖活下來，屯墾區沒有我也一樣能過得好好的。我要留在軍中，以排長身分重返終身役。回到屯墾區會讓我無法面對自己。我必須改變人生的優先順序。

戰爭結束後，我造訪了五十營的舊友。他們部署在西奈的吉迪山隘（Gidi Pass）。雅雅（約法爾．雅爾〔Yuval Yair〕上校）當時是營長。我對他說：「雅雅，我又回到軍中了。」

125 大衛營協定（Camp David Accords）：一九七八年在美國總統吉米．卡特的居中協調下，埃及和以色列在美國華府簽署的協議，其中包含《關於實現中東和平的綱要》（Framework for Peace in the Middle East）和《關於簽訂一項埃及同以色列之間的和平條約的綱要》（Framework for the Conclusion of a Peace Treaty between Egypt and Israel），因協談地點在大衛營，而稱為「大衛營協定」。埃以雙方也於次年正式簽署和平條約（Egypt-Israel Peace Treaty）。

126 摩西．「布吉」．亞隆（Moshe "Bogie" Ya'alon，1950～）：中將。曾任總參偵搜隊隊長、傘兵旅旅長、參謀長（2002～2005）及國防部長（2013～2016）。

傘兵跨越蘇伊士運河，在位於通往運河路邊的「中國農場」爆發激戰。梅爾夫人不滿南方軍區司令的表現，於是任命前參謀長海姆·巴—里夫擔任整個南方戰區的司令。

第十六章
中國農場之戰

中國農場如果能開口，它會告訴你在一九七三年秋，以色列國防軍與埃及軍如何在這裡血戰兩晝夜；會訴說兩軍怎麼死傷遍地，怎麼在絕境中奮勇廝殺，在兩軍戰爭史上寫下視死如歸的英雄篇章。

一九五〇年代中期，西奈半島上一塊面積五點八平方英里（九平方公里）的長條形土地，在日本政府協助下建設了一處農業實驗園區。位置就在運河邊上，園區內有許多縱橫交錯、灌溉用的深溝。在一九六七年六日戰爭中進抵這裡的以色列軍分不出中文與日文的差別，於是給它取了一個綽號，叫「中國農場」。

中國農場位於大苦湖以北，與通往運河的蜘蛛路與嘎嘎路很近，嘎嘎路與萊辛肯路[127]的重要交岔路口也在農場附近。以色列計畫占領這座農場，以保持通往運河的「走廊」暢通，進一步確

127　萊辛肯路（Lexicon）：一條與運河平行的道路代號。

保成功渡過運河（見第十五章）。就許多角度而言，征服中國農場都是「勇者心」橋頭堡生存的關鍵。

接到占領中國農場以跨越運河的命令之後，夏隆在行動發起前夕說：「我們預期不會有任何意外。那裡（中國農場）一個人也沒有。我軍應該可以不發一彈、全不費工夫地進入那個地區。那整個地區都已經空無人煙。」不過實際情況完全不一樣。一個大得讓以色列軍難以想像的意外正等在那裡。

十月十五日晚，第十四裝甲旅在旅長阿能・里謝夫上校率領下朝蘇伊士運河進發；目標是占領兩條通路以北的運河東岸，以保護傘兵渡河。阿能・里謝夫長得又高又瘦，留著大大的八字鬍，是一位幾乎生活在戰車上的指揮官。他生在海法，曾於六日戰爭中轉戰西奈沙漠與戈蘭高地，立下彪炳戰功。在贖罪日戰爭爆發第一天、埃及大軍攻擊以色列時，他的旅是擋在埃及攻擊箭頭前的唯一一支以色列戰車旅，也因此遭到重創。第一天戰鬥結束時，里謝夫的五十六輛戰車只剩下十四輛，部下官兵九十人陣亡。

里謝夫很快接獲新裝備與援軍，經整編而重振戰力，並在此前一天與埃及裝甲部隊會戰，大獲全勝。十月十五日這天夜晚，他領著十四裝甲旅進入戰場，希望能奇襲敵軍。他的裝甲兵與步兵坐在戰車與半履帶上朝前挺進，不知道埃及人已經布下羅網，守候多時。不過擔任先頭部隊的七十九營營長阿姆拉・米茲納[128]中校已有不祥預感。他在出發前寫了一封給妻子的訣別信，交給他的吉普車駕駛兵。

那天晚上九點十五分，米茲納率領的先頭營進抵目標區，根據計畫應該立即占領通道，讓部隊跨越蘇伊士。但他們迅速遇上埃及戰車、裝甲運兵車與大砲。一場喋血惡戰隨即展開，有時兩軍間距不到數尺。米茲納事後回憶說：「第一次遭遇戰發生在嘎嘎路。突然間砲火從四面八方襲來，地獄的煉火可能也不過如此。歇斯底里的嘶喊聲從通信網路不斷傳來。我們的旅奉命朝所有移動的東西開火。不久後戰車開始撞上戰車，一八四戰車營向七十九營開火……」

七十九營毀了無數埃及目標，但本身也付出慘重代價。一枚砲彈擊中米茲納的戰車，炸死車上的作戰官與砲手，米茲納也被摔出車外，身負重傷。

緊隨米茲納營的一八四營也遭到敵火猛轟，傷亡慘重。戰車半數被毀，只有半數勉力通過嘎嘎路與萊辛肯路交岔口。戰火延燒到鄰近的中國農場。埃及精銳部隊已經深溝高壘，守在當地。他們的裝備除戰車與各式火砲以外，還有剛從蘇聯運抵的火泥箱[129]反戰車飛彈。火泥箱是一種單兵操作的導向飛彈，可以裝進一個手提箱，由一個人提著走。以色列軍後來稱這些提箱子的埃及兵為「觀光客」。只不過這些觀光客能取人性命。「觀光客」在見到以色列戰車時打開箱子，把飛彈上架、發射，然後用箱子裡的一具遙控器導引飛彈，直到擊中戰車為止。整個中國農場這時已經深鎖在硝煙砲火中，幾十輛以色列戰車就在這裡遭火泥箱摧毀。

128 阿姆拉・米茲納（Amram Mitzna，1945～）：曾任以色列國防軍將領、海法市長（1993-2003）和耶魯漢姆（Yeruham）市長（2005-2010）。

129 火泥箱（Sagger）：是一種線導飛彈，飛彈後面連著一條線，在射出以後，射手可以用遙控器上的桿子透過這條線操縱飛彈進擊方向，命中率很高。

一轉眼，這地區已經變得不像農場，而更像一處殺戮場。一名以色列軍事後回憶：「我們感覺自己像在衝撞一座鋼牆。每次駕戰車衝進去，埃及軍都會從壕溝探出身來，用飛彈射擊我們。我們用機槍與戰車砲還擊，將他們劃倒，打死十幾人又十幾人，但總會有更多埃及人從壕溝冒出來攻擊我們。我們每次衝鋒都會有人員與戰車折損。」

里謝夫上校親冒敵軍砲火，與部下並肩作戰。在一次與埃及軍的近距會戰中，他那輛傷痕累累的戰車擊毀了五輛敵戰車中的四輛，第五輛逃逸。里謝夫在無線電中報告了這場遭遇戰，為的不是誇口，而是要讓部下知道他們的上校與他們一起奮戰。

起火燃燒、發生爆炸的戰車散置在很大一片地區。這片沙漠戰場很快覆蓋了數百輛燒焦、殘破不堪的車輛。以色列與埃及戰車的殘骸靠在一起。死傷戰士倒在沙地上，他們的制

中國農場的血戰。（以色列政府新聞局提供）

服已經撕爛，臉孔也被戰火硝煙燻黑，想分辨戰死的埃及軍與以色列軍根本辦不到。一名戰車砲手想出一個尋找以色列傷兵的好辦法。他在臥地的傷員間穿梭，用希伯來語問每一個人：「你是猶太人嗎？」就在這槍砲聲、爆炸聲與垂死呻吟聲不絕於耳的人間地獄裡，有一名傷員證明，他雖然流了很多血，但還沒有喪失幽默感。他叫義夫塔．雅柯夫（Yiftah Yaakov），來自馬納拉（Manara）屯墾區，是伊薩克．拉賓的姪子。他對這名砲手說：「沒錯，我是猶太人，不過在以色列這片土地要當猶太人還真難呢……」

到了這個階段，里謝夫上校已經明白，由於埃及軍強力反抗、以色列軍損失過重，以及裝甲旅在惡鬥中打得四分五裂、急需休整，想達到占領運河通道的目標是不可能的了。他回憶說：「我們身周是一堆堆棄置的武器，數以百計的卡車，埃及軍丟下的大砲在我們身邊爆炸。埃及步兵在我們的戰車間穿梭，用火箭筒攻擊我們的戰車。埃及戰車還不時會以四或五輛一組，從最遠六百五十呎（兩百公尺）到最近不過數呎之遙，向我們發動攻擊。」

凌晨四點，里謝夫派出一支傘兵與戰車混合編隊，計畫肅清岔路口地區。突然間彈如雨下，以色列編隊陷入埃及軍埋伏。傘兵試圖逃逸，但埃及軍緊追不捨，從近距離向傘兵開火。一支傘兵小分隊設法由西而東、打通嘎嘎路，結果二十四人戰死，幾乎全軍覆沒。打通嘎嘎路的計畫失敗，但參與這場戰役的埃及戰車也大部分受創。

那天晚上，丹尼．麥特的傘兵在不遠處跨越運河的同時，里謝夫部下一百二十一人在中國農場之役喪生。在敵火下後撤傷兵的作業一直持續到第二天早晨。里謝夫的九十七輛戰車有五十六輛被毀。埃及軍成功封鎖了嘎嘎路與蜘蛛路。如何打通運河進路、將浮橋送到渡口，讓以色列軍登陸蘇伊士運河彼岸，仍是國防軍的大問題。國防部長戴陽在接到以色列軍傷亡慘重、運河通路無法打通的噩耗時，一度想召回麥特的傘兵，以免他們在橋頭堡遭到屠殺。但國防軍高級軍官不肯這麼做。

這時情勢一目了然，想打通進路就得另派生力軍。國防軍決定由三十五傘兵旅遣派一支部隊出擊。這項任務落在伊薩克・摩德柴中校的八九〇傘兵營肩上。

十月十六日，八九〇傘兵營進抵西奈西南的阿布・魯戴，準備經由海路繞至埃及軍背後。突然，摩德柴接獲旅長尤吉・義艾利（Uzi Yairi）的緊急命令。義艾利說，任務已經改變：登陸計畫取消，八九〇營要趕往渡河區，增援跨越運河的部隊。義艾利說：「道路都被封鎖，蜘蛛路連一輛戰車也過不了。國防軍等著它打通。」

聰明而自信的摩德柴生在伊拉克庫德斯坦，五歲時移民以色列。他在合作農村長大，之後加入國防軍，參與多次深入埃及與敘利亞境內、出生入死的突擊任務。他是天生的鬥士，很崇拜前傘兵指揮官、現在是將軍的拉佛・艾坦。要他無所事事待在阿布・魯戴，本就非他所願，義艾利的命令讓他狂喜不已。

八九〇營官兵聞訊以後也興奮異常。他們等待加入戰鬥的一刻已經等了十天。幾個小時以後，他們登上力士型運輸機，從阿布・魯戴飛到國防軍在西奈半島西部的大空軍基地雷費迪，再從基地乘巴士前往夏隆前進指揮所駐地塔沙營（Camp Tassa）。通往運河的道路遭到封鎖，他們得以武力打通。八九〇營當天晚上抵達塔沙營，但任務究竟是什麼始終不很明確。摩德柴奉命：「嘎嘎路與蜘蛛路都遭到封鎖，沒辦法後撤傷員，沒辦法增派援軍。你的任務是清除這兩條路上的埃及反戰車派遣單位。」

摩德柴問道：「怎麼沒有大砲火力支援？」

義艾利告訴他：「調派砲兵協調官進來要一個小時，我們時間已經不夠用了。」

就因為這個原因，傘兵在沒有砲兵支援的情況下出發，而唯有在實際戰陣上，才看得出沒有砲兵支援造成的損害。此外，對於以埃兩軍前一天晚上血戰的中國農場，傘兵指揮官也沒有關於埃及軍部署的最新情報。傘兵奉命肅清道路，阻止埃及軍滲透「走廊」、攻擊以色列軍，卻不知道戰場現況已經完全改觀。

八九〇營坐直升機從塔沙營前往蜘蛛路。在師長亞登將軍帳內舉行的一次簡報中，義艾利與摩德柴接獲指示：八九〇營官兵下直升機以後要立即散開，開始肅清道路。傘兵要求提供戰車與裝甲運兵車也遭到拒絕，因為師長主張在沒有戰車的噪音下，利用暗夜發動奇襲。他說，反正戰車在夜間行動的效益本來就有限。參謀長艾拉沙與南方戰區司令海姆．巴—里夫都催促義艾利，要他立即把八九〇營送上火線。他們說：「如果路到早上還打不通，已經渡過運河的部隊會陷入險境，我們就必須把他們召回來。」摩德柴覺得千斤重擔已經壓在自己雙肩上了。

午夜已至，八九〇營分成兩路縱隊沿蜘蛛路朝嘎嘎路交岔口前進。一開始，他們的進展既快又輕鬆。但是隔不了多久，他們就見到前一天晚上惡鬥留下的焦黑而扭曲的殘骸。走在途中，傘兵路經一輛載滿屍骸的半履帶，副旅長阿農．里金—沙哈克回憶說：「我當時心想這一定是埃及人的屍體，直到走至近處才發現他們都是以色列傘兵。我內心非常激動，久久不能平復，我有生以來第一次意識到，原來以色列軍人也有可能如此暴屍荒野，沒有人清理收拾。」

凌晨兩點四十五分，擔任先頭連的B連連長雅基・李維（Yaki Levy）報告，他已經與敵方接觸。B連隊伍正中央遭到猛烈砲火。一名醫護兵事後憶道：「突然間，每個人都滾在地上，痛苦扭曲。」幾分鐘以後，李維連長戰死，副連長賈基・哈金（Jackie Hakim）接掌連指揮權，但隔了幾分鐘，他也中彈。指揮權於是轉給他的副手班—吉昂・亞茲蒙（Ben-Zion Atzmon）。

傘兵想找出來襲砲火的源頭，想知道他們對抗的是什麼樣的部隊。黑吉・達巴西（Hezi Dabash）少尉在事後轉述這段過程時說：「我停下來，用雙筒望遠鏡觀察對面的埃及軍。我原以為他們只是反戰車狙擊單位，但看了以後才發現，他們更像組織嚴密的一支大規模部隊。我下令部下開火，結果只有我自己手中那支烏茲衝鋒槍開了火，原來部下已經非死即傷，無一倖免。」

摩德柴隨即派遣亞隆・馬賈爾（Aharon Margal）的連從側翼包抄，攻擊那些襲擊李維部隊的埃及軍。但馬賈爾連隊剛出動就遭到彈洗，馬賈爾重傷，之後因傷重不治。梅納罕・高蘭（Menachem Gozlan）中尉於是奉命領著一排傘兵，從左翼包抄埃及軍。高蘭帶著八名部下往前，跑了不到兩百英尺（六十公尺）就全部中彈倒地。傷兵的痛苦呻吟與求救聲召來更多砲火。兩個傘兵連就這樣困在敵軍砲火中，砲彈與槍彈漫空亂舞，打得塵煙滾滾，地動山搖。摩德柴營長這時終於明白，他們對抗的不是小股敵軍（反戰車狙擊兵），而是守在堅強防禦工事，擁有戰車、反戰車飛彈、迫擊砲與大砲增援的大編隊。

摩德柴於是派遣H連援救B連的傷兵。H連連長艾利・蕭里克（Eli Shorek）拿起無線電，聽到裡面傳來「指揮官陣亡……副指揮官陣亡……又一副指揮官陣亡……」的呼叫。沒隔多久，他自己也受了傷。整個晚上，傘兵都在想辦法搶救同袍，把傷員拖到一處小山丘。這座小丘因此得名「傷者之丘」（Wounded Hill）。

凌晨四點，指揮所已經知道中國農場戰況非常不妙。八九〇營情勢非常危險。傘兵多次採取行動，想找出埃及軍主力所在，以進行包抄，但每次都因死傷過重，不得不在一片混亂中收場。摩德柴有鑑於此，只好下令後撤。

「我們都站起身來，」一名傘兵事後回憶：「在漫天飛舞的子彈中朝運河狂奔。來到運河邊，我們見到一幅可怕的景象——傘兵營被打得慘不忍睹，正在舔傷止血。我驚得目瞪口呆，不知不覺淚如雨下。」傷兵急救站已經爆滿。摩德柴力促上級速派戰車增援，並派裝甲運兵車後撤傷員。對中國農場的攻擊似乎已經失敗。但就在這場激戰打得不可開交之際，浮橋也在蜘蛛路上朝運河進發，因為埃及軍只顧著與傘兵營交戰，無暇顧及蜘蛛路的狀況。

巴巴（Bamba）偵搜隊的幾輛半履帶開到，撤走一群傷兵。但每個人都擔心日出以後，後撤行動會更加困難。一名救護兵回憶說：「我跑了四趟後撤傷患，在跑最後一趟時天色破曉，我也累得筋疲力盡。我這輩子從沒像在那裡一樣恐懼過。」這名救護兵在完成最後一趟後撤任務時與營長對話，卻在談完起身準備離去時，遭一枚迫擊砲彈片擊中。他立即從負責後撤的救援人員成為等待後撤的傷兵。

一個小時以後，幾輛戰車抵達戰場支援傘兵。這支戰車特遣隊的指揮官是艾胡・巴拉克。他在聽說戰爭爆發後，立即放棄在美國的學業，趕回以色列，臨時組建一支裝甲編隊，番號為一〇〇裝甲隊。巴拉克帶著幾輛戰車與裝甲運兵車來到戰場，卻無法在暗夜進軍，就連破曉以後，仍找不到傘兵下落。摩德柴用無線電告知巴拉克，說他會射一枚曳光信號彈標示自己的位置，不過信號彈一射出，他就必須迅速移動到新位置，因為埃及軍一定會集中火力攻擊營指揮所。巴拉克見到信號彈升空，便向埃及陣地衝鋒，但一路上遭到許多火泥箱飛彈攻擊，幾輛戰車被毀。一〇〇裝甲隊只得後撤，留下幾輛焚燒著的戰車與車上組員。

當地情勢繼續惡化。摩德柴下令全體官兵進入灌溉溝渠。突然間，兩架埃及噴射機從天而降，發動攻擊。傘兵擊落其中一架，另一架低飛掠過之後離去。

上午六點，旅長義艾利要求上級授權撤軍。但南方軍區司令席穆・高南（Shmuel Gonen）將軍不肯。高南說：「我們必須不計代價守住陣地；因為現在已經不可能增派援軍或替補部隊了。」不過高南也認為，傘兵毋需死守中國農場，於是從上午十一點開始，傘兵逐步撤出灌溉溝渠。

八九〇營傘兵從晚間一直到第二天下午，不停惡戰了十七個小時，與他們對壘的是擁有戰車、反戰車武器與大砲增援的埃及第十六師，以及埃及二軍團的幾支部隊。八九〇營官兵有四十一死，一百二十人負傷。

又經歷幾場戰車惡戰之後，傷亡也很慘重的埃及人覺得再也打不下去了。於是傍晚時分，埃及指揮部下令部隊撤出中國農場。撤軍行動在夜色掩護下進行；嘎嘎路與蜘蛛路就這樣開通了。

為了打通這兩條路，以色列軍付出一百六十一人戰死、好幾百人受傷的慘重代價。但路通了，以色列軍大舉渡過蘇伊士運河，終於扭轉了贖罪日戰爭的戰局。

【人物小檔案】

伊薩克．摩德柴（獲頒英勇勳章）

天色破曉時，我必須面對全營指揮鏈全部死傷、無一倖免的事實。在夜戰過程中，我派出新指揮官替代已經戰死的軍官，從焚毀的戰車裡救出傷員，在沒有掩蔽的沙丘上不計代價、繼續守住陣地，這是我最艱難的一刻。

另一個讓我難過的時刻是，一群群敵軍迫擊砲與大砲砲彈不斷落在我的陣地，我對站在我左邊的傘兵說：「你為什麼不開槍？」說完這話，我一抬頭，只見他頭部中彈，已經陣亡。

這是傘兵營經歷過最艱苦、最複雜的十七個小時惡鬥。我們奉命對抗火力強大的敵軍大部隊，不僅要援救傷員，還要穩住本軍戰線，以阻止敵軍開上通路並封鎖通路。

在北方，敘利亞軍在戈蘭高地挺進。小股以色列軍設法攔阻他們，不讓敵軍侵入以色列北部。

第十七章
戈蘭高地之戰

在贖罪日戰爭第三天清晨四點四十五分，國防部長戴陽在國防軍參謀總部會議中發布一項史無前例的命令：「在戈蘭高地上不准撤退，就連一公分也不可以後撤。即使必須犧牲整個裝甲部隊，我們也必須在北方取得決定性戰果。戈蘭高地是我們的家，如果戰線在那裡崩潰，敵軍就會進入約旦河谷。我們需要考慮每一項必要行動，包括轟炸大馬士革。」

敘利亞人自一九七三年九月起，開始擴充他們在戈蘭高地的軍力。贖罪日戰爭於十月爆發時，敘利亞部署在戈蘭高地的兵力已經從五百五十輛戰車增加到九百輛戰車，此外還在距離邊界不到兩英里（三公里）的地方集結了一百四十門大砲。

這些都是惡兆。敘利亞顯然計畫發動攻勢，只不過攻勢規模尚不明朗罷了。戰後發表的文件顯示，敘利亞參謀長當時計畫在二十四小時內奪取戈蘭。而根據事後分析，他們差一點就達到這項目標，只因幾場血戰受阻而功虧一簣。

十月六日，北方軍區司令伊薩克·「哈卡」·霍飛將軍召集高級幕僚宣布，戰爭將在當天晚上爆發。第七裝甲旅已經部署，作為預備隊。霍飛早先已經下令以色列住在戈蘭高地的屯墾民撤離，但許多住在拉馬・馬西米（Ramat Magshimim）合作農村的居民一直到當天下午還不肯走。霍飛與接掌軍區內一個師的拉法葉・艾坦一起檢討戈蘭高地的防務。以色列當局預測，敘利亞人可能以一支龐大武力，從北方穿過奎乃蒂拉（Quneitra）突破邊界。奎乃蒂拉是以色列在六日戰爭中占領的一座城。國防軍專家說，敘利亞人會從這條道上來，一方面因為對敘利亞人來說，奎乃蒂拉已經成為國恥的象徵，必須加以解放，也因為這條路通往跨越約旦河、具有高度戰略價值的雅各之女橋（Daughters of Jacob Bridge）。此外，敘利亞人還可能另以一支軍隊從南方穿越拉菲隘口（Rafid Gap）犯境。

戰爭爆發以後，雅諾西・班—賈爾率領的第七裝甲旅趕往戈蘭高地北部，伊薩克・班—蕭漢（Yitzhak Ben-Shoham）的一八八巴拉克（Barak，即「閃電」之意）旅馳赴戈蘭高地南部。敘利亞第五十一旅已經穿越邊界，分三路展開攻勢，通過戈蘭背後的胡夏尼亞（Hushaniya），朝納法營（Camp Nafach）與石油路（Oil Road）的方向挺進。班—蕭漢在胡夏尼亞南方占領陣地，沿著一條大戰線展開他的戰車。下午九點三十分，北方指揮部作戰部軍官尤利・希夏尼（Uri Simchoni）用無線電對班—蕭漢上校說：「我是作戰官。敘利亞人不斷在報告中說他們已經在你的後面，說他們已經控制胡夏尼亞，抵達過了胡夏尼亞的岔路口。」班—蕭漢答道：「不對。他們是想朝那裡進攻，不過似乎弄錯了岔路……我現在正向他們開火，面向北方與他們接戰。」

幾個小時以後，班—蕭漢連同副旅長都在納法營之戰陣亡；巴拉克旅幾乎全軍覆沒。敘利亞的計畫大出以色列國防軍預料。敘利亞穿越戈蘭高地廣闊而平坦的南區進兵。他們認為，選在南區進兵才可能在大戰線上發動戰車攻勢，如果選在北方山區行動，由於進路過於狹隘，他們只能將戰車排成一字長蛇陣進兵，讓守軍占盡地利優勢。就因為國防軍這項誤判，巴拉克旅付出慘重代價。

曾經歷納粹大屠殺的班—賈爾，後來分析巴拉克旅之所以慘遭殲滅是因為：「在例行防禦情勢中，將部隊散開是一種好作法，但在打仗的時候，這種邏輯可能遭來大禍。他們把戰車分散，以致淪為敵軍砲灰。」

巴拉克旅為阻止敘利亞軍而死戰，但還是讓敘利亞軍突破邊界，跨越反戰車壕與雷區，乘著黑夜在戈蘭高地南部迅速展開。敘利亞軍一直打到艾坦與師部所在地的納法營才受阻。艾坦之後被迫撤軍，巴拉克旅的殘餘兵力也一併後撤。

情勢似乎已經絕望。十月七日，以色列天線攔截到敘利亞一名旅長在無線電上一句讓人毛骨聳然的喊話。這名旅長欣喜若狂地高呼：「我看到太巴列湖了！」他的旅確實已經距加利利海[130]不到十公里了。

為阻止敘利亞人進犯加利利與約旦河谷，以色列必須把一切投入戰鬥。戰爭開打第二天，摩西．「穆沙」．佩里（Moshe "Mussa" Peled）將軍率領尤格達．穆沙（Ugda Mussa）後備師開往

130　加利利海（Sea of Galilee）：就是太巴列湖（Lake of Tiberias），或稱提比哩亞海（Sea of Tiberias）。敘利亞人（阿拉伯語）稱之為太巴列湖（早先出現在羅馬文本及猶太法典，但後來融入阿拉伯語）；以色列人稱之為加利利海，或是以希伯來語稱之為基尼烈湖（Kinneret），兩種稱呼都出自《聖經》。

戈蘭高地。佩里出身合作農村納哈拉，是久經沙場、粗獷豪邁的鐵漢。他在戈蘭高地之戰的表現，博得肯德基州諾克斯堡（Fort Knox）美國裝甲兵博物館（American Armor Museum）專家們的激賞，譽他為「史上最偉大的五位裝甲兵指揮官之一」，與神話一般鼎鼎大名的喬治．巴頓[131]將軍與埃爾溫．隆美爾[132]元帥齊名。

前線指揮官面對一項重要抉擇：應該沿約旦河部署師兵力、防止敘利亞軍渡河，還是發動反擊？在佩里的施壓下，他們終於決定，儘管敘利亞軍在戰車數量上擁有很大優勢，尤格達．穆沙師還是要朝拉菲隘口進攻。

霍飛將軍解釋說：「儘管攻勢作戰冒的風險尤甚於守勢作戰，我們還是選擇進攻。因為攻勢行動更能創造戰果……如果採取守勢，我們可以造成敵軍損失，可以

戈蘭高地的英雄，阿維德．卡拉尼與約西．艾達（Yossi Eldar）在戰鬥正酣時留影。（尤吉．基蘭〔Uzi Keren〕攝影，《巴馬千週刊》、以色列國防軍檔案提供）

讓敵軍銳氣盡失，卻沒辦法取得決定性戰果……若是等到之後的階段再發動攻勢，我們可能被迫一面攀越山嶺一面進攻，因為到那時，敘利亞軍早已進駐基尼烈湖[133]坡地……敘利亞軍如果再往前一些，約旦河谷與基尼烈湖都會在他們的掌握中，這場戰鬥會更加難打……攻擊速度很重要，這麼做才能讓敘利亞軍來不及休整。」

十月八日凌晨，佩里的師開進戰場，決心將敘利亞人趕出戈蘭高地南部。戰鬥在一處非常狹隘的地區展開，既沒有活動餘地，也無法施展迂迴，步調進展很緩慢，打得也十分艱苦。佩里的師隨即收復唯一落入敘利亞軍控制的拉馬・馬西米合作農村。第一天戰事結束時，他的部下已經將敘利亞編隊一分為二，還將他們逐退十點五英里（十七公里）。

第二天，尤格達・穆沙師在三條戰線上與敘利亞軍會戰：在西方戰線，他們攻擊後撤中的敘利亞軍；在東方戰線，他們面對敘利亞攻勢部隊；在北方戰線，他們的對手是採取守勢的部隊。以色列軍全殲與他們交戰的一個裝甲旅，封閉拉菲隘口，最後占領胡夏尼亞，迫使後撤中的敘利亞軍退出隘口。隔天，敘利亞軍全數撤出當地。佩里的師不到三天，就趕走敘利亞五個旅，擊毀

---

131 喬治・巴頓（George Patton，1885～1945）：美國陸軍四星上將。參與第一及第二次世界大戰，功勳卓著，有「血膽將軍」（Bandito）之稱，是美國陸軍裝甲戰學說發展的核心人物。

132 埃爾溫・隆美爾（Erwin Rommel，1891～1944）：第二次世界大戰著名的德國陸軍元帥，有「沙漠之狐」（Wüstenfuchs）之稱。戰場上多次以寡擊眾獲得卓越功績，創造「隆美爾神話」，英國首相邱吉爾也稱他為「偉大的將軍」。二戰後期，他因捲入推翻希特勒的行動，而被迫服毒自殺。

133 參見註釋130。

敘利亞在以色列境內所建立的裝甲陣地網的南方一角。

戰爭爆發不到幾小時，丹・蘭納（Dan Laner）將軍率領的一個後備師也於週六晚間抵達戈蘭，配合佩里發動的攻勢而於週日展開攻擊。蘭納生在奧地利，是屯墾區居民。他在二次大戰期間曾跳傘空降南斯拉夫，與狄托[134]的游擊隊一起對抗納粹。之後他加入國防軍，表現非常傑出。國防軍重新徵召已經退役的他，要他帶一個師前往戈蘭高地。他的師與其他以色列部隊聯手，不僅擋住敘利亞軍的攻勢，還擊退了一支馳援敘利亞的伊拉克遠征軍。同時，艾坦的師也在奎乃蒂拉地區擋住敘利亞人。

在戈蘭高地北部地區，第七裝甲旅繼續奮戰。在六日戰爭期間因表現英勇而名聲遠播的阿維德・卡拉尼[135]，領著七十七營馳援奎乃蒂拉與布斯特山嶺（Booster Ridge）。另外兩個單位之後也進入這個後人稱為「淚水河谷」（Valley of Tears）的地區。在戰爭爆發之初，敘利亞空軍大舉轟炸，重創以色列空軍；黑門山（Mount Hermon）不到幾小時就已失陷，成為敘利亞軍砲擊以色列軍陣地的絕佳觀測據點。入夜以後，其他幾個單位紛紛撤出淚水河谷。卡拉尼發現，敘利亞軍在夜間也能射擊，原來他們用的是配備紅外線投射器的俄製戰車，能在暗夜中鎖定以色列目標開火。

卡拉尼事後憶述說：「我的戰車組員向我大叫，說他們擋不住敘利亞人。過去一直公認舉世一流的以色列戰車，突然間暴露出弱點。在我們的裝甲部隊，只有戰車長與駕駛員配備紅外線目鏡，砲手沒有這種他們同樣需要的裝備。我問自己，怎樣才能擋住敘利亞人？我身為營長，大家都看著我，我覺得自己讓他們失望了。這是我負責的戰區，他們會指控我沒有盡到責任。」

卡拉尼下令發射曳光彈。在三枚曳光彈升空以後，他發現他們是仍然留在這個地區的唯一一支以色列單位。戰車裡的戰士非常焦慮，因為他們既見不到目標，不知把戰車砲瞄向何方，也不知該往哪裡走。與此同時，敘利亞空軍探照燈也在以色列戰車上方來回巡掃，讓卡拉尼備受威脅，自不必言。

「關掉紅外線，」他對部下下令。「你們可以把頭略微伸出砲塔引領戰車前進。」他們身周散置著幾輛被擊中、起火燃燒的戰車，不過認不出那些是以色列、還是敵軍的戰車。卡拉尼又下令：「停下來關掉引擎，聽敵軍履帶轉動的噪音，就能找到它們。」

部下遵命照辦，關掉引擎，傾聽敵軍戰車移動的聲音，然後開火。劃破黑暗的砲彈果然擊中目標；敘利亞軍終於停止前進。在一片漆黑中，敵軍戰車逼近到距以色列戰車不到幾公尺處，要分辨它們非常困難。在距卡拉尼的戰車六十五英尺（二十公尺）處，有一輛砲口對著敘利亞的戰車，經砲火火光照耀，以色列戰車才在最後一刻發現那原來是一輛敘利亞 T-55 型戰車，以色列軍趕緊開砲將它與停在它旁邊的一輛敘利亞戰車擊毀。敘利亞戰車當時已經開進以色列陣地，兩軍實際上已經混雜在一起了。

134 約瑟普．狄托（Josip Tito，1892～1980）：南斯拉夫共黨政權創立者、民族統一的象徵。曾任南斯拉夫總理（1944～1963）及總統（1953～1980），若自擔任總理算起，執政長達三十五年。

135 阿維德．卡拉尼（Avigdor Kahalani，1944～）：准將。裝甲兵第七旅旅長。獲頒英勇勳章、戰功殊勳章與總統獎章。曾任國內安全部長（1996～1999）、軍人福利協會（Association for the Soldiers' Welfare）主席。

破曉之際，卡拉尼的部下發現，一百三十輛敘利亞戰車已經在以色列陣地前方一英里（一點六公里）處列好陣勢。敘利亞軍展開攻勢，每一輛戰車發射兩、三枚砲彈，然後往以色列陣地衝來。卡拉尼下令還能作戰的十四輛以色列戰車順坡勢而上，進入陣地。在接下來這場血戰中，七十七營大多數軍官由於必須站在砲塔上督戰，而暴露在砲火中陣亡。戰鬥於週日結束時，七十七營只剩七輛還能作戰的戰車。

第二天上午，卡拉尼奉命進入淚水河谷。艾坦在無線電上對他說：「我信任你。謹慎而冷靜地打這一仗。不要擔心，我們一定會解決他們。」

十月九日，戈蘭高地已經有三分之二落入敘利亞手上。旅長班—賈爾授權一個與敘利亞軍作戰的連，從淚水河谷後撤到二點五英里（四公里）外的一條防線。卡拉尼也奉命撤出奎乃蒂拉；在撤軍途中，敘利亞戰機還不時在上空盤旋，尋找以色列戰車發動攻擊。數以千計的砲彈落在附近地區，地表都為之震撼。八架敘利亞直升機載著突擊隊從以色列防線後方登陸，封閉通往高南（Gonen）屯墾區的道路。以色列當時以高南作為再補給與後撤死傷人員的地點。卡拉尼與他的部屬感覺自己身陷重圍。

在這個節骨眼上，班—賈爾做了一項新決定：他要卡拉尼重返淚水河谷，想辦法阻擋敘利亞人。卡拉尼奉命獨自一輛戰車朝淚水河谷前進，讓其餘七輛留在後面陸續跟進。卡拉尼抵達目標區以後，發現情況非常不妙：以色列戰車正從坡上的射擊陣地後撤。他惱怒異常，想用旅的通信網報告，但求救與求援的呼叫聲已經擠爆網路。情勢讓人沮喪到極點。還有砲彈的戰車只剩下三輛，而敘利亞卻有大批戰車。以色列防線正不斷縮水。卡拉尼知道，敘利亞人一旦越過國防軍防線，進入平川曠野，敘利亞戰車數量優勢將對戰局造成決定性影響，以色列的戰略優勢將就此付諸流水。

卡拉尼決定向前。在行進途中，他意外地在他右側一百到一百三十英尺（三十到四十公尺）處碰上一輛敘利亞戰車。所幸由於塵土飛揚，那輛戰車沒有發現他，而敘利亞士兵也無法判斷他是哪一路人馬。

卡拉尼停下戰車，對砲手大喊：「快點射它！」戰車砲一砲正中那輛敘利亞戰車核心，該戰車爆炸，化為一團火燄。卡拉尼與他的組員鬆了一口氣，但氣還沒喘好，又有三輛敘利亞戰車出現在眼前。砲手立即開砲，其中一輛戰車起火，卡拉尼指著第二輛。但第二輛戰車在卡拉尼砲擊前一輛戰車時認出了卡拉尼的身分，於是轉動砲塔，瞄向卡拉尼。卡拉尼對著砲手大叫：「開砲！開砲！」但他的戰車沒有開砲，砲彈卡膛了。就在這千鈞一髮之際，兩名戰車組員像瘋了一樣，硬用手指狂扳卡在砲膛裡的空彈匣。空彈匣在最後一秒退了出來；新砲彈立即上膛，一砲打進那輛向他們瞄準的敘利亞戰車正中央。之後第三輛敘利亞戰車也被卡拉尼的戰車擊毀。

「我們必須盡全力，把每一輛可以調來的戰車都調進這個地區。」卡拉尼透過無線電向旅長班—賈爾報告。班—賈爾答道：「從現在起，你是這個戰區的指揮官。我現在就把所有的兵力都與你的無線電網路連線。阿維德，要自己保重！」

這是戈蘭高地之戰的關鍵時刻。問題是，誰能先在約一千六百英尺（四百八十公尺）外一座山丘上占領陣地？一百五十輛敘利亞戰車已經開進河谷，只有卡拉尼的一輛戰車擋在他們前面。他在附近一處乾河道擊毀十輛戰車，同時向旅部求援。

面前的景象令人心驚肉跳，卡拉尼再次電告班—賈爾，要求他把每一輛可用的戰車都調進這個地區，以阻擋敘利亞軍。旅長把一個在卡拉尼北方兩英里（三公里）與敘利亞軍交戰的戰車營調來支援卡拉尼。這個戰車營已經打得只剩八輛戰車了，但仍然疾馳而至，在卡拉尼後面停下來。卡拉尼命令他們封鎖這處乾河道進路，讓他往南搜索，尋回失散的戰車。但戰車營在往新陣地移動時，其中五輛戰車瞬間被擊中，營長戰死。卡拉尼指派一輛已經彈藥用罄的戰車擋在乾河道入口，帶著剩下的戰車往南。來自另一個連的七輛戰車之後也加入他的隊伍。

在無線電中，卡拉尼的話講到一半突然中斷，接著傳來雷鳴似的駭人聲響。一名士兵向副營長報告，說卡拉尼已經戰死。卡拉尼當下沒時間否認，因為他正在對付一輛敘利亞戰車，全神貫注在砲手身上，無暇顧及無線電。直到幾分鐘以後，他才用無線電宣布一切安好，他還活著。

「全員注意，」他透過無線電宣示命令：「這是卡拉尼。一支敘利亞大部隊正朝我們逼近……我們的目標是在這座山丘上占領陣地，然後居高臨下控制這座河谷……前進！占領陣地，摧毀敘利亞人。」但已經嚇癱了的以色列士兵沒有動。卡拉尼再次抓起他的擴音器：「看看那些敘利亞人。看他們打得多好。看他們士氣多高昂。我們的營呢？是懦夫嗎？我們是猶太人！我們是以色列人！我們比他們更強，卻不能趕走他們？這像什麼樣。來吧，兄弟們，跟我一起走！」

卡拉尼率先衝鋒。隔了一陣子，一輛戰車跟了上來，接著又一輛，又一輛，又一輛……

敘利亞軍掃過山嶺，他們的戰車跨越以色列防線。梅爾．「老虎」．薩米爾（Meir "Tiger" Zamir）連長報告，敵戰車從他的前方與後面向他逼近，而他的砲彈已經全部打光。五輛敘利亞戰車衝向老虎的戰車，一位名叫亞維農．巴魯辛（Avinoam Baruchin）的青年少校擊毀其中兩輛。「他們要碾碎我們。」巴魯辛叫道。敘利亞戰車向卡拉尼的隊伍橫衝直撞而來，打死打傷好幾十名以色列軍。

「一步也不准退！」班—賈爾在無線電中狂呼。他事後在回憶這關鍵的一刻時說：「大概有前後約二十或三十分鐘的時間，沒有一個人管控我們的戰士——沒有連長，沒有營長，也沒有旅長在管控他們。每一位戰士都在打自己的戰爭。我好幾次打算下令撤軍，擴音器都已經拿在手上了，但我告訴自己，應該再稍等一會兒……我電告拉佛，說我們再也挺不住了。但拉佛要求再堅持『一下下』。」

戰鬥繼續進行，以色列部隊在敘利亞軍的壓迫下一支支崩潰。這時距離可以決定戰局的制高點陣地還有最後一千三百英尺（四百公尺）。他們拚盡全力，終於抵達這處夢寐以求的陣地，並且立即向敘利亞戰車開火。就在這一刻，約西．班—哈南（Yossi Ben-Hanan）中校率領的十一輛戰車也來到陣地，與卡拉尼的部隊會師。卡拉尼日後回憶說，他們「像瘋子一樣」向敘利亞軍開砲，擊毀了大約一百五十輛敘利亞戰車。

突然間，敘利亞開始撤軍了。

班—賈爾後來說：「我當時認定這場戰役我們已經輸了。如果再打半個小時，我們一定會崩潰。不知基於什麼理由，敘利亞首先撐不下去而決定撤軍。他們顯然認定沒有取勝的機會，卻不知道事實上，我們當時已經陷入絕望的崩潰邊緣。」

戰場上交戰兩軍的關係已經反轉。

「勝利已經在我們掌中！」卡拉尼興奮得在無線電裡大喊：「他們在撤退，我們就要消滅他們了！」

「你真是太了不起了！」班—賈爾答道：「你是以色列的英雄。你們都是英雄！我愛你們。好好保重自己。」

「各位先生，」無線電對講機傳來師長拉佛．艾坦的聲音：「你們救了以色列人民。」阻止敘利亞入侵而進行的這場惡戰，一刻不停地打了四天三夜。國防軍可以送進這處戰場的小股裝甲部隊，必須在沒有空軍、步兵、砲兵、工兵與防空砲連的支援下出戰；他們還極度缺乏夜戰的必要裝備。卡拉尼說：「我們當時覺得國家拋棄了我們。彷彿把我們丟到戰場，讓我們在一輛以色列戰車必須對抗八輛敘利亞戰車的劣勢下戰鬥。對我們來說，這是一大打擊。」

但以色列人還是打敗了敘利亞人。

敘利亞在一團混亂的情況下倉皇撤軍，留下八百六十七輛戰車與數以千計的各型車輛。卡拉尼率軍奪回所有失土，甚至還打進敘利亞境內。

戰爭結束時，第七裝甲旅有七十六位官兵陣亡。對卡拉尼而言，勝利儘管喜悅，卻掩不住個人刻骨銘心的痛。他的兄弟艾曼紐（Emanuel）在西奈一場戰車戰中戰死；他的妻舅、同樣是裝甲兵的伊蘭（Ilan）也陣亡了。卡拉尼由於此役的輝煌戰功，而獲頒英勇勳章。

【人物小檔案】

阿維德．卡拉尼（後來擔任野戰軍副司令）

在這場戰爭中，我數次與死神照面。我還記得有一次險些在敘利亞境內送命。我當時站在戰車砲塔中。一架敘利亞飛機越過我們的戰車，一陣機槍彈在我頭頂掃過。接著它又掉轉頭，從後方朝我們衝來。我正全力督戰，沒有發現它。我的作戰官回頭見到這架飛機朝我們的方向投彈，他一拳打在我臉上，一邊叫道：「趕快進去，快。」我不知道發生什麼事，但還是進了戰車，扶靠在一邊。炸彈擊中我的戰車。我聽到一聲巨響，心想這下子真的沒命了。我在一片硝煙中伸手在全身上下摸索，看有沒有少了一條胳膊或腿。我彷彿遭到電擊一樣，全身顫抖不已。

我把頭伸到戰車外，見到一團巨型煙雲，旁邊還有一個二十六英尺（八公尺）深的洞。我朝左朝右看，眼前景象讓人顫慄——每一位幾秒鐘前與我並排站在砲塔中、頭伸在砲塔外的戰車長全數陣亡。

不過我也記得歡樂的一刻：在戰爭開打以前，當局保證，我們每擊毀一輛敘利亞戰車就能獲得一箱香檳。戰鬥結束後，我坐在戰車上，想算出河谷裡面有幾輛燃燒焚毀的敘利亞戰車，不過我算不出我們究竟可以獲得多少箱香檳，因為數目太多了。

黑門（Hermon）堡因為布署了許多天線與觀測、監聽裝置，以色列人稱之為「國家之眼」。在戰爭接近尾聲時，高拉尼旅[136]使出全力想奪回「國家之眼」。

第十八章
黑門山之戰

渾身髒亂、滿臉烏黑的班尼・馬薩斯（Benny Massas）說：「我的弟兄們在黑門山血流成河，我這輩子再也不想看到它了。」在太巴列長大，身材矮壯的班尼，是高拉尼旅戰士。在這場血戰結束後兩個小時，他戴著草綠陸軍便帽，頭髮亂成一團地在黑門山山頂接受電視記者訪問。在這場戰鬥中，他不斷向敘利亞軍衝殺，直到將高拉尼旅軍旗插上敵軍陣地為止，大家都說他是英雄。記者問他為什麼這樣彷彿命都不要地衝殺。他答道：「為什麼衝殺？因為上級告訴我們，黑門山是以色列的眼睛！」

黑門監測站是以色列設在黑門山山頂的一座堡壘，裝備許多天線、雷達感應器、碟型天線與監聽裝置，由高拉尼旅派員駐守。在距監測站不遠的邊界另一頭，敘利亞也建了他們的監測站。在贖罪日戰爭爆發時，這座以色列堡壘不到兩小時就遭敘利亞軍攻陷，十三名以色列軍戰死，三

136　高拉尼旅（Golani）：又叫第一旅。

十一人被俘。這座監測站俯瞰敘利亞平原，設有許多電子裝備，對以色列非常重要。它的感應器與天線為以色列蒐集到許多無價的情報。監測站失陷兩天以後，高拉尼旅曾派出一支精銳部隊想奪回黑門山，但遭敘利亞擊潰，讓以色列又犧牲了二十五名戰士。

高拉尼旅認為這是奇恥大辱，旅長阿米爾．卓立[137]因此向北方軍區參謀長提出要求：「下一次要打黑門山，請把任務交給我！」

十三天以後，在贖罪日戰爭爆發第十六天的十月二十一日，卓立等到了「下一次」的機會。曾在米拉山隘之戰擔任夏隆副手、這時擔任北方軍區司令的霍飛將軍，決定趁停火還沒有宣布以前展開行動，同時奪下黑門山上的以色列與敘利亞監測站，以爭取談判籌碼。行動計畫是：永尼．納坦雅胡少校率領一支總參偵搜突擊隊，在兩座監測站之間占領陣地，作為屏障；一支傘兵旅負責攻占敘利亞監測站與黑門山頂，卓立上校的高拉尼旅則負責奪回以色列監測站。

經過兩週血戰，戰士已經疲憊不堪，但任務必須執行。攻擊發起時間定為下午六時。從下午二時起，塞考斯基直升機便陸續將兩個兵力已經縮水的營，總計六百二十六名傘兵，一個工程單位，與一個重型迫擊砲分隊送往攻占敘利亞監測站行動的攻擊發起區。而敘利亞發現以色列傘兵升空，於是派遣二十四架米格二十一與五架載了突擊隊的直升機應戰，被以色列國防軍戰機擊落了其中十架米格機與兩架直升機。

以色列傘兵的第一個目標是占領皮士林（Pitulim）哨所。哨所前方有兩條路，一通黑門山頂，一通敘利亞黑門監測站，皮士林位於兩條路交會口，地位非常重要。以色列軍在跨越道路往岔路口挺進時遇到敘利亞攻擊，一名軍官戰死。其餘官兵冒著敘利亞軍砲火衝鋒，將其全殲。他們繼續前進，三小時過後抵達敘利亞黑門監測站。他們與敘利亞軍交火，十二名敘利亞軍戰死，其餘撤退。傘兵跨過柵欄進入監測站，發現裡面一個人也沒有。守在那裡的敘利亞軍都逃跑了。敘利亞指揮部立即派來六輛滿載士兵的卡車，意圖增援，但遭傘兵擊潰。凌晨三點二十五分，傘兵指揮官向上級報告，敘利亞黑門監測站已經在以色列國防軍手上。

不過主要的行動是奪回以色列監測站。事實證明，它比攻占敘利亞黑門監測站複雜得多，也更加血腥。高拉尼旅為完成這項任務付出五十死、八十傷的慘重代價。

在上戰場以前，高拉尼旅一位名叫義加・帕索（Yigal Passo）的中尉連長召集部下說：「要照顧自己；我要你們都不受損傷。慢慢來，要用腦筋。我不要你們無謂地衝鋒，也不要你們當英雄；我們要一個一個把他們殺了。」幾小時以後，帕索在兩軍於十六號山頭的浴血苦戰中陣亡。十六號山頭是以色列奪回黑門監測站的部分目標。

高拉尼旅士兵分為三路往山頂仰攻。主力部隊五十一營從山麓攀登，要抵達海拔五千兩百九十五英尺（一千六百公尺）高處。行動過程備極艱辛，直到七個小時後、接近午夜，五十一營終於來到一處人稱「戰車彎」（Tanks' Curve）的地點。以色列軍在進抵戰車彎的過程中未見任何風吹草動，也正因為一切如此安靜，有些官兵認為敘利亞守軍已經逃逸，他們可以不費吹灰之力、順利奪回監測站，戰事很快就會結束。當時他們距監測站只有兩千六百英尺（八百公尺），而且

---

137 阿米爾・卓立（Amir Drori，1937～2005）：少將。曾任總參謀長、國防軍陸軍總司令，也是以色列文物局創辦人及第一任總幹事。

絲毫不見敵軍已經在前方設伏的跡象。以色列國防軍在展開攻山行動以前，曾對每一座山頭實施砲擊。但之後由於砲彈落點距離挺進中的隊伍過近，所以高拉尼旅旅長要砲兵放過兩處山頭，不要砲轟。就這樣，以色列軍大砲沒有彈洗十六號山頭。

但就在十六號山頭上，敘利亞軍在十四處戰壕與戰壕周遭的巨石堆裡藏了一支大部隊。高拉尼旅官兵完全不知道他們正走進死亡絕地。

凌晨兩點，一名走在最前面的士兵在戰車彎聽到聲響。他立即蹲下身，接著看到在兩塊巨石間出現一名敘利亞戰士的身影，那人身上裹一條毯子，戴一頂針織圓帽。敘利亞人突然見到眼前有人也嚇了一大跳。他揚起頭用阿拉伯語問道：「你是誰？」這名以色列士兵沒有猶豫，率先拔槍把他殺了。頃刻間，四面八方槍砲聲大

黑門山之戰的英雄：「食人族，指骨，印第安人……」（吉夫・史佩托〔Zeev Spektor〕攝影，以色列政府新聞局提供）

作，無線電不斷傳來「接戰！」的呼叫聲。

一場殊死戰立即展開。敘利亞軍使用從以色列奪來的MAG-58機槍，以高度命中率攻擊高拉尼旅傘兵，造成許多傷亡。另有一支高拉尼旅連隊不久也與敘利亞軍遭遇，許多官兵在激戰中受傷。

高拉尼旅戰士大衛・沙法提（David Tzarfati）後來回憶說：「兩點三十分以後，十六號山頭變成另一個世界。我聽到恐怖的嘶叫，呼吼，哭聲，咆哮聲，彷彿置身屠宰場一樣。我對自己說：『沒救了。現在沒有人能聽到我的聲音。這不是開玩笑的，是真的要死了。』我斷了與其他人的聯繫，把頭埋在地上，使勁地埋。」

兩軍繼續死戰，砲火從四面八方朝山頭掩至。由於不清楚哪些陣地已被以色列軍占領，亂軍之中，以色列射向十六號山頭的砲彈險些炸到國防軍士兵。幾個彈片落在高拉尼旅營長與營長助理身邊，營長用無線電聯絡指揮所，要砲兵暫停砲擊，先用警告彈確定以色列軍各單位所在陣地位置，然後再恢復砲擊。砲兵連遵命照辦。經過一番檢驗之後正準備恢復砲擊時，來回各單位間、負責聯絡的一名砲兵協調官中彈，他的無線電報廢，砲擊作業也因此無法繼續。

高拉尼旅戰士摩提・李維（Motti Levy）在回憶當時的戰況時說：「山頭變得像叢林一樣，我可以聽見傷兵的嘶喊。我的好友哈山像夢遊一樣在山上蹣跚搖擺，一邊還大叫：『媽！我死了！死了！』我們這個連百分之八十的人都處於危險狀況；我聽見阿拉伯語的喊殺聲從我頭頂上方五公尺處傳來。情勢壞到無以復加。」

凌晨三點，旅長卓立帶著幕僚來到現場，對部下說：「守住陣地。援軍很快就會趕到。」大衛．沙法提對旅長大叫道：「我們需要撤退！我們需要撤退！死了太多人，傷了太多人！」旅長答道：「安靜，戰士。援軍就要到了。守住陣地。」

凌晨四點，高拉尼旅偵察連朝黑門山的纜車站前進。偵察連當時不知道敘利亞兵力究竟有多大。半途中，連長維尼克（Vinick）想試探通往戰車彎的那條路，準備加入戰鬥，以支援第五十一營。然而他就在這條路上遭到藏身路邊一處戰壕中的敘利亞軍伏擊。維尼克開了幾槍，然後中彈倒地。一名通信兵與一名救護兵想上前搶救，也都中彈負傷。

戰鬥繼續進行，死傷人數也不斷攀升。北方軍區指揮官於是下令傘兵準備接下高拉尼旅的任務。幾分鐘過後，軍區作戰官下令傘兵從敘利亞黑門監測站下山，支援高拉尼旅。北方軍區原本保證將收復以色列監測站的任務留給高拉尼旅，現在也只得作罷。但高拉尼旅繼續死戰不退。

四點五十分，傘兵旅A連進入十七號山頭。傘兵準備攻山，卻不知道一支敘利亞大編隊已經深溝高壘、分成三十五處陣地守在十七號山頭。A連沿著一面較不陡峭的斜坡往北上山，卻正好墜入敘利亞設下的陷阱。十六名傘兵戰死，連長身負重傷，兩週以後因傷重在醫院去世。

五點十五分，旅長卓立負傷；五十一營營長葉胡達．佩里（Yehuda Peled）代理旅長，但幾分鐘以後，佩里也受了傷。旅作戰官約夫．戈蘭[138]少校接掌旅指揮權。戈蘭早先在蘇伊士運河之戰中負傷，當敘利亞軍占領黑門山時，國防軍已經將他列為傷殘人員，但他不肯離去，繼續與部下官兵一起戰鬥。他派出一個機械化連，並且決定以重砲轟擊敘利亞突擊隊掘壕固守的黑門山以色列監測站與十七號山頭。而這整個過程中，高拉尼旅戰士也在他們浴血換來的陣地死戰不退；就這樣，高拉尼旅有三分之二的戰士非死即傷。這場戰役的英雄之一班尼．馬沙斯（Benny

Massas）覺得，他的戰友寧願死在山上，也不願奪不回監測站而撤軍。

結果先挺不住的一方是敘利亞。以色列重砲猛轟，以及高拉尼旅的死戰不退，終於決定了戰場勝負。敘利亞軍自八點十五分起開始逃離戰場。在攻進監測站途中，高拉尼旅戰士又打死十名敘利亞突擊隊員，俘虜了二十人。以色列軍小心翼翼進入監測站，因為擔心敘利亞人在裡面埋了詭雷。

十點五十分，約夫・戈蘭在無線電中報告：「監測站在我手裡了！以色列黑門監測站在我們手中了！我們現正在監測站裡，肅清現場。」又隔幾分鐘，高拉尼旅一名軍官透過旅通信網路宣布：「全球各地所有網站！旗子已經升起！」

一點也沒錯。在付出可怕的代價之後，高拉尼旅軍旗與以色列國旗再次飄揚在黑門山以色列監測站上。班尼・馬沙斯與他的戰友收復了「以色列之眼」。

一位名叫阿拉魯（Alaluf）的士兵在總結這場戰鬥時說：「是誰奪回了黑門？是旅長阿米爾・卓立？他在第一波行動中就負傷倒在地上。是營長？他在第二輪火拚中也倒下了。我對他們並不惱怒。他們都是我的官長。但奪回黑門的是義加・帕索與他那些平凡的士兵。是我，是摩提・李維，沙法提，艾迪・尼西（Eddie Nisim），達哈利（Dahari），布魯斯坦（Blutstein）；是所謂的食人族、指骨、印第安人。」

138 約夫・戈蘭（Yoav Golan，1958～）：少將。鑄鉛行動期間擔任南方軍區司令。在二〇一〇年曾奉命出任參謀長，但這項任命旋遭取消。後擔任房屋部長（2015～）。

【人物小檔案】

大衛．沙法提（高拉尼旅戰士）

那真是一場艱苦的浴血惡戰。我當時認定自己必死無疑。我有一種跨入死亡的感覺，覺得自己很快就要與那些戰死的弟兄在一起……在那場大砲擊以後，我躺在地上，沒辦法動，也沒辦法反應。我進入一種半醒半睡的狀態，不想活命……我已經與周遭一切事物切斷關係，就像置身在一個氣泡裡。

我這一生永遠不會忘記的一刻出現了——那是最真實、最有力的一刻，我因那一刻而有了繼續活下去、繼續作戰的勇氣。當時是早上八點，我仍然躺在地上，一點用也沒有。我的連長義加．帕索早在凌晨四點中彈，垂死的他這時以虛弱的聲音對我說：「大衛，你要當那些戰死弟兄的代表。你要把這場戰鬥告訴所有人。」說完以後，他要我開火掩護他，然後站起身來，用盡最後一點體力向敘利亞軍陣地跑去。他甚至在臨死最後一刻還要繼續戰鬥。戰鬥結束以後，我們後撤陣亡的弟兄，義加．帕索的屍體也在其中。

第六部

核子戰的危險

歌劇行動（一九八一年）

以色列右翼政黨聯盟統一黨領導人梅納罕・比金，在一九七七年第一次擊敗勞工黨，贏得大選。當時沙丹・胡笙（Saddam Hussein）正在伊拉克建造奧西拉克（Osiraq）核子反應爐。比金認為這座反應爐威脅以色列的生存，儘管面對強大反對阻力，仍決定將它摧毀。這就是歌劇行動（Operation Opera）。

亞歷桑納行動（二〇〇七年）

艾利爾・夏隆以統一黨黨魁身分當選總理；之後他將統一黨一分為二，另建新黨，名為前進黨（Kadima）。夏隆後來中風，由艾胡・奧莫[139]繼任。奧莫之後發動亞歷桑納行動（Operation Arizona）。

第十九章
歌劇行動與亞歷桑納行動

一九八一年六月七日星期五是五旬節前夕。五旬節是慶祝上帝在西奈山將「摩西五經」賜予猶太人的日子。以色列人成千上萬聚集在猶太會堂，不過也有數以千計群眾喜歡在以色列黃金般璀璨的海灘歡慶佳節。就這樣，在這天下午四點，聚集在艾拉南方海灘的群眾，見到八架 F-16 戰機呼嘯在藍空，它們低空飛過艾拉灣（Gulf of Eilat），繼續往沙烏地阿拉伯方向飛去。這八架 F-16 從西奈艾吉昂（Etzion）空軍基地起飛，另有八架 F-15 緊接在後面。約旦國王胡笙當時正巧乘著他的皇家遊艇在艾拉灣消暑，眼見這些戰機越過頭頂，他立即發電向約旦軍方示警，還要軍方照會附近諸國的軍方，但不知為什麼，他的電文沒有發出去。也幸好如此，因為這些以色列空軍飛機即將展開歌劇行動，要摧毀沙丹．胡笙正在巴格達附近建造的一座核子反應爐。

139 艾胡．奥莫（Ehud Olmert，1945～）：以色列政治家及律師。曾任以色列總理（2006～2009）、耶路撒冷市長（1993～2003）及貿易部長。卸任總理之後，他因擔任耶路撒冷市長和貿易部長期間收受賄賂和妨礙司法而被判服刑。

這項行動早在幾年前就展開規畫。一九七六年八月二十六日，伊拉克與法國政府簽訂一項協議，由法國為伊拉克建一座法國稱之為「奧西拉克」、伊拉克稱之為「塔穆茲」的核子反應爐。法國還允諾，將供應伊拉克八十公斤百分之九十三精度、足以製造一枚原子彈的濃縮鈾。以色列在經由情報管道發現這件事以後，曾展開外交行動，希望阻止法國將核反應爐運交伊拉克。以色列特使在巴黎向法國當局解釋說，沙丹．胡笙若是手中有了核武器，對以色列的生存將構成嚴重威脅。儘管他們費盡唇舌，想讓法國人相信與沙丹打交道無異於與魔鬼交易，但法國怎麼也不買帳。據外國人士說，以色列眼見外交手段失敗，決定把問題交由莫薩德解決。莫薩德的特工在法製反應爐準備裝船啟運伊拉克以前，破壞了其中一些零組件。但在反應爐運抵伊拉克以後，法國人很快將它修復，建廠施工順利展開，短期內即將完工。梅納罕．比金在一九七七年當選總理以後做出結論：想解決這個問題唯有訴諸軍事干預。國防部長艾澤．魏茲曼與國防軍新參謀長拉佛．艾坦都建議了一項軍事行動方案。行動主要由空軍司令大衛．艾夫利擔綱，且由非常幹練的阿維．塞拉上校，連同幾位青年軍官，在空軍總部負責行動各方面的細部規畫。以色列很快獲悉，這座反應爐即將於一九八一年九月全面運轉，比金於是決定在春天發動攻擊。空軍最先提交的行動方案代號為「彈藥山」。

規畫這項行動的人員，還從一處意想不到的地方獲得一大「奧援」：伊朗。一九七九年爆發的伊斯蘭教革命，使伊朗從美國的親密盟友變成美國的死對頭。以色列原與美國政府簽有供應F-16戰機的協定，但由於美國的其他「客戶」享有優先權，所以F-16戰機運交以色列的日期仍然遙遠。但在德黑蘭發生革命之後，F-16戰機運交伊朗的原訂計畫取消，白宮於是同意將這批戰機轉交以色列。

事實證明，F-16比以色列空軍其他飛機更適合這項出擊伊拉克的任務。根據這項計畫，八架F-16執行攻擊，八架F-15戰機則負責護送，並作為空中指揮站之用。以色列在奈吉夫沙漠建造了一個反應爐模型，祕密展開飛行員與機組人員的任務演練。國防軍參謀長艾坦也親臨參與其中一次模擬攻擊，從領航員座位上進行觀察，看準備工作是否合乎預期。模擬攻擊結束後，艾坦將軍一言不發，坐進他的小飛機返航。拉塞上校坐在他旁邊，迫切想知道長官的意見，但艾坦一直悶聲不響。

拉法葉·「拉佛」·艾坦不僅是以色列著名的悍將；這位總是雙唇緊閉的硬漢也是蘇巴尼（Subotnik）教派的後裔。蘇巴尼是俄羅斯農民組成的一個教派，於十九世紀結束時皈依猶太教，移民到巴勒斯坦。這批蘇巴尼移民在加利利定居，後來成為以色列最優秀的農人。拉佛也在特拉達辛（Tel Adashim）合作農村出生長大。他由於驍勇善戰很快在打擊軍與國防軍中展露頭角，但終其一生，他始終是一位橄欖農與木匠。拉佛身為第一批加入夏隆傘兵隊的軍官，在率領傘兵營參加米拉隘口之役、打響西奈之戰第一槍以後，獲得了在傘兵銀翼章鑲紅邊[140]的無上殊榮。他親歷以色列每一場大戰，曾在六日戰爭身負重傷；也曾帶領傘兵執行多次突擊任務，是贖罪日戰爭期間死守戈蘭高地不退、以色列最強悍的衛士。在一九七八年，這位沉默寡言的沙場老將繼摩塔·古爾後出任參謀長。

140 表示「戰鬥」。

在往北返航途中，艾坦儘管知道阿維・塞拉想聽他的看法，但有很長一段時間他一句話也沒說。直到飛了半小時以後，他才低聲說了一句：「政府會授權這項行動。」塞拉聽了以後鬆了一大口氣。

然而，國安系統中有許多重要人士反對這項任務，其中包括軍事情報局首腦葉奧舒亞・沙吉（Yehoshua Sagi）；莫薩德首腦伊薩克・霍飛，還有當時已經離開國防部，也改變了主意的艾澤・魏茲曼，以及副總理伊蓋爾・雅丁。雅丁甚至揚言不惜辭職以示反對。但比金耐心耐煩，有條不紊，一一說服他的內閣閣員，讓他們相信這項任務的重要性，直到全體閣員都表示支持為止。彈藥山行動預定於一九八一年五月八日展開。到了那天，一切準備就緒。飛行員都已經坐進飛機，完成起飛前準備了。就在這時，比金接到前國防部長、反對黨領袖西蒙・裴瑞斯的一封信。裴瑞斯在信中懇請比金取消這項行動，說他擔心這項攻擊會遭致國際社會嚴厲反彈，還引用《聖經》經文說，這麼做會使以色列陷入孤立，像「沙漠中的杜松」（〈耶利米書〉四十八章六節）一樣。比金接到這封信以後也惴惴不安，因為反對黨領袖既然知道了，其他人也可能已經知道這項最高機密的任務，彈藥山行動已經走漏風聲。比金於是決定暫緩任務，但他沒有放棄。他將任務代號改為「歌劇」，行動發起日改為六月七日。

飛在最前面、擔任F-16八機編隊長機飛行員的，是吉也夫・拉茲（Ze'ev Raz）。拉茲是F-16戰鬥機的中隊長，來自北以色列的吉法（Geva）屯墾區。第二個八機F-15編隊的長機由中隊長阿米爾・納楚米（Amir Nachumi）駕駛，還有阿莫・雅德林[141]與伊蘭・拉蒙[142]上尉等幾位機長。

雅德林後來成為軍事情報局局長，拉蒙則是編隊中最年輕的機長。拉蒙雖然沒有實戰經驗，但曾經擔任中隊領航官。儘管這趟任務旅程長達九百六十公里，但拉蒙估算之後，認為編隊毋需進行空中加油也能完成任務，而且事實證明他的估算果然正確：這件事讓拉茲印象特別深刻。

大衛・艾夫利決定，出擊的飛機要在引擎運轉的情況下加油，這是一種不尋常、而且很冒險的作法。他並且下令，飛行員要在飛行途中丟棄備用油箱，這麼做風險也很大，因為拋下的油箱可能撞到外掛在兩翼下、各重一噸的兩枚炸彈。這項任務本身也相當危險：伊拉克當時正與伊朗打得昏天暗地，依常理判斷，伊拉克一定會派遣飛彈連與戰鬥機保衛這座反應爐。機長們當時都確信，他們的F-15將被迫迎擊數不清的米格機。

以色列飛行員知道這次出擊風險奇大。如果遭到敵方攻擊，他們的存活率幾近於零。如果座機中彈，飛行員就算跳傘逃生，也會降落在距以色列好幾百英里的伊拉克境內，多半難逃遭伊拉克俘虜、受酷刑折磨致死的厄運。但每一位飛行員在聽說這項任務以後都自告奮勇、爭著加入。

他們在六月七日出擊。兩個編隊穿越阿卡巴灣（Gulf of Akaba），飛越沙烏地阿拉伯北部沙漠上空，從南方繞過約旦進入伊拉克，最後跨過幼發拉底河接近目標。這段旅程有一個應該很醒目的陸標：一個位於湖中央的小島。拉茲見到了這座湖，但湖中沒有島。他開始有些疑心，是不

141 阿莫・雅德林（Amos Yadlin，1951～）：官拜少將。曾任以色列空軍參謀長、駐華府武官，及軍事情報局局長。

142 伊蘭・拉蒙（Ilan Ramon，1954～2003）：官拜以色列空軍上校。後來成為以色列第一位NASA太空人，在二〇〇三年哥倫比亞號（Columbia）太空梭墜毀悲劇事件中喪生。

是飛錯了方向？他們直到事後才知道，原來當地不久前發生豪雨，導致湖水高漲而將那個小島淹沒了。

核子反應爐終於出現在他們眼前，沙丹．胡笙引以為傲、又高又厚的防禦牆環繞在反應爐四周。拉茲開始與隊友聯繫，要他們增加飛行高度，以免撞上電網或高高豎立在附近的電線桿。只有一件事讓每個人都大呼不解：當地沒有空防！空中見不到一架米格機，也沒有人向他們發射飛彈。伊拉克軍用高射砲向他們虛應故事地開了幾砲，不過都沒打中。

以色列機衝向反應爐，以三十五度角投下炸彈。幾枚炸彈先炸開蓋在反應爐上方的圓頂；其他附有延時引信的炸彈則穿入反應爐深處，在真正的爐心爆炸。大多數炸彈命中目標，徹底毀了這座反應爐。只有一位飛行員誤將炸彈投向附近一座建築物。

飛掠反應爐的投彈攻擊前後總計八十秒鐘，八十秒過後以色列機立即轉向返航。根據程序，任務完成後，指揮官必須一一點名，每一位參加任務的飛行員應該一一以「查理」（Charlie）回應。大家都回應了，只有拉蒙沒有答腔。指揮官一再呼叫他的名字，但無人應聲。直到返回基地進行任務後簡報時，大家才知道究竟發生了什麼事：拉蒙一直相信這次行動遲早要遭遇米格機，由於他是編隊最後一架飛機，他認為自己一定在劫難逃。正因為全神貫注、一心想著這場「幻想空戰」，他對無線電傳來的呼叫聲竟是聽而不聞。不過他終於回過神來，開了口，這次任務唯一的「失蹤飛官」也找到了。

總而言之，出擊的以色列飛行員都很確定，他們會在返航途中遭遇升空攔截的伊拉克米格機。從伊拉克西部接近約旦邊界的H-3空軍基地起飛的米格機，可以不費周章、對返航以色列機進行攔截。不過什麼事也沒發生。伊拉克沒有出動任何飛機攔截，十六架以色列戰機全部安全返回基地。當時駐在巴格達的一位外國外交官事後說，負責這座核子反應爐空防事務的指揮官，在事發當下坐在巴格達一家咖啡廳用餐，他底下的人想聯絡他卻一直聯絡不上。經沙丹．胡笙下令，這名伊拉克指揮官第二天在巴格達一處公共廣場上了絞刑架。

在攻擊過程中，滯留在反應爐旁邊一座建築物中的十名伊拉克軍人與一名法國工程師遇害。

歌劇行動大獲勝捷的消息傳開，以色列舉國上下歡欣沸騰。除了裴瑞斯以外，那些一開始反對這項任務的人都承認他們判斷錯誤，對任務與出擊的飛行員讚不絕口。但外國的反應不一樣。以色列在數不清的國際論壇遭到嚴厲撻伐。就連原本與以色列交好的美國總統雷根也加入譴責行列，甚至還實施制裁，暫時停止對以色列的武器運交。

沙丹．胡笙在取得反應爐以後，曾揚言要在兩、三年內造出核子武器，但反應爐被毀，他這個可怕的預言也完全成空。直到一九九一年，第一次波斯灣戰爭期間，以色列的盟友才了解這項任務的重要性。當時在布希政府擔任國防部長的迪克．錢尼（Dick Cheney，後

從巴格達返航的飛行員。（以色列國防軍發言人提供）

來擔任美國副總統）曾為了以色列這項「大膽而戲劇性的行動」而向以色列致謝。

吉也夫．拉茲因完成這項完美無瑕的任務，而獲以色列國防軍參謀長頒狀表揚。拉茲堅持所有參加任務的人都應該獲得贈勳，但有一名空軍指揮官不以為然，說道：「他們憑什麼獲勳？他們不過是飛了一趟任務而已，對手根本沒有到場。」但這麼說並不公允，因為他完全忽略了出擊飛行員為了任務付出的心理掙扎，以及他們的膽識與決心。

任務結束後，以色列發表「比金主義」（Begin Doctrine）：即為了防止以色列遭遇核武攻擊的危險，以色列會阻止任何敵對的中東國家發展核子科技。

【人物小檔案】

吉也夫．拉茲（戰鬥機飛行員，攻擊伊拉克反應爐行動指揮官）

頗為諷刺的是，讓我最引以為傲的不是這次行動。而是在贖罪日戰爭期間，我奉命從拉馬．大衛空軍基地前往西奈，攔截敵機。我駕的是一架幻象。突然間一架米格機出現在我們眼前，我的領航員將它鎖定了；飛彈射控系統的紅外線雷達由於感應到眼前這架飛機的熱能，也開始嗡嗡作響。不過我沒有發射飛彈。我的領航員大叫：「吉也夫，怎麼還不把它打下來？快把它打下來！」

但我還是沒有按鈕。情況有些蹊蹺。為什麼這架米格機會單飛？它為什麼在這裡？我飛到距它只有四百公尺、用機砲就可以將它擊落的位置時，它突然掉轉往側翼飛去。我這下看清了：它不是米格機，是我們的幻象！

又過了幾年，我們剛成立鷹式戰鬥機（F-16）中隊沒多久，空軍司令大衛・艾夫利找上我。他一定是經過了一番掙扎才會找上我，因為我的飛行員訓練過程並不很順利，他勉強為我佩上飛行翼章。他問我：「你想想看，巴格達那座核子反應爐。長程，低空飛行，我們辦得到嗎？」我找上中隊領航官伊蘭・拉蒙，他對我說有可能辦到。

我們在沒有空中加油的情況下辦到了，那些美國人怎麼也不相信竟有這種事。直到任務完成、返回基地以後，我才知道機長之一的艾立克・夏飛（Elik Shafir）在起飛前發現他的油料系統有一個小故障。他應該滑出跑道，讓另一架飛機替補，但他沒有這麼做。他就帶著比較少的油料起飛，完成投彈任務，耗盡他最後一滴油飛返基地。我對他說：「艾立克，這麼做簡直是瘋狂，不過換成是我，也會幹同樣的事。」

十六年後，以色列根據比金主義又執行了一項行動。

根據外國媒體報導，二〇〇七年中旬，兩名莫薩德特工潛入倫敦肯辛頓（Kensington）酒店一間住房，「駭」了住房旅客的手提電腦，看了裡面的內容。這名旅客是赴英國訪問的敘利亞高級官員，莫薩德在他的電腦裡面發現許多最高機密情資，其中最驚人的內幕是，敘利亞正在祕密建造核子反應爐。

莫薩德從這部電腦裡面取得的文件與照片，證實了伊朗副國防部長阿里・雷沙・阿斯加利（Ali Reza Asgari）的一項令人疑惑、稀奇古怪的說法。阿斯加利在幾個月以前叛逃，還接受了美國人的訊問。他告訴美國人，根據伊朗、北韓與敘利亞的一項聯合方案，一座核子反應爐將在敘利亞沙漠內建造。這項方案由伊朗出資，由北韓負責反應爐的建造與裝備。衛星影像也證實這項情報：在敘利亞東部的德・阿爾朱（Dir alZur）正在建造一座與北韓寧邊完全一樣的反應爐。莫薩德還取得一些來自反應爐工地的照片，顯示北韓人出現在現場。以色列專家判斷，施工已經進入後期階段，這座反應爐在二〇〇八年九月就可以全面運轉。

以色列空軍登門造訪以前與以後的敘利亞反應爐。（美國政府提供）

莫薩德首腦梅爾．達干[143]與總理艾胡．奧莫，將這個情報緊急交給美國。敘利亞是以色列的死對頭，是伊朗與黎巴嫩真主黨[144]恐怖組織的盟友。以色列當然不能坐視敘利亞發展大規模毀滅性武器。但當以色列把這項情報交給中央情報局與白宮時，美國人始終不相信，要求提供更多證據。布希總統還要求以色列，在取得更可靠的情報以前暫時不要採取任何行動。

二〇〇七年七月，以色列空軍執行了幾次高空偵照任務，並將Ofek-7間諜衛星瞄準這座反應爐。這些行動取得一些詳細的照片，清楚證明敘利亞正在建造一座與北韓寧邊反應爐一樣的核子設施。阿曼[145]監聽單位八二〇〇部隊，還錄下大馬士革與平壤間許多詳細的對話。莫薩德則提出許多照片，甚至還在反應爐設施內部拍了一段影片。以色列把這些情資全部交給華府，但白宮仍然猶豫。美國人要放射性材料已經安置在德．阿爾朱反應爐的確證。

國防軍奉命取得這些確證。根據國際媒體報導，總參偵搜突擊隊隊員分乘兩架直升機進入德．阿爾朱。他們冒著生命危險，進入一個最仇視以色列的阿拉伯國家，並在這個國家最機密、警備最森嚴的地區展開行動。偵搜突擊隊員著陸以後，使用從以色列帶來的特種裝備在反應爐四周蒐集放射性土壤樣本。以色列將這些樣本交給美國人，證明這個危險千真萬確。時任布希總統

143 梅爾．達干（Meir Dagan，1945～2016）：少將，曾任各種軍職，並獲頒英勇勳章。也曾任莫薩德首腦（2002～2010）。

144 真主黨（Hezbollah）：伊朗資助成立的什葉派伊斯蘭政治和軍事組織。一九八二年以色列入侵黎巴嫩後成立。主張消滅以色列，以及黎巴嫩境內的西方勢力。

145 阿曼（Aman）：以色列軍事情報局的俗稱。與俗稱「夏巴」（或「辛貝特」〔Shin Bet〕）的以色列國內安全局，和俗稱「莫薩德」的以色列情報特務局，共同組成以色列的情報體系。

國家安全顧問的史蒂芬・哈利（Stephen Hadley）說，這些是無可否認的鐵證。但當奧莫總理打電話給布希、要求美國轟炸這座反應爐時，布希的答覆令奧莫非常失望：布希說，美國不能攻擊一個主權國。根據同一份報導，奧莫當時宣稱，這樣的答覆令他非常困擾，他準備「為保衛以色列」而採取行動。

以色列果然採取行動，行動代號「亞歷桑納」。

根據英國《週日泰晤士報》的報導，二〇〇七年九月四日晚間十一時，空軍「翠鳥」突擊隊出動，執行一項關鍵性任務。他們祕密滲透敘利亞，在反應爐周邊據守陣地。他們的任務是用雷射光「漆」上反應爐外牆，標示出它的位置，為隨後發動的空中攻擊做準備。在完成任務以後，翠鳥突擊隊員還躲了一天一夜。九月五日晚間十一時，十架F-15從拉馬・大衛空軍基地往西北方向起飛，進入地中海。代號「亞歷桑納」的行動正式登場。其中三架F-15在半途中脫離編隊，飛回基地。根據合理判斷，這三架F-15一定是採取電子戰，誤導敘利亞雷達作業人員，讓他們以為所有升空的以色列飛機都已經折返基地。事實上，其餘七架F-15繼續沿著土耳其與敘利亞邊界東飛，從北方進入敘利亞領空。這七架以色列機抵達目標上空，從相當距離外，對準罩上一層雷射光的反應爐外牆，發射空對地「小牛」（Maverick）飛彈與半噸重精靈炸彈。攻擊非常精準，徹底炸毀了反應爐。以色列飛機與突擊隊員全數安返基地。

根據事後刊出的報導，在任務進行過程中一直守在「地洞」（空軍地下作戰指揮中心）的以色列領導人，擔心敘利亞會有狂暴的反應。敘利亞擁有幾千枚飛彈，足以造成以色列重大傷亡。由於當時以色列與土耳其關係很好，奧莫緊急打電話給土耳其總理艾杜安（Erdoğan），請艾杜安轉告敘利亞，說以色列無意開戰。

敘利亞政府大驚之下，一開始對這次攻擊完全保持沉默，後來敘利亞國家新聞社終於發表一篇聲明表示，以色列戰鬥機利用夜間滲入敘利亞領空，「在荒漠地區丟下砲彈」，但沒有造成任何損害；敘利亞機「已經將他們趕走」。

與轟炸伊拉克反應爐大不相同的是，這一次以色列沒有聲張。直到今天，以色列仍然沒有承認自己動手剷除了敘利亞這座核子設施。不過這項任務也留下一些有跡可尋的線索，例如有人在土耳其境內找到一具以色列飛機拋下的油箱，上面還印有希伯來文。以色列否認闖入土耳其領空，土耳其也樂得接受這項說法。

站在官方立場，以色列不承認它的部隊攻擊了德．阿爾朱反應爐。但當時擔任反對黨領袖的班雅明．納坦雅胡證實了這件事。奧莫總理曾就這項行動向納坦雅胡詳加說明。納坦雅胡在接受以色列電視節目訪問時說：「我全力支持內閣為以色列的安全而採取行動……這件事也一樣，我從一開始就參與，而且全力支持。」

翌年，二〇〇八年八月二日晚上，這項代號「亞歷桑納」的敘利亞行動又添了一筆奇怪的後記。那天晚上，敘利亞北部利馬．奧—沙哈比亞（Rimal al-Zahabiya）的一座海濱華廈舉辦了一場歡宴。奧—沙哈比亞位於塔圖斯（Tartus）港附近，這棟華廈的主人是穆哈麥．蘇雷曼（Muhammad Suleiman）將軍。蘇雷曼是阿薩德總統親信的顧問，是敘利亞國安體系幕後的重要人物。他的辦公室就設在總統府裡，與阿薩德的辦公室緊鄰，但他是一位行事謹慎、喜歡隱身暗處的神祕人物，知道有他這號人物存在的敘利亞政界與軍界人士寥寥無幾。

蘇雷曼是敘利亞核子反應爐計畫發起人之一。他負責監督這座反應爐的建造，還有管理它的保安（顯然沒有管好）。以色列人有充分理由相信蘇雷曼還會採取行動，另建一座新的反應爐。此外，把飛彈與其他武器從伊朗運交黎巴嫩真主黨的事，他也是主謀。因此，蘇雷曼早已成為以色列國防軍的眼中釘。

在利馬．奧—沙哈比亞這次晚宴中，來賓圍坐在設於屋邊遊廊的一張長桌旁。長桌正前方就是地中海那懶洋洋、一波波緩緩湧向岸邊的浪潮，真是好一幅平和安詳、令人陶醉的美景。而談笑風生的來賓哪會注意到，從一片漆黑的浪潮中突然冒出兩個身著潛水裝的人，兩人從防水箱中取出狙擊步槍，在獲得訊號後一起扣下扳機，將兩顆子彈打進蘇雷曼的腦袋。將軍俯身倒在裝滿食物的桌上；身邊的人直到看見鮮血從他前額汩汩流出，才發現他已經中槍。現場立即陷入一片混亂，沒有人見到槍手，因為兩名潛水人早已潛入水中，回到母船上。根據外國媒體報導，這艘母船把他們送回海軍十三偵搜隊的基地。英國報紙說，狙擊手乘一艘以色列人的遊艇來到蘇雷曼的住處，射殺蘇雷曼以後逃逸無蹤。

這次行動讓敘利亞政府驚惶失措。敘利亞領導人難道連在自己的國家都找不到一處安全的所在嗎？敘利亞當局萬般無奈，只得宣布「敘利亞會進行調查，找出犯案的人」。另一方面，事發幾個月以後，海軍十三偵搜隊獲得褒獎，但沒有詳述褒獎事由。這不禁讓人猜想，或許十三偵搜隊執行的多項祕密行動中，有一項是發生在利馬．奧—沙哈比亞那平靜的外海。

第七部

黎巴嫩戰爭

一九八二年，比金與國防部長夏隆發動引起爭議的「加利利謀和」行動，打擊黎巴嫩境內的恐怖組織。這項行動由參謀長拉佛．艾坦領導的國防軍負責執行。以色列雖取得加利利謀和行動的勝利，但黎巴嫩長槍黨[146]在貝魯特的沙布拉（Sabra）與夏提拉（Shatila）難民營中屠殺了好幾百名巴勒斯坦平民，為這項勝利蒙上污點。儘管夏隆與艾坦都沒有親身涉入屠殺事件，但以色列調查委員會後來仍將夏隆解職，並且嚴厲指責艾坦。

第二十章
畢爾福之戰

「經過一夜激戰，畢爾福（Beaufort）已在我們掌握之中，而我們也為此付出了非常沉重的代價。天亮以後，我注目凝神望著那根天線，那根從畢爾福每一處制高點都能見到、兇神一般突出的天線。我突然有一種極強烈的渴望，想要一砲把它轟了，因為在我眼中，它是世上萬惡的象徵。我要榮尼（Roni）掛一面旗子上去。榮尼把我裝甲指揮車上的那面旗子取下，懸在那天線頂端。見到以色列國旗在我如此痛恨的天線上飄揚，令我感到無限滿足、興奮，幾乎喘不過氣。」以上是高拉尼旅工兵連連長威卡．巴凱（Zvika Barkai）中校的事後憶述。

第一次黎巴嫩戰爭在一九八二年六月六日爆發，畢爾福之戰是其中一場戰役。畢爾福的一座

---

146 黎巴嫩長槍黨（Kataeb Party; Christian Lebanese Phalanges）：即黎巴嫩社會民主黨，主要由基督宗教馬龍教派支持。成立於一九三六年，主張黎巴嫩獨立，反對法國殖民。黎巴嫩獨立後，轉為反敘利亞、巴勒斯坦等泛阿拉伯主義者。如今已併入黎巴嫩三一四聯盟（March 14 Alliance）。

城堡，多年來一直是巴勒斯坦解放組織威脅以色列北部城鎮與屯墾區的象徵。恐怖分子用一切可用的武器，包括火箭等，從這座城堡攻擊加利利突出地（Galilee Panhandle），特別是位於黎巴嫩邊界的梅圖拉（Metula）。以色列空軍雖曾多次出動，轟炸這座城堡，但一直無法剷除這些恐怖分子。城堡中的恐怖分子仍然不斷侵害以色列北疆居民的安全，居民稱這座城堡為「怪獸」絕非沒有道理。畢爾福之戰就是高拉尼旅為奪取這座城堡而與巴解恐怖分子的戰鬥。

由十字軍建於十二世紀的畢爾福城堡，位於利塔尼河（Litani River）邊一座山上，戰略位置非常重要：它的長度不過四百英尺（一百二十公尺），海拔卻高達兩千三百五十英尺（七百二十公尺），俯瞰南黎巴嫩與加利利，還能監控通往黎巴嫩城市錫登以及海岸平原的道路。

畢爾福不僅是一個攻占的目標而已；對雙方而言，它都是一種權力、控制與力量的象徵。這座城堡就像一頭噴火的怪獸或火山，見到它的人無不心驚膽顫，只不過它噴的不是岩漿或灰燼，而是飛彈與砲彈的煙硝。也正因為交戰雙方都知道誰勝利誰就能控制這整個地區，所以這場戰役打得格外殘酷而血腥。

占領畢爾福堡以及附近要塞化戰壕的任務，落在了高拉尼旅偵搜突擊隊的肩上。前後一年半的時間，這支突擊隊反覆演練在不同時間、使用不同方法——乘坐直升機、裝甲運兵車或步行——執行任務可能出現的各種狀況。高拉尼旅工兵連也奉命出動，負責攻占畢爾福堡南方的天線站。

中午時分，高拉尼旅等國防軍部隊開始跨越邊界柵欄進入黎巴嫩，執行政府「讓所有以色列北方城鎮脫離黎巴嫩恐怖分子砲火射程」的決策。此前很長一段時間，恐怖組織，主要是法塔赫，對以色列北疆城鎮發動了無數次攻擊，砲火射擊更是從未間斷，以色列一直克制隱忍。但現在，比金與他的部長們終於決定動手。以阿拉法特為首的法塔赫，擁有兩萬三千名恐怖分子，遍布在所謂的「法塔赫地」，包括黑門山西坡、黎巴嫩山南部的納巴帖（Nabatieh）高原，以及推羅（Tyre）與貝魯特之間地區。

以色列曾在一九七八年發動利塔尼行動（Operation Litani）。國防軍在那次行動中將恐怖分子趕到利塔尼河北岸；聯合國也在當地建了一支和平軍，但是這支和平軍對和平一點幫助也沒有。恐怖分子之後元氣恢復，又幹起壞事。一九八一年七月，他們甚至動用大砲與飛彈轟擊北疆城鎮，恐怖活動也達到頂峰。後來雙方終於協議停火，不過以色列很清楚，停火持續不了多久，必須剷除恐怖分子在南黎巴嫩的勢力才行。就這樣，「杜松行動」（Operation Oranim）計畫在國防軍作戰中心誕生了。以色列派遣特工與軍官祕密往訪黎巴嫩，與黎境基督宗教社群和基督宗教民兵組織「長槍黨」建立密切關係。一些以色列領導人計畫與黎巴嫩基督宗教勢力聯手，共同執行這項軍事行動，然後在黎巴嫩建立「新秩序」。

以色列之所以不再克制、決定訴諸一戰的導火線是一群恐怖分子企圖暗殺以色列駐英大使席洛莫．阿果夫（Shlomo Argov），阿果夫雖逃出生天，但身負重傷。儘管這群恐怖分子是與阿拉法特的巴解沒有關係的一個分支，總理比金仍然決定把帳算在巴解身上。比金與國防部長夏隆下定決心打擊巴解恐怖分子，一勞永逸地終止來自黎巴嫩的恐怖攻擊。以色列於是根據杜松行動藍圖，展開代號「加利利謀和」（Peace for Galilee）的軍事行動。

長列裝甲運兵車隊沿著通往利塔尼的道路前進，造成大塞車，也延誤了行動時間。直到下午五點，高拉尼旅的一支部隊才跨過利塔尼，朝畢爾福前進。出擊的戰士心知肚明，戰鬥將在黑夜展開。巴凱說：「在旅途中，我們要每個隊伍都做好夜戰準備。但這並不特別困擾我們，因為我們早已對目標瞭若指掌。」

不過根據突擊隊低階軍官納達夫・帕爾提（Nadav Palti）的記憶，實際情況並非如此。「我們為這一刻準備了一年。但就在我們接近畢爾福、攻擊行動就要見真章的時候，卻發現萬事皆未具備。需用的裝備沒有運到，而兵士們不眠不休地趕了四十八小時的路，都已經陷入半昏睡狀態。戰車也有一些問題。遑論一年半以來一直擔任偵搜突擊隊指揮官、公認『畢爾福專家』的吉奧拉・『高尼』・哈尼克（Giora “Goni” Harnik），在戰爭開打前一天解職。」

偵搜突擊隊在傍晚逼近畢爾福時，突然一陣槍聲響起，突擊隊新指揮官摩西・卡普林斯基（Moshe Kaplinski）胸部中彈。

於是高尼・哈尼克立即趕到這個地區。哈尼克身材修長，相貌英俊，父親是音樂家，母親是詩人，是一位深獲部屬愛戴、很有魅力的領導人。他與高拉尼旅副旅長賈比・艾希金納吉（Gabi Eshkenazi）是好友。四年前，擔任營長的艾希金納吉在黎巴嫩的利塔尼行動中受重傷，時任連長、還很年輕的哈尼克接掌指揮權，完成了任務。

這天晚上，艾希金納吉一聽說哈尼克回到戰場，就立即要哈尼克繼任高拉尼旅突擊隊隊長。哈尼克坐著一輛裝甲車往部下所在地飛馳，在不開燈的暗夜，座車撞上山坡一處梯田的石築護欄而翻覆。哈尼克帶傷跑到了陣地。

不久，突擊隊通信網路上傳來他的聲音說：「復仇軍官（哈尼克的代號）報到。」官兵們都鬆了一大口氣。他們都相信他，也仰慕他，有他領導，他們就安心多了。他開始下命令，協調任務下一步行動。哈尼克與巴凱協議，由巴凱的部下打頭陣，哈尼克的突擊隊員隨後。巴凱的部下徒步展開行動。巴凱事後說：「我們開始攀登畢爾福，我帶著五個人走在最前面，這感覺可不好受。事情很明顯，如果他們開火，第一個中彈的就是我。我舉起望遠鏡觀察，發現中央碉堡裡躺著一名恐怖分子，還把手中武器對著我。我下令衝鋒；就在同時，我聽見槍聲大作，敵人已經朝我們開火。我後來才知道，那一陣子彈擊中跟在我們後方的突擊隊員。」

巴凱與他的士兵穿過一處地雷區，往天線站滲透。他們攻進天線站周邊戰壕，與守在裡面的恐怖分子肉搏。工兵連醫官與巡邏隊隊長受傷。以色列士兵在近距離搏殺幾名恐怖分子，工兵連終於占領天線站。

哈尼克的部隊跟在工兵連後面進抵城堡。開始攀山前，他們必須先穿過一條白色碎石鋪成、位於登堡山道邊的小徑。隊員們黑色的身影襯在白色背景中格外顯眼。擔任突擊隊分隊長的摩提事後憶述：「我接到哈尼克的命令：『往前衝！』我們開始跑。我們必須穿過畢爾福西側一個射擊區才行。敵人向我們開火，彈如雨下，你可以見到子彈朝你直直衝來。我回頭一看，跟在我後面的人只剩下七、八個！我們剛開始跑的時候有二十一人。我告訴哈尼克，部下跟不上，他對我說：『摩提，繼續往前。我會要他們跟上來。』事後回想起來，在這段飛跑過程中，恐怖分子根本是肆無忌憚，大舉屠殺我們。」三名突擊隊員在這條小徑上戰死。

儘管如此，突擊隊員仍冒著漫天飛舞的機槍彈火，繼續衝向通往城堡的戰鬥壕。一名分隊隊長帶著一名士兵首先跳進戰壕。戰壕很窄，帶著全幅裝備與武器在裡面迴旋極其困難。但兩人沒有停下腳步，直到兩排子彈掃來將兩人都劃倒在地上為止。兩人當場陣亡。另三名突擊隊員立即飛奔而至，把一個裝滿榴彈的袋子丟進戰壕。

就在這時，哈尼克也帶著五名戰士進抵城堡入口。這裡的戰況異常激烈。無數恐怖分子被殺，還有一些乘亂開溜。一名頑強的恐怖分子躲在蓋著偽裝網的一處小陣地，對哈尼克一陣亂槍掃射。這位深獲部下敬愛的隊長當場戰死。

其他以色列戰士繼續清理現場，發現他們最大的問題是那座不斷噴出火舌的主碉堡。兩名戰士匍匐前進，爬到它上方，丟了一大綑炸藥，然後撤退。一聲雷霆巨響過後，這座主碉堡已經化為廢墟。

晚間十時，戰鬥結束了。以色列軍找到三十具恐怖分子的屍體，高拉尼旅也有六死九傷。哈尼克戰死的噩耗讓整個高拉尼旅與最高指揮部震驚。戈蘭高地之戰的英雄、此時擔任暴風雨師（Ga'ash Division）師長的阿維德・卡拉尼無法面對這個消息。「我一直盼望這個消息是錯的，盼望會傳來第二個電文，更正第一個電文。但更正的電文一直沒有傳來。」

高拉尼旅弟兄後來訝然得知，哈尼克的母親雷雅・哈尼克早已預見愛子之死。哈尼克只有四歲時，雷雅寫了一首詩：

我不能
讓我的長子犧牲
我辦不到

哈尼克六歲時，雷雅又寫了以下讓人驚悚的詩句：

面對大難

當那一天到來，我會睜大眼站著，
我的整個人生就在它面前凍結
我化身一塊鐵石，鐵無淚
心在灼痛
我喉乾舌燥，怒火中燒
夜復一夜，我哭泣，為那天哭到人生盡頭……

在占領畢爾福的第二天，比金乘坐直升機，在這座已經徹底為以色列控制的城堡邊降落。國防部長夏隆也陪在他身側。在城堡邊接受電視訪問時，比金說，以色列士兵在這場戰役中沒有人陣亡，連受傷的人都沒有。直到事後才發現，他之所以這麼說，是

艾利爾．夏隆與畢爾福的征服者。（以色列國防軍檔案提供）

因為根本沒有人向他報告戰鬥結果。比金除了這「無傷亡」聲明以外，還向戰士們問了一句傻話：「他們有機槍嗎？」這些話引起以色列民眾嚴厲反彈，特別是那些愛子在這場惡戰中傷亡的父母親尤其怒不可遏。

另一方面，在戰事進行頭三天，打擊恐怖分子的戰役也在黎巴嫩全境各地打響。加利利師開進海岸平原，一直打到利塔尼河。一支裝甲部隊進抵錫登；暴風雨師朝納巴帖前進；西奈師也在黑門山西坡與恐怖分子戰鬥，不過儘管敘利亞當時對以色列國防軍發動砲擊，以色列軍仍避免與敘利亞軍衝突。

不過到了六月九日，以色列對敘利亞的克制畫下句點。以色列要求敘利亞將部隊撤回戰前的陣地，但沒有得到回應，以色列於是決定全力出擊。（見第二十一章）

【人物小檔案】

賈比．艾希金納吉（高拉尼旅副旅長，後來擔任以色列國防軍參謀長）

身為高拉尼旅副旅長，我在這場戰役中碰上幾次難以面對的事件。第一次是當我獲知突擊隊隊長摩西．卡普林斯基受傷。我派高尼．哈尼克替補，但三、四分鐘以後他們報告說，他的裝甲車在畢爾福附近的阿農（Arnoun）村翻覆，他背受重傷，卻仍然徒步跑向部隊所在位置。我對自己說，這個指揮部的骨幹已經受損，現在高尼也要棄我而去……但不到幾分鐘，高尼在無線電上出聲，我們說了話，戰鬥繼續進行，我覺得情勢已經在掌控中。

第二次是當戰鬥結束，他們告訴我高尼與另外五名戰士已經陣亡。這真是讓人心痛。高尼與我一起出生入死，經歷了許多事。我覺得自己不僅損失了一位最優秀的指揮官，還損失了一位好友，一位出類拔萃的鬥士。

這場戰役原本計畫在白天進行，結果在夜間打了起來。在指揮官紛紛中彈的情況下，旅突擊隊與工兵連的戰鬥表現值得讚揚。這場戰役能夠取勝，靠的完全是戰士與指揮官們的素質，以及他們對畢爾福狀況的熟稔。

我在戰鬥結束、從畢爾福堡下山的時候，很難相信我們會在這裡停留二十年。二〇〇〇年，我以北方軍區司令的身分下令國防軍撤出畢爾福與黎巴嫩。

敘利亞陸軍與空軍對黎巴嫩的態度，就像黎巴嫩是敘利亞領土的一部分似的。他們在黎巴嫩的貝卡（Beqaa）設了地對空飛彈連。在黎巴嫩戰爭期間，以色列必得面對敘利亞的飛彈與戰鬥機。

第二十一章
螻蛄十九號行動

一九八二年六月九日，第一次黎巴嫩戰爭開打的第三天，以色列空軍飛行員緊張、焦慮地等著訊號，準備展開他們成軍以來最複雜的一項任務：攻擊敘利亞設在黎巴嫩貝卡山谷的飛彈陣地。在耶路撒冷，以色列政府仍在爭論究竟要不要執行這項行動，擔心會因此加重與敘利亞人之間的對抗。當時敘利亞無論在政治與軍事上，都已深深涉入黎巴嫩事務。以色列政府的爭論很火爆，而且爭了好幾個小時，仍然沒完沒了。行動展開時間一延再延，空軍司令大衛・艾夫利回到他的辦公室，全力鑽研來自戰場的最新情資。空軍作戰部部長阿維・塞拉上校則在等待出擊的飛行員之間周旋，檢查他們的戰備，為他們打氣，讓他們放輕鬆一些。

下午一點三十分，國防軍參謀長艾坦從總理辦公室打電話給空軍司令說：「採取行動的時間到了。祝好運！」下午兩點，攻勢展開。

出擊令發布後，空軍一〇五中隊的二十四架F-4幽靈式帶著飛彈起飛。一起升空出擊的，還有天鷹式戰鬥機、以色列自製的幼獅（Kfir）戰鬥機，以及攜帶追熱空對空飛彈的F-15與F-16。

以色列空軍還出動了一架負責電子干擾作戰的鷹眼（Hawkeye）預警機、幾架波音七〇七與金鷲（Zahavan）無人機。在行動最高峰階段，以色列總計有近一百架飛機在空中執勤。

敘利亞投入這場戰鬥的空軍兵力也有大約一百架，其中包括米格二十一與米格二十三。敘利亞在貝卡山谷全境共部署十九個地對空飛彈連，裝備最先進、最尖端的蘇聯製SA-3、SA-6與SA-8地對空飛彈。

對以色列空軍而言，地對空飛彈仍是一個難以克服的致命傷。與埃及的消耗戰，以及其後的贖罪日戰爭，都曾讓以色列空軍嚐盡埃及飛彈之苦，一談到埃及飛彈就有一種無力感。前國防部長艾澤．魏茲曼還造了一個著名的詞「折翼飛彈」，空軍指揮官們因此痛下決心，要解決這個棘手難題。前後五年間，空軍最優秀的科研人員與軍事工業廠商密切合作，研發對抗敵方飛彈的技術對策，讓以色列的飛機不再「折翼」。

現在答案揭曉的一刻到了。猶太科研人員想出的辦法能解決這個問題嗎？以色列空軍飛行員的夢魘能就此結束嗎？以色列空軍能重新掌握這個地區的制空權嗎？

攻擊行動第一步是發射無人機飛越貝卡山谷上空，進行誤導。以色列模擬噴射戰鬥機設計的這些無人機顯示在雷達螢幕上的輪廓，讓敘利亞中計。果不出以色列軍事策畫人所料，敘利亞立即發射地對空飛彈攻擊這些無人機，暴露了飛彈連的精確位置，讓這些飛彈連成為以色列追熱導彈的箭靶。同時，國防軍地面電子感應站也分毫不差地標出這些飛彈連的位置，供砲兵進行砲擊。

二十四架幽靈式戰機隨即出現，每一架攜帶兩枚「紫拳」（Purple Fist）追熱飛彈——這種飛彈可以追蹤敘利亞防空雷達系統散發的熱能，鎖定這些系統。幽靈機在距離飛彈連近二十二英里（三十五公里）外發射這些「紫拳」，還射了一些吉也夫[147]空對地飛彈。在整個攻擊期間，無人機不斷在貝卡上空穿梭，將戰果回報給作戰中心的指揮官。

第一波攻擊結束後，敘利亞飛彈連沉寂了幾分鐘，第二波攻擊隨即登場。四十架幽靈、幼獅與天鷹戰機飛抵飛彈連上空，投下包括集束炸彈[148]在內的各型炸彈，炸毀許多飛彈連與連隊組員。第三波攻擊也緊接而至，讓少數僥倖存活的飛彈連在劫難逃。整個攻擊行動在四十五分鐘內結束，以色列空軍大獲勝捷。敘利亞部署在貝卡山谷的飛彈連幾乎全軍覆沒。

攻勢展開以後，敘利亞總共發射五十七枚SA-6飛彈，但只擊中一架以色列機。前後有好幾分鐘，敘利亞指揮部陷入一團混亂，直到發現它的飛彈系統已經瓦解，敘利亞才下令米格機緊急升空。在之後的空戰中，以色列空軍F-15與F-16用空對空飛彈擊落二十七架米格機。

負責作戰行動地面管制任務的塞拉上校說：「從作戰觀點而言，相對於事先的規畫，這次對飛彈連的攻擊，是我監控過最簡單的一次任務。一切都按照計畫，毫無差錯地進行。也正因為這樣，在第一波飛機成功攻擊了飛彈連以後，我仍然下令繼續轟炸，因為我擔心若將計畫稍做改

147 吉也夫（Ze'ev）：以色列自行研發的中短程精密武器。

148 集束炸彈（cluster bombs）：是將多數小型炸彈集合成一般空用炸彈，藉由數量增加涵蓋面積和殺傷範圍，爆炸碎片可在足球場大小的範圍內產生巨大殺傷力。由於容易波及平民居住區，且未爆彈不易清理，如今大多數國家都已簽署《集束彈藥公約》（The Convention on Cluster Munitions, CCM）同意禁用集束炸彈。

動，稍有遲疑或變更，可能造成混亂，反而使任務無法一氣呵成。」

下午四點，塞拉做了一個他事後形容，是他這輩子最重要的一項決定：停止任務。「在這個階段，我們已經毀了十四個飛彈連。再隔一小時天就要黑了，而且我們連一架飛機都沒有損失。我相信這個成果已經好得不能再好。我靠在椅背上，靜了一分鐘，吸幾口氣，然後對自己說：『就到此為止吧，我們已經做好了今天的工作。反正他們明天還是會調新飛彈連進駐的。』」

塞拉走到大衛．艾夫利身邊。艾夫利當時正與參謀長艾坦一起觀察任務。塞拉為避免艾坦聽到，湊近艾夫利的耳朵說：「我想要求授權停止這項任務。今天已經做不了什麼了。剩下的飛彈連，留到明天再打吧。」

艾夫利想了片刻，點頭表示同意。幾架已經飛在半途、準備發動更多攻擊的以色列戰機，於是奉塞拉之命返回基地。說得委婉一點，國防部長夏隆不喜歡這項決定，甚至還在一次會議中嚴厲抨擊艾坦這項決定。但事實證明，塞拉的論點是對的：敘利亞第二天又將更多飛彈連調進貝卡山谷。

之後兩天，以色列轟炸機在戰鬥機護航下，出發攻擊敘利亞調進貝卡山谷的新SA-8飛彈連。敘利亞由於空防砲兵系統已經癱瘓，只得遣派飛機攔截以色列戰機。在接下來這場空中對決中，以色列飛行員再次占盡上風。第一次黎巴嫩之戰中，以色列空軍擊落八十二架敘利亞戰機，本身只損失兩架，而且是遭地面砲火擊中的。後來有人說，以敘雙方共投入約兩百架戰機的這場空戰，是「噴射機時代規模最大的空戰」。

艾夫利說：「在這場空戰中，我們的戰機主導了一切，敘利亞戰機打得慌亂不堪，這讓我們取得巨大的心理優勢。敘利亞人從頭至尾，就沒搞清楚空戰狀況。我們以電子干擾他們的瞄準與管控能力，使進入戰區的敘利亞飛機不像是攔截機，而更像是我們的靶機。」

當記者問他，最讓他興奮的一刻是什麼時候，曾在以色列攻擊伊拉克核子反應爐行動中擔任空軍指揮官的艾夫利，毫不遲疑地答道，敘利亞飛彈在第一次黎巴嫩戰爭期間不再攻擊的那一刻，最是讓他興奮。他說：「當情況已經明朗，我們在沒有折損任何一架飛機的情況下，成功毀了敘利亞飛彈系統，我興奮得彷彿人要飄起來一般。這是一場牽涉到整個空軍的鬥爭——這是一場盛大的音樂會，有各式各樣的樂器，每個人都必須配合得完美無瑕。」

以色列因這場戰役而徹底奪得黎巴

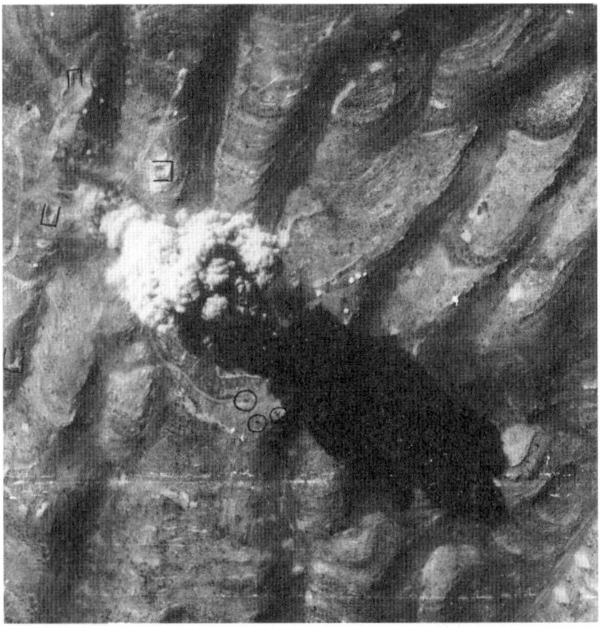

飛彈連消滅了。（《空軍雜誌》提供）

嫩制空權，讓以色列空軍可以隨心所欲、支援國防軍地面部隊。不過，由於擔心會演變成一場與敘利亞的全面大戰，以色列空軍遵照內閣決定，一直沒有攻擊敘利亞地面部隊。一九八二年六月十一日，經美國特使菲利普・哈比（Philip Habib）斡旋，雙方協議停火。

這項代號「螻蛄十九號」（Operation Mole Cricket 19）的作戰，是公認以色列空軍史上最重要的四場戰役之一。[149]西方國家的空軍認為，這項作戰是成功運用西方科技對付蘇聯防禦戰略的範本。這項攻擊的戰果讓華沙公約組織[150]軍事領導人震驚不已，他們因此對蘇聯、特別是對蘇聯集團地對空飛彈系統信心盡失。

【人物小檔案】

阿維・塞拉（中隊長）

為執行這項任務，我們在魏茲曼研究所一支了不起的科研團隊協助下，研發了一種電腦管控企畫系統，讓我們可以為充滿變數的作戰行動做準備，並進行指揮。它可以同時管理好幾百架擁有數以百計武器系統的飛機，對幾十個飛彈連與幾十處雷達設施發動攻擊。這個系統反應非常靈敏，能在變數數以千計的情況下，於第一時間進行運算。它的首席設計師是住在伯尼・布萊（Bnei Brak）的正統教派猶太人（Haredi），名叫梅納罕・克勞斯（Menachem Kraus）。克勞斯是一位極傑出的程式設計師，沒有受過正規教育，但擁有非常廣泛、非常獨特的知識。他參與所有作戰企畫，在行動展開期間還穿著平民服裝，與我們一起坐在地下指揮中心。

那天日落以後，我們舉行夜間任務後簡報，討論我們從白天的戰鬥中學到些什麼。我來到簡報會場，與會者包括所有中隊長、大隊長，還有幾位前空軍指揮官。突然間，大家都站起身來為我鼓掌，祝賀這場完美的行動。我非常感動，因為戰爭才打到一半，這樣的事非常罕見。我還得了一個小雕塑，上面刻著幾行字：「獻給塞拉，對抗飛彈之戰的幕後軍師，你的遠見已經成真，我們又一次可以昂首挺胸了——空軍八號基地戰鬥機飛行員敬贈。」

149　另外三場戰役是：六日戰爭期間對阿拉伯聯合空軍進行的「焦點行動」（見第六章）；對伊拉克核子反應爐進行的「歌劇行動」（見第十九章）；以及一九七六年救援恩德培人質的「永納坦行動」（見第一章）。

150　華沙公約組織（Warsaw Pact）：是歐洲社會主義陣營國家為了對抗西方資本主義陣營「北大西洋公約組織」（北約）而於一九五五年成立的。隨著東、西德統一而在一九九一年宣告解散。之後大多數成員加入了北約。

第八部

與恐怖主義奮戰

一九八二年黎巴嫩戰爭之後，巴勒斯坦解放組織恐怖分子與巴解領導人流亡突尼西亞，在突國政府保護下完全不受任何制裁。但到了一九八八年，總理伊薩克・夏米爾[151]批准一項任務，改變了這種情勢。

第二十二章

「母親公車」攻擊事件之後

一九八八年三月七日早晨。「母親公車」[152]像往常一樣，從貝爾謝巴開到迪蒙納（Dimona，位於奈吉夫沙漠）核能廠。車子來到公路上一處荒無人煙的地點，突然見到路中間站著三名男子，旁邊還停著一輛軍車。三名男子攔下母親公車，揮著自動武器來到車上，乘客這才發現三人是阿拉伯恐怖分子。公車上頓時亂成一團，四十名在迪蒙納核能廠上班的乘客乘亂逃出公車。恐怖分子強占了公車，將還在車上的九名婦女與兩名男子擄為人質。以色列特種部隊幾乎立即趕到，將公車團團圍住。恐怖分子開始與他們談判，要求釋放關在以色列監獄裡的巴勒斯坦人犯，交換公車上的人質。三名恐怖分子揚言每半小時殺一名人質，並率先殺了人質維克多．拉姆以立威。

---

151 伊薩克．夏米爾（Yitzhak Shamir，1915～2012）：曾於莫薩德服役（1955～1965），兩度擔任以色列總理（1983～1984，1986～1992），也曾任以色列議會議長（1977～1980）。

152 母親公車（Mothers' Bus）：因為車上乘客多為婦女而得此名。

以色列特種部隊根據接獲的第一波情報，知道這三名恐怖分子在那天清晨從埃及控制的西奈跨越邊界，途中還劫持了一輛軍用吉普車。以色列邊界警衛軍轄下的特種部隊「亞瑪」（Yamam）奉命突擊這輛巴士。亞瑪遵命行事，殺了三名恐怖分子，但恐怖分子在臨死前也殺了兩名他們劫持的婦女：琳娜・帕沙卡—席拉茲基與米蓮・班雅。在談判過程中，一名恐怖分子曾大叫道：「阿布・吉哈派我們來的！」

對以色列國防軍情報人員而言，「阿布・吉哈」（Abu Jihad）這名字一點也不陌生。阿布・吉哈又名「聖戰之父」[153]，本名卡利・奧瓦吉（Khalil al-Wazir），是阿拉法特的副手，也是巴解組織的軍事頭子。他生在當時屬於巴勒斯坦英國託管區的拉雷，長在加薩難民營。還不到二十歲，他就拉攏其他巴勒斯坦青年組織抵抗團體，即是阿拉法特手下「法塔赫」的第一批成員。阿布・吉哈參加法塔赫在以色列境內幹下的第一次行動，於一九六五年一月一日在國家輸水系統（National Water Carrier）的一座廠房放了一枚炸彈。在贖罪日戰爭之後，他策畫了一連串對以色列的恐怖攻擊：一九七四年在納哈利亞（Nahariya）的攻擊，造成以色列人四死六傷；一九七五年三月五日對特拉維夫沙威（Savoy）濱海酒店的攻擊，造成八名人質與三名國防軍士兵死難，其中包括尤吉・義艾利上校；一九七五年七月四日，在耶路撒冷鬧市錫安廣場（Zion Square）用一具裝了詭雷的電冰箱引發巨型爆炸，奪走十五條人命；一九七八年三月十一日濱海路（Coastal Road）大屠殺，三十五人喪生；還有一九八五年九月在賽普勒斯利馬索爾（Limassol）殺害三名以色列船員等。

到一九八八年，阿布・吉哈開始遙控發動巴勒斯坦人第一次武裝叛亂——巴勒斯坦人稱為

「起義」——成為許多巴勒斯坦人心目中反以色列鬥爭的象徵。他娶了英提莎・奧瓦吉（Intisar al-Wazir）為妻。英提莎・奧瓦吉又叫烏姆・吉哈（Umm Jihad，即「聖戰之母」），是個讓人印象深刻的女人，也是自成一格的領導人。她為阿布生了三子一女。以色列於一九八二年入侵黎巴嫩以後，阿布・吉哈與他的戰友被逐出黎巴嫩，四年以後又遭約旦驅逐，最後隨同法塔赫其他領導階層一起在突尼西亞首都突尼斯安身。

阿布・吉哈早在幾年以前就名列以色列暗殺黑名單；以色列曾經計畫幾次暗殺他的行動，但都在最後一刻喊停。不過在一九八八年三月「母親公車」攻擊事件發生以後，他又成為以色列人注意的目標。軍事情報局局長阿農・里金—沙哈克將軍做出結論：必須剷除阿布・吉哈。里金—沙哈克可不是隨口說說的泛泛之輩，他是因一九七三年青春之泉行動而獲贈勳的英雄。（見第十四章）

國防軍新參謀長丹・蕭隆（恩德培救援人質行動的幕後策畫人）原則上批准了這一項行動，並且把行動管理與準備工作交給副參謀長、曾擔任總參偵搜隊隊長的艾胡・巴拉克。這項要在距以色列一千五百五十多英里（兩千五百公里）外執行的任務顯然極其複雜。國防軍向莫薩德求援。自法塔赫領導階層遁入突尼斯以來，莫薩德就不斷擴展其情報網路。莫薩德潛伏在突尼斯的特工曾經祕密造訪阿布・吉哈住的「藍白小鎮」[154]，將他的住宅拍照，甚至還畫出房屋結構與內

153 吉哈（Jihad）即阿拉伯文「聖戰」之意。

154 藍白小鎮（Sidi Bou Said）：坐落地中海邊的小鎮，其中所有的房屋都只有白牆與藍色門窗兩種顏色，因而得名。

部格局的精確藍圖。一名莫薩德女特工用假藉口造訪了他的家，提出一份家具擺設與屋內狀況的報告：一條門廊連接門口到擺了許多沙發與太師椅的客廳；有一扇門通往阿布・吉哈的書房；另一扇門通往廚房；還有一座上二樓的樓梯。二樓有阿布・吉哈與妻子，以及女兒哈南的臥室。阿布・吉哈夫婦與他們兩歲大的嬰兒尼達爾住一間臥室。兩個年齡較長的兒子則在美國念書。

行動計畫是：總參偵搜隊隊員乘坐以色列海軍艦艇接近突尼西亞海岸，由海軍十三突擊隊帶他們登岸，然後在莫薩德特工協助下進抵阿布・吉哈的住宅。海軍突擊隊已經與海軍祕密繪製了突尼斯海岸地形圖，將突擊隊登陸區位置標示清楚。空軍還出動了一架噴射機，在行動展開前進行偵照，為國防軍提供最新情報。

儘管做了這麼充分的準備，這項行動風險仍然很高。任何與巴解部隊、突尼西亞陸軍單位或地方警力的遭遇都可能演變成災難，而且很顯然，比起在鄰近國家進行類似任務，以色列撤軍或後撤傷員的行動都將難上許多。阿布・吉哈住的那個地區，也住了許多以色列黑名單上最首要的巴解領導人，駐有大批受過良好訓練的法塔赫警衛自是不在話下。只要稍出差錯，就可能引發戰鬥，或導致突擊隊員受困。這項行動還可能帶來嚴重的政治後果，因為突尼西亞並沒有與以色列積極對立，以色列很難解釋何以對突尼西亞發動攻擊。此外，還有一個問題也令國防部長伊薩克・拉賓特別困擾：如何確定阿布・吉哈在執行任務的那天夜晚真的在家？

莫薩德向拉賓保證，透過情報與精密的跟監作業，他們可以對阿布・吉哈在行動展開最後一刻的位置瞭若指掌。另一方面，最後準備工作也已展開。以色列人建了一個阿布・吉哈住宅的全尺寸模型，供總參偵搜隊員進行滲透與暗殺演練。參加這項行動的軍官都經過精挑細選，每一位都負有特定任務。

負責進入二樓臥室的小組，與負責射殺阿布．吉哈的軍官也經過慎選。擔任行動指揮官的是摩西．「布吉」．亞隆。在一九七三年贖罪日戰爭之後，以中士軍階重新加入現役的布吉，這時已經官拜上校，是公認最優秀的總參突擊隊隊長之一。在任務準備期間，布吉決定先行探路。他飛到羅馬，然後用一本假護照從羅馬飛到突尼斯。來到突尼斯以後，他在莫薩德特工帶領下，走訪阿布．吉哈住處的附近地區。第二天，布吉．亞隆取道羅馬返回以色列與部屬會合。

四月十三日，星期三，任務部隊分乘四艘飛彈快艇，在一艘潛艇伴隨下啟程。其中兩艘快艇負責運輸總參偵搜與海軍十三突擊隊員，另兩艘負責保護。兩艘護送的快艇中，一艘配置精密電子行控中心，擔任任務指揮所，由巴拉克坐鎮指揮；另一艘配置全套醫療手術裝備與人員。這支小型艦隊一開始往西北前進，駛往希臘群島，然後轉西，最後轉南，進抵突尼西亞海岸。

就在同一天，兩男一女共三名莫薩德特工用假身分證在突尼斯一家租車公司現身。他們自稱是阿義西．阿—夏利迪（Ayish a-Saridi）、喬治．納吉布（George Najib）與雅塔．阿蘭（Uataf Allem），租了三輛小巴士：兩輛福斯商旅車與一輛寶獅。

飛彈快艇於四月十五日抵達目標。那一天，以色列攔截到法國特工發給巴解組織的一封密電，電文中警告：「以色列人正在搞什麼花樣」。這件事令以色列捏了把冷汗，但巴拉克下令行動繼續。

那天晚上，兩架以色列空軍波音七○七飛到突尼斯上空，一架負責電子傳輸，另一架提供空中掩護，並且為盤旋當地上空的以色列噴射戰鬥機加油。

行動展開了。潛艇持續往指定海灘——位於迦太基旁的阿勞（A-Rouad）——接近，還報告海灘上完全沒有人跡。四名海軍突擊隊員兩人一組，分乘兩艘「哈吉」[155]登岸，與三名莫薩德特工會合。這三名特工已經把租來的三輛車擺在海灘上。海軍突擊隊潛水員用無線電報告海灘已經占領，五艘橡皮艇立即從飛彈快艇上下海，載著二十名總參突擊隊員靠岸。登陸地點與藍白小鎮相距不遠。突擊隊員分成四個組，A與B組執行任務，C與D組提供保護。A與B組隊員裝備帶有消音器的點二二貝利塔手槍與迷你烏茲衝鋒槍。C與D組的幾名隊員攜帶步槍與手榴彈。總參突擊隊員都穿著防彈背心，外罩連身工作裝，腳踏軟皮法國軍靴。他們頭戴附麥可風與耳機的通訊裝置，腰帶上繫著幾個裝有彈藥與急救品的小袋。他們還備有醫療用口罩，以遮掩臉孔。

那天傍晚，阿布．吉哈住在加薩的一個名叫費耶茲．阿布．拉馬（Fayez Abu Rahma）的親戚遭以色列國內安全局（即夏巴）幹員拘留審問。他們有一搭沒一搭地盤問，幾個小時以後將他釋放。國內安全局之所以這麼做，是基於一個簡單而祕密的目的：要阿布．拉馬打電話到突尼斯通知阿布．吉哈，以便莫薩德與軍情局監聽系統證實阿布．吉哈當晚確實人在突尼斯。

但就在H時（攻擊發起時間）即將到來的最後一分鐘，事情發生變化。總參突擊隊員在突尼斯海灘整裝待發之際，一名莫薩德特工接到急電：阿布．吉哈不在家！他在突尼斯，但正與另一名巴勒斯坦領導人法魯．卡杜米（Farouk Kaddoumi）開會。突擊隊員只得等待。國防軍一小支精銳部隊就這樣聚在距離本國好幾千里以外、一處與外界阻隔的敵國海灘上，實在很危險。他們提心吊膽、苦苦等待了一個半小時，布吉．亞隆終於接到報告，說阿布．吉哈已經在兩名保鑣護送下回到家，其中一名保鑣留在屋外的車子裡，另一名保鑣進了屋子。總參突擊隊員立即擠進租來的車子，穿過古迦太基港幽暗的歷史遺跡，朝藍白小鎮進發。兩千多年前，古迦太基大將漢尼拔曾從這處港口出海，朝西班牙進發，對羅馬帝國發動他那場傳奇性的攻勢[156]。

突擊隊在凌晨兩點前不久抵達目標。阿布・吉哈的車子停在住宅門口，那名保鑣正坐在駕駛座上打盹。兩名突擊隊員走近這輛車，其中一人假扮女子，抱著一大盒巧克力，隱藏他那隻握有消音手槍的手。兩人來到車邊，一人對著那保鑣的頭部開了一槍。其他隊員隨即進入房子四周的花園，A組隊員用特製消音裝備撞開一扇強化木門。A、B兩組隊員潛進房子，在地下室殺了第二個保鑣，還有一名霉運當頭、選在那裡睡覺的突尼西亞園丁。A組隊員衝上二樓阿布・吉哈夫婦的臥室。

阿布・吉哈當時還沒睡覺。他在一個小時前親了十六歲女兒哈南，與她道了晚安，離開她的臥室，回到自己房間，坐在桌邊寫信給巴勒斯坦「起義」領導人。外面傳來的一陣輕響引起他的警覺，他抓起特製的銀柄手槍，向門口走去。他的妻子烏姆・吉哈發現情況有異，於是向他叫道「佛登，佛登」，提醒他貝魯特佛登街發生的那次恐怖分子領導人在青春之泉行動中喪生的事件。

阿布・吉哈打開臥室門，迎面站著四名蒙面男子，手中都有武器。他把妻子推進壁間一處凹

155 哈吉（Hazir）：即第八章所提，暱稱「豬仔」的小潛艇。

156 意指古羅馬和古迦太基之間的第二次布匿戰爭（Punic Wars）。其中古迦太基大將漢尼拔（Hannibal Barca, 247 BC～?）領軍的三場戰役：特雷比亞河戰役（Proelium Trebianum, 218 BC）、特拉西美諾湖戰役（Battle of Lake Trasimene, 217 BC）和坎尼戰役（Battle of Cannae, 216 BC）大敗古羅馬軍隊，成為傳奇。但戰爭最後仍是古羅馬大獲全勝，而漢尼拔幾經流亡，最後被迫服毒自殺。

室，舉起手中槍枝，但站在他面前的軍官已經把一整個彈匣的子彈全部打到他身上，另外三名蒙面人也一一向前，如法泡製。阿布．吉哈就在妻子面前倒下。在蒙面人還不斷開槍射擊之際，烏姆．吉哈跳到丈夫身旁，抱住丈夫屍身，向蒙面人大叫：「夠了！」

蒙面人沒有傷她，也沒有傷害因聽到槍響而衝進父母親臥室的哈南。在行動過程中，一名突擊隊員用阿拉伯語向哈南叫道：「去妳媽那裡！」她見到蒙面人向倒在地上的父親不斷開槍，而且有短暫片刻，她與一名未戴面罩跨進臥室的突擊隊員面對面。她望著他的臉——一張她說這輩子都不會忘記的臉。這名突擊隊員也向他父親的頭部開了幾槍。烏姆．吉哈與她女兒還見到一名隨以色列突擊隊行動的婦人，在一旁忙著為整個行動全程錄影。阿布．吉哈夫婦那個兩歲大

奪回遭劫持的「母親公車」。（以色列政府新聞局提供）

的嬰兒尼達爾醒來大哭。一名突擊隊員就站在他旁邊，舉槍掃射天花板，但沒有傷他。巴解組織後來宣稱，突擊隊員射了七十枚子彈，其中五十二枚打在阿布．吉哈身上。

突擊隊員很快離開臥室，下樓，抓了一些他們找到的官方文件、檔案，還從書房牆壁上奪了一個小保險箱帶走。烏姆．吉哈聽到有個婦人用法語從樓上對突擊隊員大叫：「Allez！Allez！」（快走！快走！）

攻擊行動持續不到五分鐘。突擊隊員走出房子，站在房前，由指揮官點名，以確定全員到齊。聖戰之母從窗口看著他們，數了一下有二十四人。他們的車輛迅速開向海灘；突擊隊員在車裡找到幾箱莫薩德為他們準備的無酒精飲料。接應船隻已經在海灘上等著他們，他們連同幾名參加行動的莫薩德特工一起上了船，航向大海。幾名留在突尼斯的特工則打電話向警方報案，說見到蒙面人的車隊往市區而去——與突擊隊撤軍方向正好相反。突尼斯警方在藍白小鎮通往首都的道路上設置路障，突尼西亞總統立刻召集地面部隊與直升機，還下令關閉機場與海港。但除了海灘上那三輛棄置的出租車以外，他們連一個以色列人影都沒有見到。

第二天，這事件以巨幅標題轟動登上全球各地新聞頭版；大家都知道是以色列人幹的。阿布．吉哈已死，不過巴勒斯坦人沒有忘記他的名字。事隔許多年，在巴勒斯坦自治國成立以後，阿拉法特的政府指派烏姆．吉哈為部長。她與她女兒還向許多以色列作者與記者描述這場暗殺事件的過程。

【人物小檔案】

母親公車攻擊事件死難者米蓮．班雅的家人

米蓮．班雅的女兒芮秋流著淚水說：「當恐怖分子把槍對著我母親時，她求他：『我女兒下個月就要結婚了，請饒了我吧。』但他開槍打死了她。母親在核子研究中心擔任執行祕書，當時她正要去上班，手提袋裡還帶了一些我的婚禮邀請函，準備發給她的友人。」

班雅的先生伊利雅胡：「友人在街上遇到我，問道：『什麼，你還沒聽說啊？母親公車遭到攻擊了！』我趕到索羅卡醫院。我太太的妹妹傅蕾達在那家醫院當護士，她告訴我：『她已經走了。』」

班雅的兒子伊蘭：「我母親長得很漂亮，是很快樂的女性。她的法文非常好，早在法國人建這座反應爐的時候就在核子研究中心工作。家人是她的一切，她夢想有一天能不再上班，在家裡含飴弄孫。她沒辦法圓這個夢了。她去世時只有四十六歲。」

伊利雅胡：「伊薩克．摩德柴少將給了我們許多安慰。他經常來看望我們，與我們聊天。他就像是我們的家人一樣。」

芮秋：「我們知道這件謀殺案的主謀是阿布．吉哈。他的死為我們帶來某種快慰，但我們的痛仍然像過去一樣，刻骨銘心。」

伊朗已經成為加薩恐怖組織的主要武器（大多是飛彈）供應國。這些武器一般都會裝進看起來毫無異樣的貨船，駛離伊朗，然後在蘇丹卸貨，裝上卡車車隊，經由埃及與西奈送進加薩；或者貨船將貨轉給穿越蘇伊士運河的船隻，由這些船隻將貨丟進加薩水域，再由當地阿拉伯潛水人將貨撈起。二〇一四年三月，以色列突擊隊擄獲「克勞斯C號」（Klos C），船上有數量不明的飛彈，這是以色列破獲的最近[157]一宗軍火走私事件。但最著名的一次同類型任務，是擄獲卡林A號（Karine A）。

第二十三章 諾亞方舟行動

二〇〇二年一月三日凌晨三點五十八分，兩艘馬林納橡皮艇悄悄靠向卡林A號船弦。卡林A號是一艘在蘇伊士灣航行的貨輪。橡皮艇上電子訊號開始閃爍，坐在艇上的海軍十三突擊隊員立即起身，從橡皮艇往貨輪甲板攀登。突然間，幾架直升機從天而降，更多突擊隊員順著攻擊索從直升機上滑向貨輪甲板。突擊隊員不發一彈，頃刻間占領整艘貨輪，並且立即展開搜索，尋找從伊朗運往巴勒斯坦自治國的武器。

同時盤旋在貨輪上空的飛機計有：以色列空軍戰鬥機；載著六九九部隊（以色列國防軍空降救援與後撤隊）的塞考斯基直升機；一架載有特種裝備，負責情報蒐集、空拍監測與加油的飛機；一架波音七〇七指揮機，坐鎮在機上的有國防軍參謀長夏爾·摩法茲、海軍司令葉迪亞·雅

157 本書首次出版是在二〇一五年。

利、空軍司令丹・哈魯茲[158]，以及其他幾名高級官員。這些以色列要員在行動展開前，已經在空中飛了約兩個小時，不斷跟監海面上事情的發展。一名參與行動的高官後來回憶說：「那是一次長途飛行。距以色列海岸三百英里（四百八十公里）。飛機上很擁擠，而且非常冷，加上氣氛緊張，空氣彷彿結凍一般，可以用刀子切割。」

直到最後一分鐘，任務指揮官還擔心突擊行動會因為天候太惡劣而取消。當時海面上風狂雨暴，浪高幾近十英尺（三公尺），風速將近每小時四十英里（六十四公里）。在這樣的天候下行船很困難，要想從直升機上沿繩索垂降在船的甲板上更是難上加難。但根據非常可靠的情報指出，當時駛在紅海上的卡林A號即將進入蘇伊士運河，國防軍必須竭盡所能、在這艘船抵達目的地以前將它奪下。

負責行動規畫、並且擔任現場指揮官的海軍少將艾利・「老中」・馬洛[159]，有一位非常優秀的氣象專家為他提供氣象情報。馬洛知道，如果按照原訂計畫，讓卡林A號駛到夏姆錫克（Sharm el Sheikh）南方二十五英里（四十公里）處再進行攔截，會撞上這場風暴刮得最凶的時刻。經過再三審慎評估與計算，他決定將部隊開到位於蘇伊士運河南方一百五十英里（兩百四十公里）處的新攔截點，這處新攔截點與以色列的距離，比原訂攔截點的距離遠了足有一倍。海軍突擊隊軍官聽了他的建議之後，都表示計畫不可行，因為任務出差錯的風險比原計畫大得多，此外，直升機與船隻的油料補給是否充分也是未知數。但「老中」堅持計畫可行，認為突擊隊員可以攜帶油桶在海上加油，至於不能長時間在空中盤旋的直升機，也可以與海軍協調，把握時間窗口，在緊要關頭出擊。籌碼已經下了，任務就此展開。

老中・馬洛四十七歲，是在合作農村長大的孩子。他的父親在納粹掌權時期逃出祖居的德國，來到中國，娶了當地一位名叫李霞的女子。李霞的父親是中國人，母親是生在俄國的猶太人。兩人後來移民以色列，李霞也改名莉雅。艾利承繼了母親的鳳眼，年輕就讀海軍官校時，同學們為他取了綽號叫「老中」。美國一家報紙曾因他的亞洲人相貌，稱他是「以色列的中國海軍將領」。老中・馬洛是非常優秀的軍官。一位他過去的戰友在接受報紙訪問時說：「老中由於長相與眾不同，非常要強，凡事都要做得比別人好。他很快就成為佼佼者。」

為了這一夜的行動，以色列已經進行了冗長而複雜、各式各樣情報蒐集與跟監準備作業。這一切事情的開端，都起於國防軍情報總部接獲的幾篇絕密報告。這些報告涉及一項透過海運、從伊朗走私武器到加薩走廊的計畫。巴勒斯坦人試圖經由海路走私武器進入加薩，這已經不是第一次了。在二〇〇一年五月，以色列海軍擄獲一艘船名桑托里尼（Santorini）、從黎巴嫩一處真主黨基地駛往加薩的小艇。以色列人在小艇甲板上發現一個小暗艙，裡面裝的是不容輕忽的武器：俄製史崔拉（Strella）飛彈。巴勒斯坦人打算用這種飛彈打下以色列空軍飛機。這下罪證確鑿，證明了阿拉法特根本是「見人說人話，見鬼說鬼話」：面對西方領導人，他口口聲聲說巴勒斯坦人如何渴望和平，但在阿拉伯世界，他滿嘴談的卻是「聖戰」。

---

158 丹・哈魯茲（Dan Halutz，1948～）：中將。曾任戰鬥飛行員、以色列空軍司令（2002～2004）及參謀長（2005～2007）。在第二次黎巴嫩戰爭之後辭職。

159 艾利澤・「老中」・馬洛（Eli "Chiney" Marom，1955～）：海軍將領。曾任以色列海軍司令（2007～2012）。

一個看似微不足道的發現，讓以色列情報人員神經緊繃：巴勒斯坦人為買一艘舊船付了過高的價錢。海軍情報首腦事後回憶：「我們發現，他們買這艘可疑的船，為的是進行一項絕非正經的勾當；他們千方百計想隱瞞自己幹的好事，還運用特殊技術，像執行祕密任務一樣。」

以色列情報人員立即對這艘船的採購與處理人員展開跟監，搜索一切蛛絲馬跡，尋找可能破解卡林A號謎團的線索。到十二月初，他們已經能窺見巴勒斯坦人這項行動的局部面貌：巴勒斯坦人運用多家影子公司在二〇〇一年買下這艘船。為了怕遭莫薩德或其他情報組織偵知，他們還把船名從里姆K（Rim K）改為卡林A。在目光如鷹的莫薩德特工監視下，這艘船從黎巴嫩駛往蘇丹港（Port Sudan），裝了大量米糧、衣物、玩具與家庭用品上船，但艙內仍有大量空間，足可裝載守在下一站——基希島（Kish Island，位於伊朗外海）——等著裝船的武器。在夜色掩護

卡林A與船上的殺人武器停在艾拉港。（喬考〔Jo Kot〕攝影，《葉迪奧．阿洛諾》日報〔*Yedioth Ahronoth*〕檔案提供）

下，一艘伊朗渡輪把八十個貨櫃裝到卡林A號上，每個貨櫃裝了近一千八百磅（八百公斤）武器。渡輪上說波斯語[160]的船員，將一份貨物清單交給卡林A的船長，還為這趟行程接下來應該怎麼做提供清楚的指示。裝載這些武器的八十個貨櫃，都是由伊朗軍事工業製造、密封而且具有浮力裝置的精密產品。當卡林A號駛近加薩時，船員要把這些貨櫃丟下水。每一個貨櫃備有一個可以裝水、也可以注入空氣的密閉艙。艙裡一旦裝滿了水，貨櫃便會沉入水中；之後潛水員下去，打開貨櫃上一個開關，灌進壓縮空氣，排出密閉艙裡的水，貨櫃就會浮出水面。與此同時，小型船隻會前來撈集這些貨櫃，送到加薩海灘，由巴勒斯坦警方人員驗收，然後交給恐怖分子。

卡林A裝載完這批貨櫃以後，便展開它此行最具關鍵性的一段行程。但由於技術性問題，它被迫在葉門的荷台達（Hodeidah）港停了十一天。這十一天逗留為國防軍帶來寶貴的時間，可以計畫與準備奪船行動。

參謀長夏爾・摩法茲在辦公室開了好幾次會，討論相關問題，與會者有海軍突擊隊指揮官以及空軍與情報人員。桌上攤著幾張地圖，行動計畫也已提出；大家都知道見真章的一刻就要到了。

摩法茲在一次行動會議中問道：「這次行動用什麼代號？」

「諾亞方舟。」海軍作戰部部長答道。

「這名字好。」摩法茲笑說。

在即將做出最後決定以前，老中・馬洛向參謀長解釋說：「成敗完全取決於找到這艘船。只

160 波斯語（Farsi）：伊朗的官方語言。

要我們能找到它的行蹤，剩下的不過是照表操課而已。」

摩法茲仍然不放心，問老中．馬洛：「你會在其中一艘巡邏艇上嗎？」

「會。」

「你知道怎麼處理有關這艘船的一切情報？」

「知道。」

「你能確定是它，知道它上面有什麼，知道它的大小、規模？」

「毫無問題。」

「你走過提蘭海峽嗎？」

「走過許多次。」

「那你告訴我，怎麼把船開過提蘭海峽？」

「那並不複雜，只要知道怎麼啟動船上引擎就可以了。」

摩法茲歸納了他的立場：「我經不起這次任務失敗的風險。如果你認為海上狀況過於惡劣，任務不可能進行，你一定要停下來重新思考；或者你也可以暫停這項任務，我們等個一天兩天，或者乾脆放這艘船走。」

行動展開前幾天，任務相關人員來到總理夏隆的家，向夏隆說明任務細節。夏龍留神傾聽，問了幾個問題，還要來地圖查看，對這項行動的大膽頗為贊許。夏隆很清楚，行動成功的關鍵，就在於海軍突擊隊與載他們垂繩空降的直升機駕駛員之間是否能精確協調。他最後授權展開行動。一名海軍突擊隊員後來說，從直升機垂繩空降到船上：「就像在一條蜿蜒的路上跳進一輛疾駛的卡車一樣。」

仍有一些找不到答案的問題，例如卡林A的船員是否有武裝？藏在船上的這批武器有沒有安裝詭雷？有沒有裝置遙控引爆的炸藥包？船上有沒有巴勒斯坦恐怖分子？如果巴勒斯坦武裝恐怖分子隨船保護，這次任務可能演變成一場血拚。為了應付所有緊急狀況，以色列決定，海軍突擊隊一名醫官與一名救護兵要隨接管隊出動，而且其中一架直升機將配備全套急救手術裝備，以應不時之需。

一天晚上，就在任務展開前不久，參謀長與任務指揮官視察海軍突擊隊用繩索從兩架直升機空降在一艘商船上的演習。摩法茲對這項演習成果非常滿意。演習結束後，突擊隊員啟程前往艾拉待命，準備展開行動。但摩法茲與情報專家仍然為一個最主要的問題忙得不可開交：船在哪裡？他們為什麼找不到這艘船？他們知道它正駛向蘇伊士運河，這一點毫無疑問，但他們找不到這艘船的確切位置。就這樣忙了幾天，直到二〇〇二年一月一日，參謀長才接到報告，說卡林A的確切位置找到了。它位於沙烏地阿拉伯吉達（Jedda）北方四十英里（六十四公里），與突擊隊登船接管的預定位置相隔四百英里（六百四十公里）。最後傳來的幾份報告還指出，卡林A在船身上明顯標示著船名「Karine A」。

攻擊發起日那天早上，各單位開始向目標區進發。「老中」登上一艘「杜佛拉」[161]巡邏艇，

161 杜佛拉（Dvora）：以色列自製的快速巡邏艇。以美國為以色列製造的巡邏艇「達布」為藍本，由以色列航太工業（Israel Aerospace Industries）專門為海軍所建造。

海軍突擊隊隊長拉姆・羅登伯格（Ram Rotenberg）與他的隊員則登上一架直升機。在攻擊發起前兩個小時，摩法茲與海軍、空軍指揮官們搭上了一架波音專機。當任務於紅海水域展開時，這架波音機將載著他們飛臨行動區上空。

事實上，在任務展開以前，這些波音機上的乘員已經緊盯在終端機螢光幕前，看著「老中」與他的指揮中心在海上尋找卡林A。卡林A終於夾在一個船隊中，出現在雷達螢幕上，距離攻擊接管位置二十英里（三十二公里）。他們用盡各種辦法，卻始終無法判定究竟哪一艘是卡林A號。他們派出一架空軍巡邏機，但由於濃霧籠罩水域，這架巡邏機也無功而返。海軍的小型艦隊於是開始接近這個船隊。為了不暴露形跡，「老中」把海軍艦艇組成一個特殊隊形，一艘巡邏艇在前，一艘巡邏艇在後，中間是橡皮艇，從遠方看來，它們就像是一艘大船。

艦艇與波音專機上的氣氛愈來愈緊張。機會之窗正在縮水：他們必須在凌晨四點十五分以前完成任務，否則直升機將迫於油料，非撤離現場不可。

老中不斷計算時機與地緣性，最後決定在三點四十五分展開行動。

「但船在哪裡？」一名海軍突擊隊軍官問道：「它到底躲哪裡去了？會不會跑了？」

突然間，在大約四點五英里（七公里）外，一名海軍情報官見到一艘有著大煙囪的船，船上有三個裝卸貨物的起重機，而且桅杆在船的正中央：這些都是卡林A的特徵。這份報告立即透過指揮鏈傳進指揮中心，指揮中心瞬間沉浸在鼎沸激情中。船找到了。

現在時間是三點四十分。他們開始向卡林A號移動，卡林A號的身影也愈來愈明顯。以色列的攻擊隊伍加快速度，進入與卡林A號非常接近、幾乎就在它旁邊的位置。飛在空中的摩法茲又一次要求確認。底下的艦艇傳來「就是這艘船！就是這艘船！」的答覆。

決定的一刻到了。波音機上的高級軍官仍然緊盯著電腦螢光幕，準備從開始到結束、全程跟監整個行動。那情景簡直與好萊塢的緊張動作片沒有兩樣。

凌晨四點，小艦隊的每一個接收器同時閃起攻擊發起的電子訊號，「諾亞方舟行動」立即展開。坐在空中波音專機裡面的高級軍官，見到海軍突擊隊員突然從海、空兩路登上卡林A號甲板，船上十三名大多已經入夢的船員完全猝不及防。波音專機裡的軍官見到船上沒有發生槍戰，且海軍突擊隊員已開始進行武器搜索，最重要，也最令人難以置信的是，整個行動僅持續七分鐘。

波音機上的人鬆了一口氣，參謀長摩法茲立刻與海面上的軍官聯絡。他喜不自勝地向他們連聲賀喜：「幹得好！從空中看起來，好得簡直令人稱奇！現在怎麼樣，下一階段是什麼？」

海軍突擊隊隊長羅登伯格上校答道：「我們已經完成接管，部隊正在肅清現場。」

「見到什麼了嗎？」摩法茲一問再問。他急著要找到鐵證，以便向全世界、特別是向美國證明，阿拉法特正從伊朗走私武器，供應巴勒斯坦恐怖分子。

「還沒有，我們現在就要下甲板，進貨艙搜尋，一旦有發現會立即回報。」羅登伯格上校答道。

這時已經登上卡林A號的「老中」與羅登伯格上校立即下到貨艙。他們用手電筒在貨艙到處搜尋，但沒有找到任何可疑的東西。幾分鐘過去，搜尋仍然毫無結果。他們除了一袋袋的米、一綑綑的衣物與孩子的玩具以外，什麼也沒看到。一名負責搜查的隊員在失望之餘，禁不住喃喃低語：「什麼都沒見到，一件武器也沒有，連一門迫擊砲都看不到。」有一瞬間，他們心中不免出現一個可怕的疑慮：他們抓的這艘船究竟對不對？諾亞方舟行動失敗了嗎？他們冒了生命危險，換來的竟是一無所獲？

轉捩點隨即出現。卡林A號船長、巴勒斯坦運輸部員工奧瑪．阿卡威（Omar Akawi），禁不住風狂雨暴般的盤問，吐露了實情。一名素有硬漢之稱的海軍突擊隊隊員，只不過略施一點手段，就讓阿卡威承受不了。「貨在船頭艙。」阿卡威終於招供。

突擊隊員急忙趕到船頭。G中校回憶說：「我們一開始什麼也沒找到。接著發現了第一個裝武器的貨櫃，然後是第二個，大家都驕傲得不得了。我們還是第一次找到這樣大批的武器。每找到一座俄製火箭砲（Katyusha）發射器，大家就報以一陣掌聲，隊員們都欣喜若狂。」

突擊隊接管了卡林A號，將它掉頭駛往艾拉灣。一名突擊隊員向他的長官說：「我們需要在船上升起以色列國旗。」

「但我們沒有帶國旗來。」這位軍官回答。

「有。我從家裡帶來一面國旗。」這名隊員說。

幾個小時以後，飄揚著以色列國旗的卡林A號在艾拉港靠岸。經過仔細搜索，以色列人在卡林A號上搜出六十四噸武器，包括俄製火箭砲、火泥箱反戰車飛彈、以色列製迫擊砲[162]、槍榴彈（RPG）發射器、雷神（Ra'ad）飛彈、還有各式各樣步槍與地雷。以色列一名高級軍官開玩笑說：「這一切其實都是伊朗的家務事，結果他們的伊朗人被我們的伊朗人打敗了[163]。」

行動過後第二天，總理夏隆在他的農場款待美國將領安東尼．辛尼（Anthony Zinni）。那天的會議結束後，夏隆對辛尼說：「你今天見到阿拉法特的時候可以對他說，要他不必再擔心那艘裝武器的船卡林A號了。我們已經把它拿下了。」

這件事公開以後，美國切斷與巴勒斯坦自治國的關係，前後持續很長一段時間。布希總統因為阿拉法特騙了他而憤怒異常，美國人之所以沒多久就同意由以色列展開「防衛盾行動」（Operation Defensive Shield），這也是原因之一。

【人物小檔案】

夏爾．摩法茲（當時擔任國防軍參謀長，後來出任國防部長）

卡林A號事件的重要性，不僅在於將五十噸武器與恐怖補給從伊朗走私到巴勒斯坦而已，它還涉及伊朗與巴勒斯坦之間的協議。根據這項協議，伊朗將武器交給巴勒斯坦，巴勒斯坦則讓伊朗人在巴勒斯坦自治國內建立據點，作為交換。也就是說，伊朗的革命衛隊[164]可以因此進駐西岸各城市。

162 以色列在伊朗什葉派宗教學者何梅尼於一九七九年發動革命推翻伊朗沙王、成為最高領袖以前，運交伊朗的武器。

163 摩法茲與哈魯茲祖籍都是伊朗。

164 革命衛隊（Revolutionary Guards）：成立於一九七九年，伊朗的武裝部隊之一，除了執行國防任務，也負責監控國內的異端人士及反對派勢力，情報網路龐大。

接獲有關這件事的情報時，我們很清楚必須控制這艘船，除了奪取船上的武器之外，同樣重要的是，要向全世界暴露阿拉法特是恐怖分子領導人的真面目。

在海軍突擊隊與空軍令人歎為觀止的行動以後，總理艾利克．夏隆決定派我前往白宮，向美國國家安全顧問萊斯（Condoleezza Rice，後成為美國國務卿）說明我們取得的一切情報，並揭露阿拉法特與伊朗人之間的這項交易。萊斯看完這些情資以後大驚失色，立刻跑去找布希總統。她問我能不能在華府多停留幾天，我說沒辦法，因為當時巴勒斯坦亂黨鬧得正凶。布希後來因這些情資而發表了一篇著名的宣言，說巴勒斯坦自治國是個恐怖組織。

在這項行動過程中，最棘手的難題一直是確認船隻身分。我們最擔心的是，動手以前若不能百分百確定，萬一抓錯了其他國家的船隻，會惹出大亂子。也因為這個緣故，我一登上波音指揮機，要求的第一件事就是在雷達上確認船的身分。

一九九三年，以色列與巴勒斯坦解放組織簽署奧斯陸協定（Oslo Accords），希望能盡快達成和平解決辦法。不幸的是，這項協定完全沒有成效，新一波的恐怖行動席捲以色列。在巴勒斯坦人自殺式炸彈攻擊事件驚人暴增之後，總理夏隆與國防部長班雅明・班・艾立澤[165]在西岸發動大規模行動，攻擊恐怖組織。這項行動由參謀長夏爾・摩法茲負責指揮。

第二十四章 防衛盾行動

二〇〇二年三月二十九日是個風狂雨暴的日子，以色列國防軍的一支部隊就在這一天進入阿拉法特的巴勒斯坦自治國首都拉馬拉（Ramallah）。部隊以步行方式對阿拉法特的總部「行政中心」（Mukataa）發動攻擊，而且沒有遭遇巴勒斯坦人特別激烈的抵抗。這支薔薇突擊隊的隊長阿維・佩里（Avi Peled）後來說：「我們事先已經知道，對巴勒斯坦人而言，行政中心是最後防線，是他們最最神聖的地方。我們都以為他們一定會拚死抵抗，戰到最後一兵一卒。但很顯然，我們打進行政中心以及貝圖尼亞（Beitunia）『巴勒斯坦防衛保安軍』[166]總部的事實已經瓦解了他們的士氣，讓他們在各地的抵抗徹底崩潰。」

---

165 班雅明・班・艾立澤（Benyamin Ben Eliezer，1936～2016）：曾擔任多個部門首長，包括工業、貿易和勞工部長（2009～2011）、國防部長（2001～2002）及副總理（1999～2001）。

166 巴勒斯坦防衛保安軍（Palestinian Preventive Security）：也稱為預防性安全部隊（PSF）。一九九四年，阿拉法特為因應奧斯陸協定而成立的安全機構。屬於國內情報組織，旨在保護巴勒斯坦和政府機構的安全。

國防軍在約旦河西岸——以色列人也稱之為朱迪亞—撒馬利亞地區[167]——最大規模的軍事行動「防衛盾行動」於焉展開。行動目標是攻擊西岸地區的恐怖組織，阻止一波數量達到破天荒高峰的恐怖攻擊潮。在行動展開前的那個月，即「黑色三月」，一百三十五名以色列人因恐怖攻擊而喪生，其中十一起自殺炸彈攻擊事件發生在以色列一九六七年以前的邊界內。恐怖分子對尼坦亞公園酒店（Park Hotel）的踰越節（Passover）聚會發動的攻擊尤其令人震驚：在那次攻擊中，一名自殺炸彈客在沒有人注意的情況下走進公園酒店，在踰越節酒宴桌邊引爆炸彈，炸死三十名賓客，炸傷一百四十人。

那天晚上，酒店內死傷狼藉的恐怖畫面在以色列與全球各地媒體播出，原本反對以色列採取軍事對抗行動的美國人也不再反對。第二天，以色列政府授權展開防衛盾行動，並動員

包圍拉馬拉。（約夫．古特曼〔Yoav Guterman〕攝影，以色列政府新聞局提供）

三萬名後備部隊。奉命參加這項行動的包括高拉尼旅、納哈爾旅（Nahal）、義夫泰旅（Yiftach）與傘兵旅，還有步兵、裝甲兵與工兵的常備役與後備役官兵。總理夏隆在國會解釋這項行動的目標：「國防軍士兵與指揮官要進入已經淪為恐怖分子庇護所的城市與鄉村，俘虜與拘留恐怖分子；最重要的是，要拿下那些主使他們的幕後首腦，要奪取、繳獲那些用來攻擊以色列的武器與戰鬥補給，要將恐怖設施、恐怖實驗室、恐怖分子製造武器的工廠與藏匿的地方找出來，並予以消滅。」

在拉馬拉，以色列國防軍炸毀了行政中心園區內各處建物，只留下阿拉法特本人使用的辦公大樓。薔薇突擊隊隊員沿著通往阿拉法特辦公室的走廊闖入每一個房間、據守陣地。以色列戰車也在辦公大樓外將現場團團圍住。當時有幾名因為對以色列進行恐怖活動、而遭通緝的逃犯藏身在行政中心拘留所內。巴勒斯坦情報部門首腦為了不讓國防軍找到他們，提早下令將他們祕密帶進阿拉法特的辦公大樓。經過長時間對峙，以及美國人干預，這些囚犯後來被轉送到耶利哥[168]一所英國監控的監獄。

國防軍在拉馬拉找到幾間武器實驗室，還擄獲幾十名逃犯與繳獲相關物資。在戰事行將結束

---

167 朱迪亞—撒馬利亞地區（Judea and Samaria）：或稱猶大—撒馬利亞地區。是指以色列在約旦河西岸的領地（不包括東耶路撒冷）。

168 耶利哥（Jericho）：世界上最古老的城市。位於約旦河西岸，一九六七年起為以色列領地，直到一九九四年劃分給巴勒斯坦。

之際，國防軍抓到法塔赫武裝組織「坦吉姆」（Tanzim）的隊長馬文・巴高提（Marwan Barghouti）。之後巴高提因為犯下無數恐怖攻擊罪行而被判終身監禁。

拉馬拉的戰事結束後，國防軍開始向納布魯斯進擊。納布魯斯一般認為是巴勒斯坦抵抗運動大本營，當地的「卡斯巴」[169]有許多迷宮一般窄小、迂迴的道路，向來是令國防軍參謀本部提心吊膽的地方。國防軍非常擔心一旦在這裡用兵，會造成以色列軍重大傷亡。卡斯巴人口密集，有許多裝了詭雷的房子、狙擊手陣地，還有大批恐怖分子。他們成百上千藏身在七彎八拐的巷弄裡，將土製炸彈裝在每個角落，還在地上埋了隨時可以引爆的瓦斯罐。國防軍勁旅在進入卡斯巴以前深深吸了口氣，準備迎接在每一個街角等著他們的血戰。

對納布魯斯的進擊於四月五日展開，任務指揮官為朱迪亞—撒馬利亞師師長伊薩克・「傑利」・格西安[170]准將。從西方進擊的傘兵旅，從南方向納布魯斯進逼的高拉尼旅，以及奪占納布魯斯東部地區（包括敵視以色列的難民營）的義夫泰旅，都由他負責指揮調度。巴勒斯坦人在道路兩側停靠的送貨卡車與運水車裡藏了好幾十個詭雷，都遭國防軍工兵一一拆除。

從四面八方同時對卡斯巴展開攻擊的傘兵，用了一項祕密武器：穿牆進擊的革命性戰術。傘兵研發了好幾種工具，或用重型大鎚破牆，或在牆上炸開大洞，然後穿家越戶發動攻擊，根本不必踏上敵火猛烈的街道。一個半月以前，傘兵在奪取附近巴拉塔（Balata）難民營的過程中第一次使用這種戰術。傘兵旅旅長亞維夫・柯夏維[171]解釋說：「在擁擠的卡斯巴，巴勒斯坦人在狹窄的街道上藏了數不清的地雷與障礙物，他們的狙擊手可以從各個角落發動狙擊。我們於是想出一套另類戰鬥系統：完全只在牆壁與建築物之間穿行，讓流竄在小巷裡的敵人猝不及防，暴露在我們面前，成為我們的獵物。這項戰術讓敵軍摸不清我軍門路，也讓敵軍從側面、後方，或上方遭到我軍砲火奇襲，損失慘重。」

在卡斯巴，多股恐怖分子集結在一起，由一個指揮部集中調度。大多數通緝在案的巴勒斯坦恐怖分子——其中大部分是坦吉姆成員，還有少數是哈馬斯[172]成員——也在那裡堅守。巴勒斯坦人下定決心，要用卡拉什尼柯夫與M-16步槍與以色列軍周旋到底，就算戰死也能成為「烈士」。

但以色列國防軍的士兵同樣鬥志昂揚。卡斯巴之戰成為逐門逐戶的戰鬥。以色列國防軍的目標是不計一切、盡量減少國防軍戰士傷亡。基於這個考量，指揮部決定每隔幾分鐘就派遣一支小部隊，前往恐怖分子盤據的房屋。恐怖分子見到國防軍來襲就會開火，於是暴露在對面守候著的以色列狙擊手的火力之下。國防軍任由恐怖分子盤據在小巷內，只利用房屋內的狙擊陣地發動攻擊。巴勒斯坦人看見以色列軍從遠方開來，忙著進入陣地準備開火，卻遭以色列狙擊手從意想不到的角落狙殺。

169 卡斯巴（Qasbah）：阿拉伯文的「城堡」。

170 伊薩克・「傑利」・格西安（Yitzhak "Jerry" Gershon，1958～）：官拜少將。曾任傘兵旅旅長、朱迪亞—撒馬利亞師師長，及美國以色列國防軍之友（Friends of the IDF）執行長（2008～2015）。

171 亞維夫・柯夏維（Aviv Kochavi，1964～）：少將。曾任傘兵旅旅長、軍事情報局長及北方軍區司令。

172 哈馬斯（Hamas）：全名是「伊斯蘭抵抗運動」。成立於一九八七年，屬於巴勒斯坦伊斯蘭教遜尼派組織。政教一體，具武裝力量。雖然主要宗旨也是反以色列，但由於政治理念不同，而與法塔赫長期爭鬥分裂，直到二〇一七年才終於簽署和解協議。

戰鬥進行到第三天，以色列國防軍已經控制卡斯巴的三分之二。在行政中心與金寧的戰鬥結束後，五十一營營長歐菲．布里斯（Ofek Buhris）中校帶領部下官兵進軍納布魯斯，負責搜尋製造炸藥的實驗室與捕捉逃犯。布里斯中校奉命緝拿哈馬斯高級工程師之一的阿里．哈地里（Ali Hadiri）。尼坦亞公園酒店爆炸事件的炸藥就是哈地里準備的。在布里斯率部攻擊哈地里藏身的房屋時，屋內爆出一陣子彈，高拉尼旅一名連長被射殺，布里斯也受了重傷。高拉尼旅戰士闖進屋內，殺了哈地里與另一名恐怖分子。

四月八日約早上七點，突然間，幾十名巴勒斯坦人高舉雙手，從卡斯巴的一棟房屋走出來。恐怖分子開始投降了。每個小時都有新的戰報傳來，說又有巴勒斯坦人集體投降；到了下午，巴勒斯坦人透過國內安全局與以色列在西岸的治理機構「民政管理局」（Civil Administration）向以色列軍投降。到了當天晚上六點三十分，最後一批武裝巴勒斯坦人走出他們在納布魯斯卡斯巴藏身的房子，高舉雙手，揮著臨時做成的白旗向國防軍投降。經過七十二小時戰鬥，七十名恐怖分子死亡，好幾百名恐怖分子被捕。

但提到「防衛盾行動」，最讓人印象深刻的戰役卻是金寧之戰。金寧之戰之所以讓人難忘有兩個原因，一是以色列軍傷亡慘重——二十三死，七十五傷；另一個原因是巴勒斯坦人說國防軍在金寧的難民營大肆屠殺。

集結在難民營中心的巴勒斯坦武裝分子，布下一個裝了幾千個爆炸裝置的陷阱，還在難民營狹窄的巷弄裡設下無數埋伏。以色列士兵在戰車、攻擊直升機與D9裝甲推土機[173]的支援下進入難民營，用推土機肅清炸藥，打開裝了詭雷的門。以色列軍進展很慢，巴勒斯坦狙擊手不斷放冷槍，也讓他們舉步維艱。

在行動展開第七天，納西安旅（Nahshon Brigade）一支後備役部隊陷入埋伏，十三名士兵戰死。為拯救受困傷患，納西安旅戰士向恐怖分子發動衝鋒，結果遭受更多損傷。這次事件過後，國防軍決定改變作法，毀掉每一棟可能藏匿恐怖分子的房子。根據這項政策，國防軍先提出警告，要巴勒斯坦武裝分子投降，之後就出動推土機，剷平可疑的房屋。這一招果然有效，許多巴勒斯坦武裝分子因此向以色列軍棄械投降，其中還包括幾名最資深的恐怖分子。一個名叫馬穆德·塔瓦貝（Mahmoud Tawalbeh）的高階伊斯蘭聖戰組織成員，因為拒絕投降，遭一輛D9裝甲推土機衝進他藏身的房子，剷倒了牆，把他壓死在牆下。

在戰鬥進行中有傳言指出，國防軍在金寧難民營大肆屠殺；巴勒斯坦人甚至說國防軍在金寧難民營殺了三千人。國際媒體對巴勒斯坦人的說法照單全收，直到後來聯合國調查委員會抵達現場，才判定真正的死亡人數其實只有五十六人。國防軍說，這些被殺的巴勒斯坦人絕大多數是武裝恐怖分子。或許因為金寧難民營完全對媒體封鎖，才導致謠言在全球各地愈傳愈烈。

在防衛盾行動中，耶路撒冷後備旅占領了伯利恆（Bethlehem）市。後備旅進入伯利恆以後，立即逮捕幾十名逃犯，很快控制了這座古城。但約有四十名武裝恐怖分子進入聖誕教堂[174]。

173 美國開拓重工有限公司（Caterpillar Inc.）研發的大型推土機。經以色列改裝後，不僅可以抵禦輕武器、地雷、路邊炸彈和自殺炸彈襲擊，還可以移除土堆、挖掘戰壕、設置或清除路障、掃雷、引爆炸藥等。

174 聖誕教堂（Church of the Nativity）：位於伯利恆馬槽廣場，是全世界最古老的教堂之一。

國防軍當然知道這座教堂對全世界的意義重大，而且也派出了空軍最精銳的翠鳥突擊隊，切斷恐怖分子進入教堂的路。但空軍在空運這批突擊隊時遭到延誤，遂讓幾十名恐怖分子闖進教堂。這些恐怖分子有恃無恐，認定以色列軍不會進教堂逮捕他們。

率領這群恐怖分子的，是巴勒斯坦在納布魯斯的情報頭子阿布達拉・達奧（Abdallah Daoud）上校，他將教堂裡的四十六名神職人員以及約兩百名平民百姓，其中還有小孩，擄為人質。國防軍將教堂封鎖三十四天，切斷食物與飲水，以挫挫恐怖分子的銳氣。梵蒂岡也呼籲以色列克制，不要損害這座教堂。

在以色列同意將教堂內十三名恐怖分子驅逐到六個歐洲國家、將另二十六名恐怖分子移送加薩以後，這場對峙終於在二〇〇二年五月十日落幕。封鎖期間內，有六名巴勒斯坦人被殺；以色列獲得的文件顯示，主要由基督徒組成的伯利恆居民，曾遭坦吉姆旅與阿克薩烈士（Al Aqsa Martyrs）旅武裝分子的騷擾。

在防衛盾行動過程中，以色列將巴勒斯坦在西岸的六個城市占領了五個。短短時間內，以色列付出了三十四名官兵戰死的代價，成功扼阻了恐怖攻擊惡潮，重創巴勒斯坦自治國軍事實力，孤立了阿拉法特，俘虜了大批逃犯，還找到大量炸藥與其他武器。

【人物小檔案】

亞維夫・柯夏維（傘兵旅旅長，後來擔任軍事情報局局長）

卡斯巴之戰正好在國際大屠殺紀念日（Holocaust Remembrance Day，一月二十七日）那一天結束。在與武裝分子進行一連串激戰、取得決定性勝利之後，我們整個旅散布在納布魯斯的卡斯巴與其他地區。我當下決定，我們不能不紀念這個特殊的日子。我們設立了一個廣播系統，裝了幾具強力擴音器，在紀念號聲響起的那一刻打開收音機，讓號聲響遍整個地區。就這樣，在戰鬥結束不過幾小時之後，傘兵旅所有官兵全體立正，為大屠殺死難亡魂默哀。

那一刻我們情緒非常激動，直到今天還深深烙印在我的記憶中。這有兩個理由：首先，正好就在大屠殺紀念日這一天，我們證明為了擊敗恐怖分子，為了保護以色列人民，世上沒有我們不能去的地方。其次我們證明，只要能運用有創意、高精密度的戰術，就算是在敵人盤據已久、人口密集的地區，我們一樣可以用果斷、專業、又符合道德準則的方式作戰。傘兵旅在這項行動中打死七十幾名恐怖分子，打傷或俘虜的恐怖分子有好幾百人。

這場戰鬥因恐怖分子投降而結束。在遭到我們從四面八方團團圍困、擠壓之後，恐怖分子領導人打電話給當時與我一起在指揮所的軍區協調會（District Coordination）代表，要求安排他帶領他的三百名部下投降。我們開出條件，恐怖分子依約來到指定地點，交出他們的武器，束手就擒。

伊薩克·「傑利」·格西安（西岸師師長，後來擔任後備役司令）

當我繼任西岸師師長時，以色列正在朱迪亞—撒馬利亞地區發動打擊恐怖分子的全面戰爭。國防軍與恐怖分子已經打了十個月，但基於各種原因，戰果一直乏善可陳。我感到自己肩負保家衛國的重責大任，也知道戰爭成敗就看我與我率領的這支部隊。我們改變戰法，進行數以百計的特戰行動，有些行動在難民營內進行。

這種戰術變化成效很顯著，為我們帶來好幾場重大勝利。愈來愈多指揮官與決策參謀認定：我們雖然是被迫打這場戰爭，但決定這場戰爭的勝敗是我們的義務。

防衛盾在授權時，我們的師奉命執行兩項最敏感的行動：拉馬拉與納布魯斯。拉馬拉是阿拉法特勢力的老巢，是巴勒斯坦自治國發號施令的中心；納布魯斯則是恐怖分子之都。與防衛盾展開前緊張密集的序幕活動一樣，這兩項行動也需要主動與積極進取、決心與創意思考的特質。防衛盾作戰將各軍事單位間的整合發揮得淋漓盡致，與國內安全局的協調也緊密得天衣無縫。

防衛盾行動為朱迪亞—撒馬利亞地區的巴勒斯坦恐怖分子帶來實質上與心理上的轉折點。

二〇〇五年，總理夏隆決定片面撤出加薩走廊。猶太屯墾區撤出加薩，屯墾民也被迫離開家園，在以色列尋找新居。國防軍也將所有駐軍全數撤離加薩走廊。以色列領導人只希望，加薩既已完全獨立，應可以全力營造一個奮發有為的經濟體系，一個欣欣向榮的自由社會。結果完全相反。哈馬斯恐怖組織在加薩奪權，把加薩變成一個基地，對以色列平民百姓發動持續不斷的血腥攻擊。

第二十五章
鑄鉛行動・防衛柱行動・保護刃行動

鑄鉛行動（二〇〇八年）

二〇〇八年十二月二十七日，以色列空軍幾架F-15對加薩走廊上百處目標發動俯衝轟炸攻擊。領隊的長機向阿拉法特城發射飛彈。阿拉法特城位於加薩中心，是一座大型政府園區。攻擊目標是正在舉行的警校畢業典禮，參加這場畢業典禮的人大多數是「卡桑旅」（Izz al-Din al-Qassam，又譯卡薩姆旅）——哈馬斯的敢死隊——的成員。其他幾架F-15與幾架直升機，對加薩走廊全境各處約一百個哈馬斯目標進行大規模轟炸。以色列空軍只用了幾分鐘，就剷除了哈馬斯的許多指揮所、軍械庫、地下火箭與飛彈發射站，以及訓練基地。「鑄鉛行動」（Operation Cast Lead）展開了。

第一波轟炸攻擊把哈馬斯打得完全措手不及。一百五十五名恐怖分子被殺，其中八十九人死在警校畢業典禮現場。

在後續攻擊行動中，空軍用碉堡殺手炸彈攻擊費拉德菲走廊[175]的四十座地道，以切斷恐怖分子從埃及走私武器的通道。為削弱哈馬斯的統治，空軍還炸毀了一些戰略性目標，包括政府辦公室、電視製片廠、中央監獄、情報總部大樓，以及位於貝特漢諾（Beit Hanoun）的市政廳與伊斯蘭大學等。

前以色列空軍准將蘭．佩克—羅南（Ran Pecker-Ronen）告訴記者阿米爾．包伯（Amir Bohbot）：「以色列空軍動用大批飛機，在一處非常小的地區，對極擁擠市區內的建築物發動攻擊，只要稍有偏差就可能擊中學校或托兒所。他們的攻擊精確度高得驚人，任務執行得完美無瑕。我認為，世上再也找不出哪一國的空軍，能以這麼高的精確度執行這樣的攻擊。」

在恐怖分子以數千枚卡桑火箭[176]對加薩附近以色列城鎮發動長期而大規模的轟炸之後，以艾胡．奧莫為首的以色列政府決定發動「鑄鉛行動」。一連好幾個月，住在加薩附近城鎮的以色列居民生活在持續恐懼中，被迫睡在避難室與炸彈庇護所。當時的情勢荒謬之至；世上沒有一個國家能容忍外國每天用火箭攻擊它的平民。二〇〇八年六月透過埃及調停而達成的停火協定已經徹底崩潰，以色列南部地區淪為不折不扣的戰場：巴勒斯坦人發射火箭，以色列人以空軍轟炸進行還擊，如此循環反覆，無止無休。讓以色列南部居民飽嚐戰亂困苦。

鑄鉛行動的目標就在於終止巴勒斯坦飛彈攻擊，摧毀哈馬斯作戰能力，防阻它再度武裝。

以色列國防軍奉命執行針對性絕殺行動，將哈馬斯與伊斯蘭聖戰的高級成員一一剷除，其中包括哈馬斯政府內政部長塞德．希亞（Said Siam）；他的兄弟、也是哈馬斯高官的伊亞德．希亞（Iyad Siam）；還有哈馬斯第三號政治人物尼薩．拉揚（Nizar Rayan）。拉揚在他的住宅遭到空襲時被炸死，與他一起喪生的，還有十八名不理會以色列空軍事先警告、仍留在他家的親友。他住的那棟建築物是哈馬斯的指揮站與通訊中心之一，還是武器與彈藥貯藏設施，與一條地道的入口。

南方軍區司令約夫・賈蘭（Yoav Galant）將軍告訴記者席穆・哈達（Shmuel Haddad）：「在過去，每一個哈馬斯指揮官都會為自己造一棟三層的房子，地下室當貯藏庫，中間一層是指揮所，家人住在最上面一層。許多年來，他們一直認為國防軍因為害怕傷到他們的家人，不會炸他們的房子。所以我們改變戰術，先打電話向家人示警，並射一枚小型、不會造成傷害的警告彈『敲屋頂』。隔不久就對建築物實施空襲。之後，哈馬斯恐怖分子就得為既沒有指揮所、家人又沒有地方住而憂心忡忡。」

國防軍在一月三日展開這項行動的第二階段，首先對加薩發動砲擊，地面部隊隨即進入加薩走廊北端。這一波攻勢目的在於奪取飛彈發射地區，切斷加薩城與加薩走廊其他地區的聯繫，並且擴大國防軍對哈馬斯造成的創傷，特別是軍械庫、地道、碉堡、地下指揮所這類空軍無法用武的地方，是這階段攻擊的重點。以色列投入第二階段作戰的兵力計有一萬名後備役與兩萬名現役官兵。

這些以色列軍基本上是在都市叢林中作戰，面對他們的是埋伏、自殺炸彈與裝了詭雷的房

175 費拉德菲走廊（Philadelphi Corridor）：加薩與埃及邊界沿線的一條狹長地帶。一般認為此處是哈馬斯的重要生命線。

176 卡桑火箭（Qassam）：哈馬斯卡桑旅自行開發的武器。

子。這是一場挨家挨戶、而且往往是面對面的戰鬥。在戰鬥過程中，以色列軍大約搗毀了六百棟房屋。恐怖分子用來進行活動、或裝了詭雷的房屋都遭以色列軍剷平。

高拉尼、吉瓦提與傘兵旅從始料未及、各不相同的方向闖進加薩走廊，展開這一波地面攻勢。曾在贖罪日戰爭中保衛戈蘭高地的一八八「閃電」旅，派出梅卡瓦主力戰車[177]封鎖從拉菲亞（Rafiah）與甘尤尼斯（Khan Younis）通往加薩城的通道，以切斷哈馬斯的武器供應。暱稱「鐵尾巴」（Iron Trails）的四〇一旅，則在加薩走廊中央、那札林（Netzarim）屯墾區旁邊建立緩衝區。國防軍工兵用許多迷你機器人進行炸藥與詭雷拆除的作業。由於為士兵保命是最高優先任務，以色列竭盡一切努力，避免不必要風險，即使因此必須讓巴勒斯坦百姓涉險也在所不惜。

鑄鉛行動：來到加薩大門口的戰士。（尼爾．柯漢〔Neil Cohen〕攝影，國防軍發言人提供）

一名高級軍官在戰事結束後說：「進入加薩的過程相對迅速。我們覺得哈馬斯一定還在休克狀態，所以大大削弱了他們的抵抗能力。當地的房子都擠在一堆，其中一部分裝了詭雷。房子旁邊還停著一些準備進行綁架的機車。幾乎每隔一小時，就有一名男性或女性自殺炸彈客衝撞我們，引爆炸藥帶。我們在裝了詭雷的房子裡，還找到通往地道的暗門，這些地道都是為了綁架以色列士兵而設計的。」

一月六日，巴勒斯坦人說，國防軍發射的迫擊砲砲彈擊中法奧拉（al-Fahoura）學校，炸死在裡面避難的三十個人。法奧拉是聯合國近東巴勒斯坦難民救濟工作署（UNRWA）經營的設施。由於恐怖分子從這所學校校園向以色列發射火箭，國防軍鎖定這處校園射了三枚迫擊砲彈。其中兩枚命中目標，炸死兩名正在操作火箭的恐怖分子，第三枚偏入三十碼（二十七公尺）外的學校建築。但經加拿大《環球郵報》（*Globe and Mail*）調查後披露，只有三個人在學校建築物外遭彈片擊中死亡，巴勒斯坦人宣稱三十人被炸死的說法並不確實。

面對國防軍攻勢，哈馬斯的抵抗能力比以色列人預期軟弱得多。巴勒斯坦人開始更密集地向以色列境內發射火箭；在鑄鉛行動期間，共有七百三十枚火箭射入以色列境內，其中包括長程格拉德火箭[178]，阿什杜德（Ashdod）、阿什凱隆（Ashkelon）、雅弗尼（Yavne）與貝爾謝巴等以色列城鎮都遭到攻擊。

177 梅卡瓦主力戰車（Merkava tank）：參見註釋102。

178 格拉德火箭（Grad）：俄國自一九六〇年代起，開發使用的車裝多管火箭發射裝置。

哈馬斯有系統地利用民宅作為射擊據點，完全不顧民宅居民死活。國防軍軍官找到一份有關哈馬斯作戰計畫的文件，內容包括在清真寺旁邊部署恐怖攻擊隊，在一處人口密集區埋放大量土製炸彈，甚至包括在學校與動物園裝置詭雷。當時擔任以色列國內安全局局長的約法爾．狄斯金（Yuval Diskin）說：「很大一部分的恐怖分子藏身在醫院，包括希法（Shifa）的醫院，還有一些婦產科醫院。不少恐怖分子還穿著醫生與護士制服到處活動。」希法的醫院負責人極力否認狄斯金這篇聲明。

當時還發生一起引發公共良知爭議的事件：伊茲丁．阿布萊西[179]的三個女兒之死。阿布萊西是一位巴勒斯坦醫生，多年來一直在以色列境內的醫院工作。國防軍戰車的兩發砲彈擊中他在賈巴利亞（Jabalia）的住處，炸死他的三個女兒，炸傷了第四個。在攻擊事件發生時，阿布萊西正與任職電視十號頻道記者的友人席洛米．艾達（Shlomi Eldar）交談。他狂呼哭喊，要求艾達向國防軍請命，要國防軍不要再打他的家。國防軍後來說，戰車之所以攻擊這棟民宅，是因為裡面有人向國防軍開火。

南方軍區司令賈蘭原建議發動第三階段行動，將加薩走廊與西奈切斷，但在經過二十二天戰鬥之後，總理奧莫決定停止作戰。他宣布片面停火：「哈馬斯的軍事能力與基礎設施已經遭到重創。這場戰役又一次證明以色列的實力與嚇阻能力。」

在這場戰役中，以色列損失十三人，其中包括十名戰士。根據國防軍評估，有一千一百六十六名巴勒斯坦人死亡，其中七百零九人是哈馬斯成員。巴勒斯坦發表的數字是一千四百一十七人死亡。四千戶民宅、四十八棟公共與政府建築物全毀。

鑄鉛行動為以色列的國際形象帶來重創。二〇〇九年九月十五日，聯合國人權理事會任命的南非前法官理查・葛斯東（Richard Goldstone）向聯合國提出一份措詞嚴厲的報告，說以色列犯下戰爭罪與「泯滅人性之罪」。

但在二〇一一年，葛斯東在《華盛頓郵報》撰文認錯，承認他當年的報告內容不確實，對以色列的指控不公正。他在文中寫到，「如果我當時知道我現在知道的這些事，〈葛斯東報告〉會是一份不一樣的文件。」[180]

【人物小檔案】

約夫・賈蘭（以色列南方軍區司令）

我們展開這項行動，為的是打擊哈馬斯，造成嚇阻力量，迫使它在很長一段期間內不能再向以色列發射飛彈。依我看來，另一個同樣重要的原因是，我們必須讓哈馬斯清楚體認

179 伊茲丁・阿布萊西（Izzeldin Abuelaish，1955～）：巴勒斯坦醫生。自二〇〇九年起與家人住在加拿大多倫多。是「為女兒請命」（Daughters for Life）基金會創辦人。這個基金會以促進加薩與中東地區婦女的教育與健康為宗旨。阿布萊西積極倡導中東和平運動。

180 二〇一一年葛斯東在《華盛頓郵報》的完整文章請見：https://www.washingtonpost.com/opinions/reconsidering-the-goldstone-report-on-israel-and-war-crimes/2011/04/01/AFg111JC_story.html

到，只要攻擊以色列的人民與主權，就必須付出慘重代價。這項行動的時機、攻擊的威勢、地面部隊進擊哈馬斯地盤的規模，以及撤軍的時機與撤軍行動的速度，都令哈馬斯震驚。

國防軍如此全面地打擊哈馬斯，這還是第一次。我們以一種專注、持續而密集的方式進行這項攻擊，用數以千計炸彈轟炸數以百計目標，其中包括指揮所、軍械庫、地道、碉堡與政府辦公室。執行地面作戰任務的是幾個加強營，在任何一個時間點，我們布署在加薩走廊內的兵力都有七千人。國防軍在情報與陸、海、空軍之間的協調做得非常緊密。

在行動展開兩週以後，我建議參謀長執行原計畫的第三階段：包圍、占領拉菲亞，將加薩走廊與西奈切斷。這一階段的行動能切斷恐怖分子用來走私武器、運送自殺炸彈客等的通路。但由於可能導致重大傷亡，這項計畫未獲批准。

防衛柱行動（二〇一二年）

無人機上的導航系統閃爍著電子訊號。根據倫敦《週日泰晤士報》事後報導，這架無人機當時在加薩清真寺與難民營上空盤旋。接著往加薩城中心區俯衝而下，機上攝影機掃瞄著街道，鎖定一輛裝了跟監裝置的銀色起亞。這輛起亞當時正穿越一處十字路口，轉往歐馬・穆克塔（Omar Mukhtar）街。

坐在這輛起亞上的乘客是阿麥・賈巴利（Ahmed Jabari），哈馬斯的參謀長。二〇〇三年，由於哈馬斯軍事首腦莫哈麥・戴夫（Mohammed Deif）在以色列空軍一次攻擊行動中身負重傷，賈巴利於是繼任參謀長。賈巴利原是希伯崙一個恐怖組織的成員，由於恐怖犯行在以色列坐了十三年牢。他在一九九五年獲釋以後，旋即成為哈馬斯重要人物，管理海外關係、籌款與恐怖攻擊規畫。當上哈馬斯參謀長以後，他負責監督武器生產、迫擊砲與火箭的使用、武器走私，以及其他軍事與情報活動。賈巴利曾策畫對以色列人發動的幾十件恐怖攻擊，曾主謀將卡桑火箭射進以色列境內的行動；也是吉拉・夏利[181]綁架事件的元兇，夏利獲釋的協議也由他簽字定案。

賈巴利是以色列國防軍必欲去之而後快的大敵。賈巴利對這一點也心知肚明，因此他總是將自身的安全防範措施做得滴水不漏、嚴密異常。外國人士說，賈巴利從不告訴任何人他會在哪裡過夜、會乘什麼車輛；偶爾他甚至會穿上女裝以隱瞞身分。在過去二十四小時，以色列國防軍在夏巴特工的協助下，嚴密監視著他的一舉一動。特工的報告顯示，賈巴利在加薩某一棟房子過夜，車子停在屋外。一架隸屬以色列空軍一〇〇中隊的無人偵察機則隱身高空，暗中監視。就在十一月十四日下午三點四十五分，特拉維夫一名夏巴的行動部門主管接獲一通來自加薩的重要電話：不出三分鐘，賈巴利的幾輛座車中將有一輛會離開加薩的某一個地址。打電話的特工還補充了一句，說他會在三十秒以後提供另一項警訊。

181 吉拉・夏利（Gilad Shalit，1986～）：以色列國防軍士兵。在二〇〇六年一次巴勒斯坦入侵以色列的突襲行動中，被哈馬斯綁架關押。哈馬斯提出交換俘虜的條件。二〇一一年，雙方達成協議，以色列釋放一千多名巴勒斯坦囚犯，換回吉拉・夏利。

這名特拉維夫行動部門主管立即上報夏巴局長約拉・柯漢（Yoram Cohen），柯漢又立即通知國防軍參謀長班尼・甘茲（Benny Gantz）與總理班雅明・納坦雅胡。當確認電話於三十秒鐘後從歐馬・穆克塔街打來時，空軍作戰部部長阿米卡・諾金（Amikam Norkin）已經守候在特拉維夫軍事總部指揮室裡。空軍無人機開始接近賈巴利的坐車。三點五十五分，諾金下令：「動手！」

無人機的系統鎖定這輛銀色起亞。一個電子訊號啟動機上射控系統。兩枚掛在無人機上的飛彈瞬間脫鉤，朝銀色起亞直衝而下。一聲轟雷般巨響震得這條兩線道的街道發顫，銀色起亞化為一團冒著火光的煙雲。塵煙逐漸消散以後，過往路人從起亞車的殘骸中拉出賈巴利與另一乘員的屍體。這個人名叫雷德・奧塔（Raed al-Atar），是哈馬斯南方師師長。數以千計加薩居民紛紛湧入現場，喊著報復口號。

「防衛柱行動」（Operation Pillar of Defense）就這樣於二〇一二年十一月十四日下午四時登場。加薩邊界早在一週以前就瀰漫著山雨欲來的緊張情勢。一週前，原本零

防衛柱行動：重返加薩。（吉爾・尼賀西坦〔Gil Nehushtan〕攝影，《葉迪奧・阿洛諾》日報檔案提供）

星的邊界衝突愈演愈烈，哈馬斯開始大舉發動火箭與迫擊砲攻擊，火箭射進加薩附近的以色列社區，阿什凱隆與阿什杜德等較大的以色列城市也遭到攻擊。這類攻擊已經持續數月，而且頻率愈來愈高，終於令以色列忍無可忍。哈馬斯執意破壞鑄鉛行動結束後與以色列達成的停火協議。為重建嚇阻力量，求得安定，國防軍又一次必須對哈馬斯施以狠狠一擊。

暗殺賈巴利是防衛柱行動先聲奪人的下馬威。在暗殺行動執行前一天，以色列內閣才剛決定發動防衛柱行動。這裡所謂內閣，指的是以納坦雅胡為首的以色列核心政治領導人，包括國防部長艾胡·巴拉克，外長阿維德·萊伯曼[182]與國土保衛部（Ministry of Homefront Defense）部長阿維·迪特[183]。為了掩飾這項行動決議，總理與國防部長在前往以色列北疆視察時還故意放出煙幕彈，表示願意在加薩問題上與哈馬斯妥協。或許正因為這項欺敵戰術奏效，原本對自己的安全照顧得無微不至的賈巴利，那一天才會有如此不尋常的自信——他也因犯了這項錯誤而送命。

防衛柱行動幾乎完全由空軍擔綱。鑄鉛行動由於造成巴勒斯坦平民重大傷亡，使以色列成為世界各國的眾矢之的。以色列記取教訓，這一次計畫採取外科手術般精準的軍事行動：打擊恐怖分子與他們的設施，盡可能不傷及無辜百姓。暗殺賈巴利任務完成後不到幾分鐘，以色列空軍飛

182 阿維德·萊伯曼（Avigdor Lieberman，1958～）：曾任以色列副總理（2006～2008、2009～2012）及外交部長（2009～2012、2013～2015）。後又擔任國防部長（2016～2018），卻因為加薩走廊的停火協議而請辭，他認為那是對恐怖分子的屈服。

183 阿維·迪特（Avi Dichter，1952～）：曾任以色列國內安全局（夏巴）局長（2006～2009）及國土保衛部部長（2012～2013）。

機對加薩展開第一波攻擊，攻擊目標包括北部的哈馬斯訓練營、黎明五型（Fajar 5）長程飛彈（射程七十五公里，可以打到特拉維夫與耶路撒冷），以及貯藏設施與發射基地。這是一項令人印象深刻的軍事與情報成就，不僅重挫哈馬斯向以色列人口密集中心射擊的能力，而且一舉摧毀哈馬斯持之多年、隱密且密集走私與生產飛彈的管道。第一天行動任務結束後，哈馬斯的長程戰略能力幾乎剷除殆盡。但哈馬斯很快回過神來，展開強力報復，一口氣向以色列南方城鎮射了六十幾枚火箭。以色列也立即啟動新飛彈攔截系統「鐵穹」（Iron Dome），擊落二十四枚火箭。

行動展開當天晚間，以色列平民百姓已經了解，這次行動不會只打一天就結束，而會持續許多天。防衛柱行動第二天，哈馬斯與伊斯蘭聖戰恢復對加薩附近城鎮的射擊，不僅將飛彈射進奈吉夫的幾座城鎮，還第一次攻擊了特拉維夫與耶路撒冷。特拉維夫拉響自一九九一年第一次波斯灣戰爭以來第一次真正的空襲警報。但遭到最猛烈攻擊、災情也最慘重的城市是柯亞・馬拉奇（Kiryat Malachi）。

上午九點五十二分，一枚格拉德飛彈擊中柯亞・馬拉奇一棟公寓，炸死三人，炸傷六人，傷者包括兩個孩子。鄰居說：「警報聲響起時，我們躲進樓梯間。過了幾分鐘，我們聽到公寓裡一聲爆炸巨響，隨即聽到頂樓傳來嘶叫聲。接著見到鄰居帶著兩個受傷的女孩走下來……被炸死的那個鄰居當時站在陽臺上，想拍飛彈砲擊的照片。他被打個正著。」

哈馬斯向以色列發射的飛彈數以百計，能擊中目標的很少，不過確實造成重大損失與創傷。但以色列民眾堅忍以對，他們不慌不亂，不理會政治爭論或社會觀點，繼續支持政府用兵。

到了十一月十五日，以色列空軍已經炸毀四百五十個目標，其中包括七十處地下火箭發射站。但在同一時間，以色列也遭到三百多枚火箭與迫擊砲砲彈攻擊。哈馬斯、埃及與土耳其領導人暴跳如雷，大罵以色列，不過文明世界站在以色列這一邊。歐盟與其他西方國家領導人毫不諱言地支持以色列的自衛權，特別是美國總統歐巴馬對以色列的支持不餘遺力。在歐巴馬強力施壓下，埃及總統穆爾西（Morsi）改變政策，不再抨擊以色列，開始積極促使雙方停火。不過在這段期間，戰鬥一直未曾停歇。以色列空軍飛機與海軍船艦，日復一日轟炸哈馬斯在加薩的神經中樞，哈馬斯與伊斯蘭聖戰也日復一日，向以色列城鎮發射數以百計的火箭。

不過國防軍在進行反擊時一直極力克制。南方軍區司令塔爾・魯梭（Tal Russo）將軍說：「面對行動過程中出現的種種難題，我每天都很掙扎。舉例來說，我們有一次接獲情報說，某個哈馬斯頭目正在他家裡，我們必須決定要不要炸了他的家。我當時決定不炸，以免殃及無辜。國防軍這種避免傷及無辜的悲憫與謹慎，讓許多哈馬斯與伊斯蘭聖戰的指揮官保住了性命。」

埃及總理西夏・坎迪爾（Hisham Kandil）抵達加薩訪問，以色列在他訪問期間停火。坎迪爾剛離開，恐怖分子就向特拉維夫射了兩枚火箭，向耶路撒冷射了一枚火箭，所有三枚火箭或遭以色列攔截，或落入空曠地區，都沒有造成損害。以色列空軍攻擊走私用地道與政府大樓、電視臺與橋梁、伊斯蘭銀行，以及向加薩走廊運送天然氣與石油的管道。空軍飛機炸毀哈馬斯總理伊斯麥・哈尼亞（Ismail Haniyeh）的辦公室。哈尼亞當然不在他的辦公室裡；他早已帶著部屬躲進地下避難，而由加薩人民替他們犧牲生命，代他們償還入侵以色列的血債。

以色列將第五個鐵穹反飛彈連部署在特拉維夫，進駐後不到一小時就擊落一枚來襲的飛彈。卡達（Qatar）統治者、土耳其總理、哈馬斯與伊斯蘭聖戰高級官員趕往開羅，與埃及討論恢復冷靜的問題。以色列也暗中遣派莫薩德首腦塔米爾·帕杜與會。

但加薩砲火仍然打個不停。十一月二十日這一天，來自加薩走廊的火箭攻擊尤其猛烈，或許是開戰以來最猛烈的一天。鐵穹雖然成功攔截了許多攻擊，但火箭與迫擊砲砲彈仍然擊中貝爾謝巴的一棟房子，還在艾西柯（Eshkol）地區炸死三名士兵。在里雄·萊錫安（Rishon Lezion），一枚火箭擊毀一棟公寓的上面三層，不過只有三人受到輕傷。

翌日上午，經埃及極力調停，雙方達成停火協議，巴勒斯坦人保證停止一切敵意活動，以色列也停止空軍攻擊。

總計巴勒斯坦方面死了一百二十人，其中大多數是武裝分子。約有一千五百枚火箭射進以色列，鐵穹攔截了其中四百一十三枚。

防衛柱行動結束了，但沒有達成決定性的成果。以色列狠狠重創了哈馬斯與伊斯蘭聖戰，摧毀許多火箭與發射站，剷除了許多哈馬斯高官，特別是哈馬斯的一些軍事領導人。但哈馬斯與伊斯蘭聖戰沒有崩潰，一直到停火前最後一刻仍不停放著火箭。在以色列南部幾個城市，居民自發走上街頭示威，要求政府繼續打下去。抗議民眾與他們的支持者堅信停火協議不堪一擊，頂多只能暫保平安，隔不久以色列就會被迫發動更全面的行動，對付加薩恐怖分子。

抗議民眾說的沒錯。只不過隔了二十個月，以色列又被迫走上征途。

保護刃行動（二〇一四年）

二〇一四年六月十二日晚間，警官在接獲報案電話時還以為是惡作劇，但不久以後，一位父親也憂慮不已地打電話報案，這名警官才發現情況不妙：住在艾吉昂屯墾民團研習猶太經的三名學生，十九歲的艾雅・義夫拉，十六歲的吉拉・夏爾與納塔利・傅蘭柯，在搭便車回家途中失蹤了。其中一人曾使用手機與外界聯絡，但電話通訊被切斷。警方不久後在希伯崙以西的阿拉伯村莊杜拉（Dura）邊，找到一輛被燒毀的車。情況很明顯：三名學生遭到綁架，綁匪押著他們上另一輛車以後，就把原本用來綁架的車燒了。

一場規模空前的搜索行動在西岸各地展開。消息靈通的特工很快傳來情報，是哈馬斯恐怖分子綁架了這三名學生；國防軍隨即在西岸各地展開行動，逮捕惡名昭彰的哈馬斯成員。數以千計以色列軍開始搜索大小城鎮、鄉村、曠野、果園，以及其他可能隱藏或埋葬這三名學生的地方。

以色列全國民眾屏息以待，關注著搜尋進展。國防軍任務代號也說明了這段期間以色列舉國上下的希望：「Shuvu Achim」，意即「回來吧，兄弟」。三位柔腸寸斷的母親上電臺與電視，懇請綁匪放了她們的孩子。她們甚至前往日內瓦參加聯合國人權理事會的一場會議。日內瓦的聯合國人權理事會反以色列是眾所周知的事，三位母親就站在議場上，向面無表情、一言不發的理事們聲淚俱下地求助。搜尋工作持續了十八天。國防軍情報專家查出綁匪身分，是兩名哈馬斯好戰分子。以色列人深入山洞打探，將水井與化糞池放乾，在各處可疑的房舍搜索，還逮捕、盤問了幾百名哈馬斯好戰分子。

最後以色列人終於在希伯崙北郊一處太陽曝曬、岩石嶙峋的曠野，找到這三名學生躺在一座淺墳中的屍骸。這種毫無人性殘殺三個無辜青少年的暴行令以色列人忍無可忍。三名以色列右翼分子在瘋狂的報復衝動下，綁架、殘殺了一名十六歲的巴勒斯坦少年莫哈麥・阿布・柯戴。儘管警方破了案，抓了這三名以色列殺人犯，但這起事件在巴勒斯坦社區造成軒然大波。許多巴勒斯坦人聽說三名以色列青少年遇害時，曾湧上街頭跳舞歡慶，然而現在聽說自己這方有一人遇害，卻開始叫囂、要求報復。最嚴重、也最出人意外的反應來自加薩走廊。哈馬斯與伊斯蘭聖戰用好幾十枚火箭攻擊以色列的屯墾區與城鎮。總理納坦雅胡不願與哈馬斯再啟爭端，又打一場沒有意義的戰爭，於是他公開宣布「只要你不打，我就不打」。但事實證明這種好言好語的懷柔政策無效。來自加薩走廊的攻擊有增無減。一開始，國防軍採取的對策是對加薩的戰略性目標實施精準轟炸，同時一再重申停火要求。但哈馬斯沒有罷手。以色列別無選擇，只好在邊界地區大舉集結軍隊與裝甲車。但軍隊沒有跨越邊界柵欄進入加薩。納坦雅胡、國防部長亞隆與參謀長甘茲欣然接受埃及建議的停火，但是哈馬斯一口回絕了這項建議。

接下來，在七月十七日，衝突發生第九天，國防軍調查員突然發現一群全副武裝的哈馬斯成員，在蘇法（Sufa）合作農村旁邊的以色列境內「從地面冒出來」。國防軍突擊隊向他們發動攻擊，可能造成一些死傷，但這群武裝分子帶著他們的死傷又從冒出來的地方消逝得無影無蹤。以色列經調查發現，這群哈馬斯出沒的管道，是一個偽裝得極盡巧妙的洞口，洞口下是一條長達一英里（一點六公里）多的地下通道。這條通道從加薩走廊境內哈馬斯控制的地盤切入，由地下深處越過邊界柵欄，一直通到蘇法合作農村大門邊。

國防軍自二〇一三年十月以來，已經發現並摧毀兩條恐怖分子用來發動攻擊的地道，不過這條新發現的地道對「加薩信封袋」（Otef Aza）——即「包著」加薩走廊的地區——的以色列軍民構成致命威脅。經過冗長而慎密的討論，內閣下令國防軍展開「保護刃」（Protective Edge）行動，在加薩走廊發動地面攻勢，主要目標是尋找並摧毀地道。

在大砲與空軍支援下，成千國防軍官兵與幾十輛戰車開過邊界，進入加薩城郊。他們警告平民百姓撤離某幾處行將出現戰事的地區；一場大規模流亡潮即刻展開，但哈馬斯戰鬥人員也迅速占領這些地區，打算進行伏擊，並在當地埋地雷，安裝各種爆炸裝置，還在藏匿祕密地道入口的房屋裝設詭雷。這些部署造成激烈巷戰。接下來幾週，國防軍找到三十二處攻擊地道，有些長數百碼，有些長幾公里，在地下七十到七十五英尺（二十一到二十三公尺）深處從加薩通過邊界柵欄，直抵與以色列合作農村及村落緊鄰的地方。這些地道築有鋼筋混凝土牆加固，備有電力，裡面有許多武器、彈藥與炸藥庫，還有存放以色列陸軍制服與頭盔的貯藏室。如果沒有及早發現這些地道，以色列南部地區可能遭遇的後果簡直不敢想像。數以百計、或許更多的恐怖分子將滲透以色列，占領和平的城鎮與村落，屠殺當地百姓或將他們擄為人質。意外發現一處地下祕道的事件，為以色列國家安全帶來驚人的加分效果，但國防軍也因為沒能盡早展開行動，引發以色列人對國防軍的一波批判怒潮。

保護刃行動的代價很高：國防軍損失六十七名最優秀的戰士，其中許多是率部衝鋒、走在最前面的軍官。加薩平民百姓死傷慘重，死了一千六百多人，其中雖有許多恐怖分子，但也有大批兒童。國防軍搗毀大量民宅，向人口稠密地區進行砲擊，甚至還砲轟了聯合國近東巴勒斯坦難民救濟工作署經營、作為難民收容所的幾所學校，因而備遭抨擊。國防軍辯稱，之所以攻擊這些民宅、學校與清真寺，是因為裡面有人向國防軍士兵開火，或向以色列發射飛彈，但來自國內外的批判聲浪沒有因此稍減。

顯然正規軍受的訓練，是為了在戰場上與其他正規軍作戰，要正規軍在城鎮地區與固守的恐怖組織作戰並不合適。以色列向恐怖組織發起的一切行動，例如利塔尼行動、第一次與第二次黎巴嫩戰爭、對黎巴嫩南部真主黨實施的「憤怒葡萄行動」（Operation Grapes of Wrath，一九六六年）以及在加薩進行的三次大規模軍事行動，最後都沒有取得決定性戰果。國防軍今後必須以有創意的新手段打擊哈馬斯、真主黨、與伊斯蘭國（ISIS）這類恐怖組織，而且盡可能不傷及無辜百姓。

像過去幾次類似的任務一樣，保護刃行動也在達成停火協議後結束。哈馬斯提出的一切要求都遭到拒絕。停火以後，哈馬斯領導人從地下碉堡走出來，擺在他們眼前的是大敗虧輸的一片慘狀。以色列顯然獲得大勝，但不是決定性的勝利。哈馬斯仍然保有兩成到三成的火箭，軍事單位大體上都還存活，領導班子也沒有損傷。以色列領導人卻苦不堪言，因為以色列全國上下群情激憤，認為政府不應該讓哈馬斯又一次逃過決定性的一擊。

保護刃行動中真正的英雄是鐵穹系統。在五十天的戰鬥中，鐵穹撇開那些落點在空曠區的飛彈，成功擊落飛向以色列人口密集區的七百三十五枚卡桑、格拉德與M-75飛彈。鐵穹系統在防衛柱行動中初次登場，但這一次它的戰果更加驚人。在保護刃行動期間，只有兩百二十四枚飛彈落在以色列城鎮，五人因此喪生。由於火箭攻擊對平民造成的損傷相對較輕，國防軍得以在沒有平民百姓傷亡過重的壓力下放手行動。鐵穹保護了以色列民眾，也使以色列在衝突中搶占上風。

鐵穹系統由一具非常敏銳的雷達、一個精密電腦系統與一個「塔米爾（Tamir）反彈道飛彈」飛彈連組成。雷達能夠偵知一枚或多枚飛彈升空，電腦可以算出來襲飛彈的確切軌道，然後由國防軍的塔米爾連發射反彈道飛彈，在來襲飛彈抵達目標以前，將它在藍空中炸為粉碎。

為鐵穹系統催生的最大功臣是一位摩洛哥猶太人，名叫阿米爾・裴瑞茲（Amir Peretz）。裴瑞茲有一頭鬈髮，留著八字鬍，為人非常親和。他曾是傘兵，在作戰中身負重傷，住了一年醫院。他後來在距離加薩邊界柵欄僅三點七公里的小城斯德洛（Sderot）

鐵穹——保護刃行動的明星。（雅利夫・卡茲〔Yariv Katz〕攝影，《葉迪奧・阿洛諾》日報檔案提供）

當了市長。

在二〇〇六年奉命出任國防部長以後，儘管面對將領、國防部、媒體、著名工程師與科學家，以及眾多政界人士的極力反對，裴瑞茲仍下令軍方展開一項計畫，讓卡桑之類的火箭傷不到以色列。這項計畫的負責人是非常傑出的科學家丹尼．高德（Danny Gold）博士。

反對這項計畫的人士有幾點理由：當時恐怖分子的火箭對以色列構成的威脅十分有限；而且以色列與美國已經有一項叫做「箭矢專案」（Project Arrow）的長程飛彈攔截聯合計畫；另外，研發反彈道飛彈系統需要巨額經費；再者，許多專家比較屬意以雷射為基礎的「鸚鵡螺」（Nautilus）系統，認為裴瑞茲的計畫搞不出什麼名堂。

當時一家發行量廣大的報紙，還在頭版刊出一個醒目大標題，表達許多人的心聲：「鐵穹——還沒做就已經注定要失敗」。

或許他們也沒錯。國防部長裴瑞茲參與過部分失敗的第二次黎巴嫩戰爭。媒體刊過照片，對他大肆挖苦，照片中的他舉著雙筒望遠鏡觀察國防軍演習，卻沒有打開望遠鏡上的物鏡蓋……再怎麼說，他是工會領導人，是政治人物，不是將領，他哪裡懂什麼軍事問題？

那是二〇〇七年的情景。但到了二〇一四年，在保護刃行動期間與行動過後，以色列媒體與政治領導人競相為裴瑞茲歌功頌德，讚揚他、感謝他，因為他當年力排眾議，讓鐵穹成真，讓一個小小攔截系統成為扭轉乾坤的利器。哈馬斯手裡仍然掌握的幾千枚火箭，因為以色列有了鐵穹而瞬間失去用武之地。

在保護刃行動期間，以色列軍事工業將第九個鐵穹飛彈連交到陸軍手裡。裴瑞茲告訴本書作者：「在部署十三個飛彈連以後，我們就有能力保護以色列所有的城市與居住區；若有二十四個飛彈連，所有以色列的土地都能保安全。」曾擔任參謀長並曾極力反對這項計畫（但仍然克盡己職地加以完成）的賈比・阿西金納吉（Gabi Ashkenazi）將軍說得妙：「管他會不會使用望遠鏡，阿米爾・裴瑞茲比我們每個人看得都遠。」

九月二十三日，在停火三週之後，以色列突擊隊找到六月十七日殺害三名青少年、引發這場暴力惡性循環的兩名哈馬斯恐怖分子：阿馬・阿布・艾沙（Amar Abu Aisha）與馬文・卡瓦斯梅（Marwan Qawasmeh）。兩人在希伯崙的一場槍戰中喪生。

【人物小檔案】

阿米爾．裴瑞茲（前國防部長）

就任國防部長一個月以後，我召集參謀本部人員問他們，恐怖分子有非常原始的卡桑火箭，為什麼我們沒有任何對付這種武器的手段？他們說，威脅有兩種：一種是戰術性，一種是戰略性威脅。卡桑甚至連戰術性威脅都談不上。過去七年，我們因遭卡桑攻擊而死亡的有七個人。一年一個人，我們不能因為這樣而花好幾百萬。

我說：跟你們講一個我在斯德洛街頭聽一個老人說的故事。老人說：「很久以前，在我住的那個摩洛哥老家村子裡，長老聽到一個傳言。死亡天使將在今後兩週之間降臨這個村子，取一條人命。該怎麼辦？長老決定告訴全村民眾：一，死亡天使即將到來；二，他會在兩週內到來；三，沒有人知道祂會取走誰的性命。

「知道結果怎麼樣嗎？」老人問：「全村人跑得一個也不剩！」

我告訴在場將領，卡桑火箭的情形也一樣。我們不知道它會在什麼時候、在哪裡掉下來，不知道誰會因此送命，但它使成千上萬以色列人不能過正常的生活。我們的職責是保證他們能過和平的日子。所以，卡桑火箭或許對我們的生活不構成戰略或戰術威脅，但它是一種道德威脅。

他們沒有買帳；每個人都反對。軍方與產界人士，平民與軍人，媒體評論員與社論作者，大家都攻擊我。我覺得自己完全孤立無援。問題鬧到總理奧莫那裡時，他撇得一乾二淨。奧莫對我說：「你是國防部長，這問題由你來做決定，預算也是你的預算。」至少他沒有否決這項計畫。

當我終於決定展開這項計畫時，由於選擇鐵穹而沒有選鸚鵡螺，我又一次遭到抨擊。鸚鵡螺的基本構想是用雷射光束擊毀來襲的敵方飛彈。我之所以拒絕採用鸚鵡螺有兩個原因：第一，當時鸚鵡螺是靜態系統，裝備不能從一個陣地移到另一陣地。第二個原因是，如果雲層過厚，雷射光束就不能適當運作。也就是說，每年至少有三個月，我們的城鎮會暴露在敵人火箭威脅下，完全沒有防衛能力。反之，鐵穹可以隨意移動，而且保證可以一年三百六十五天全天候保衛我們的城鎮。

我選擇鐵穹，又一次陷入孤立，遭到誹謗中傷。之後十個月恍若夢魘。

但今天呢？全國都在讚美鐵穹。它也成為美國和以色列關係上的一個特案。美國總統與國會議員投票通過，除了每年提供以色列三十億美元（約臺幣九百億）援助以外，還為鐵穹提供特別預算。美國在財務上參與一項不涉及任何美國工業的專案，這還是破天荒頭一遭。鐵穹是一項「只有藍白兩色」的純以色列成就。

後記

失落的部落重返家園

第二十六章

從非洲心腹到耶路撒冷：摩西行動與所羅門行動

一九八一年十月的一個夜晚，兩艘以色列海軍飛彈快艇里謝夫號（Reshef）與凱西號（Keshet），祕密抵達蘇丹海岸。海軍十三偵搜隊隊員下了船，改乘橡皮艇往海岸進發。橡皮艇上裝有用來偵測珊瑚暗礁的雷達回波探測器，可以幫他們尋找通往海岸的安全水道。這是一項艱鉅的任務，水域內到處布滿暗礁，而且偵搜隊員必須暗中行動，因為蘇丹是敵對國家。他們不斷測量通往海灘的水道，終於找到四個小水灣可供執行任務：把衣索比亞的猶太人經由蘇丹帶回以色列。

這項行動事實上從一九七七年就已展開，當時以色列總理梅納罕・比金召見莫薩德負責人伊薩克・霍飛，對霍飛說：「幫我把衣索比亞的猶太人帶回以色列！」比金很了解衣索比亞獨裁者孟吉蘇・海爾・馬里亞（Mengistu Haile Mariam）動盪不安的政權，也很清楚衣索比亞猶太人的極度苦難，知道這個古老而富有傳奇色彩的社區，在歷經這段非洲奉行猶太誡律的歲月之後，現在渴望能移民以色列。莫薩德立即展開布署。一開始，他們確實從衣索比亞首都阿迪斯阿貝巴帶回一小群猶太人，但孟吉蘇很快鎖緊逃離衣國的大門。接著，成千上萬衣索比亞猶太人聽到一個令他們振奮的傳言：用希伯來文說，就是他們可以經由蘇丹「攀登」耶路撒冷。就這樣，他們開始步行前往鄰國蘇丹。然而不幸的是，數以千計猶太人竟因此死難，因為在這條漫漫長路上等著他們的，除盜匪以外，還有野獸、疾病與飢餓。各種令人哀慟欲絕的悲歌與可歌可泣的英勇事蹟不斷在這段旅途中上演。終於抵達蘇丹以後，大多數猶太人只能住進難民營，而且因為害怕遭到當局與其他難民迫害，他們被迫隱瞞猶太信仰。莫薩德假借各種名目，派遣無數特工進入衣索比亞，竭盡所能地協助許多猶太人離開蘇丹。埃及總統沙達特應比金總理之請，找上蘇丹獨裁者賈法．尼梅利（Gaafar Nimeiry），要求他睜一隻眼、閉一隻眼，讓境內衣索比亞猶太人逃離蘇丹。尼梅利在拿了一大筆賄賂以後同意照辦，不過能夠憑真文件或假護照離開蘇丹的只有少數，絕大多數衣索比亞猶太人仍然留在難民營、受苦受難。

之後有人提出一個構想：在國防軍協助下，從海路將衣索比亞猶太人救出蘇丹。永納坦．謝法（Yonatan Shefa）與艾曼紐．亞隆（Emmanuel Alon）等幾名莫薩德特工，與幾名前海軍十三偵搜突擊隊隊員一起，買下蘇丹海岸上一處名叫阿洛斯（Arous）的地產，經營專為歐洲觀光客服務的潛水與休閒中心。他們把阿洛斯打造成度假村，舉辦各式各樣活動，只是在當地度假的觀光客並不知道，度假村工作人員會在某些夜晚駕著破舊老卡車，開到幾百英里外的幾處祕密集合點接應許多猶太人，把他們送到這處蘇丹海岸。這項任務的負責人是一位年輕而勇敢、戴著猶太小帽的金髮男子丹尼．里摩（Danny Limor）。在那段期間，莫薩德在蘇丹進行的每一項作業，都是里摩的傑作。

一九八一年十一月八日，「浪之女號」（Bat Galim）商船在艾拉港引火待發，船上載著軍事指揮官伊蘭・布里斯（Ilan Buhris）少校，還有醫療裝備、野戰廚房，以及大約四百個床位。海軍十三偵搜隊隊員將兩艘叫做「燕子」（Swallow）的突擊艇與九艘左迪雅克橡皮艇裝上船，浪之女號啟碇了。莫薩德為這項任務取名「兄弟行動」（Operation Brothers）——這項行動也恰如其名，因為行動策畫人真的把那些衣索比亞猶太人視為兄弟。

浪之女號於十一月十一日抵達目的地。當天晚上，蓋著防水布的卡車，經過許多個小時長途跋涉，一路上還得冒著隨時遭蘇丹軍盤查的風險，甚至還曾被迫硬闖蘇丹軍檢查哨站，終於載著成群猶太人抵達海灘。卡車上那些早已因長途顛簸而疲憊不堪、還不斷擔驚受怕的乘客下了車，坐上橡皮艇，然後登上船。其中許多人一輩子從沒見過海；還有幾人想取海水飲用。以色列人招待他們在甲板上享用麵包、果醬與熱茶，為了讓他們恢復平靜，之後還帶著他們歌舞、遊戲，甚至放了一部電影；這些衣索比亞猶太人有許多一生都沒看過電影。兩天半以後，浪之女號在夏姆錫克基地下錨，一百六十四名移民登岸。

第二波旅程的準備行動立即展開，並於一九八二年一月啟程，又接了三百五十一名移民返回以色列。然而一九八二年三月展開的第三波行動險些惹出大亂子：一艘載著四名莫薩德特工的小船卡在岸外珊瑚礁中無法動彈，而就在同一時間，帶著卡拉什尼柯夫突襲步槍的蘇丹士兵突然現身，揚言要對莫薩德特工開火。所幸任務指揮官吹牛皮的本領實在高到不行，才把這群蘇丹兵給唬住了。他對著這群蘇丹兵的帶兵官一頓叫囂：「你瘋啦？要開槍打觀光客？沒長眼睛嗎？看不見我們在這裡潛水探險？我們是觀光部員工，帶觀光客來我們國家，你卻要向他們開槍？是哪個白痴升你當軍官的？」那位說英語的蘇丹帶兵官滿臉羞愧，連忙向他道歉，然後帶著部下離開。他不知道當時在他眼前的，其實正是他在尋找的走私客。浪之女號之後順利出海，沒有再碰上難題，又載了一百七十二名移民來到以色列。不過這次事件也說明了一件事：這種接駁方法風險太高，已經不再管用，想將衣索比亞猶太人帶回以色列，必須另覓途徑。

一天早上，阿洛斯度假村的觀光客發現，除了本地雇員以外，所有度假村工作人員集體消失。「導遊」（都是莫薩德特工）留下幾封信，以預算短缺為由，為度假村關閉一事向他們致歉。觀光客之後都飛回各自的國家，並且獲得全額退款。

另一方面，以色列當局也決定採用其他手段接送移民：出動空軍號稱「犀牛」的力士型運輸機。莫薩德特工在蘇丹港南方找到一個棄置的英國機場，隨即派出一支空軍特遣隊前往整頓，讓這座機場可以進行起降。以色列人從一處祕密會合點將衣索比亞猶太人帶到機場，機場跑道這時已經點燃特製火炬，照得通明。但就在空軍力士運輸機降落時，在場的衣索比亞人嚇得魂飛魄散。這些一輩子從沒見過如此巨型金屬飛行怪物的難民，眼見它發著如雷吼聲向他們筆直衝來，有許多嚇得四處亂竄。以色列人經過好一番溫言款語，才說服他們回來，上了飛機。這架飛機載回二百一十三名衣索比亞猶太人。

這次發生在機場的事件讓以色列空軍與莫薩德學得幾個教訓：下一次的接運行動，要讓飛機先行降落，放下機尾登機走道，然後卡車載難民來到機尾艙口，讓難民直接進入開啟的機艙，免得他們因見到「犀牛」巨獸從跑道另一頭朝他們衝來而受驚。

但蘇丹當局不久便察覺了以色列的行動，以及那座機場。於是以色列在距蘇丹港約四十六公里的地方找了另一處登陸區，並且決定安排七次犀牛機空運，每一次運載兩百名難民。負責這項任務的是莫薩德首腦與傘兵司令阿莫・亞隆（Amos Yaron）准將。任務於一九八二至一九八四年間執行，共載了一千五百名難民回到以色列。

每次作業前夕，都會有一輛卡車抵達登陸區，點燈照亮跑道。從以色列飛來的犀牛機降落以後，沿著跑道滑行，然後掉轉機身，打開龐大的尾艙門。空軍翠鳥突擊隊隊員以漏斗形陣式排成兩列，漏斗底部對準尾艙門入口。接著卡車抵達，移民通過漏斗直接走進機腹，在地上就座。許多移民甚至不知道自己已經上了飛機。

某次飛行中，一位年長、德高望重的凱斯[184]站起身來，要求面見以色列人的帶隊官。機組人員帶他去見空軍准將阿維胡・班—能。這位凱斯站在班—能面前，鄭重其事地緩緩從腰間拔出一把古劍，把劍遞向班—能。他用手朝著群坐地上的難民一比，說道：「在這之前，他們的命運由我負責。從現在起，我把他們的命運交給你了。」一邊說邊把古劍交到班—能手上。這時的班—能早已感動得一句話也說不出來。

到一九八四年年底，蘇丹情勢更加惡化，迫切需要人道援助與食物。以色列把握這個情勢，要求由美國提議援助蘇丹，以交換猶太移民。當時美國副總統布希立即響應，指示美國駐喀土木大使館人員主動與蘇丹獨裁者尼梅利談判。談判很成功，蘇丹同意讓衣索比亞猶太人有秩序地從空中撤離，但條件是這些難民必須經由第三國、不能直飛以色列。莫薩德於是找來一家猶太人持

184 凱斯（Kess）：衣索比亞猶太人宗教與社會的領袖。

有的小型比利時航空公司，展開「摩西行動」（Operation Moses）。在前後四十七天內，這家比利時小公司的波音航班完成三十六班次飛航，將七千八百名猶太人帶進以色列。

之後以色列領導人將消息走漏，世界媒體競相報導這個新聞。尼梅利於是下令禁止空運猶太人。但布希沒有放棄，他派遣七架美國空軍力士型運輸機飛抵蘇丹加達里夫（Gadarif），展開代號「示巴女王」[185]的行動。這些美國運輸機將蘇丹境內的五百名猶太人直接送到以色列拉蒙（Ramon）空軍基地。為完成拯救衣索比亞猶太人的共同目標，以色列與美國空軍合作無間，「示巴女王」就是這項合作的集大成之作。

儘管摩西與示巴女王行動都圓滿成功，成千上萬猶太人仍然困在衣索比亞境內。許多家庭在出亡過程中被迫分散，或者孩子來到以色列，父母卻不在身邊，或者與孩子走散的父母隻身來到以色列。在衣索比亞猶太人回歸以色列期間，這類妻離子散、家庭破碎的事件造成極大的難題，甚至是悲劇。而與此同時，衣索比亞爆發內戰，境內猶太人的生命受到立即威脅。莫薩德與「猶太事務局」[186]人員在阿迪斯阿貝巴建立臨時營區，收容了成千上萬猶太人，等著帶他們回以色列的奇蹟出現。

而奇蹟真的出現了。

一九九一年五月，在「摩西行動」結束七年之後，以色列展開「所羅門行動」（Operation Solomon）。當時衣索比亞內戰打得如火如荼，反衣索比亞總統孟吉蘇的叛軍從四面八方逼向阿迪斯阿貝巴。這時已經是美國總統的布希又一次向以色列伸出援手，在孟吉蘇遭到決定性挫敗、政權即將瓦解的幾天以前，促成以色列政府與孟吉蘇的一項協議。多虧了以色列外交官尤利・魯拉尼（Uri Lubrani）代表總理伊薩克．夏米爾進行隱密而不懈的努力，這項協議之所以能夠達成，魯拉尼厥功至偉。

根據這項協議，以色列支付三千五百萬美元（約臺幣十億五千萬）給孟吉蘇，換取孟吉蘇同意讓境內猶太人前往以色列，同時美國也向孟吉蘇及其政府若干高官保證，會讓他們在美國境內獲得外交庇護。以色列也給了叛軍一筆為數不明的款項，叛軍領導人同意遵守暫時停火協議，不干擾以色列的撤離作業。不過衣索比亞政府軍與叛軍達成的這項停火協議效期很短：只有三十四小時。以色列必須在戰火重新點燃以前，將所有猶太人全數撤離衣索比亞。

負責這項任務的是國防軍副參謀長阿農．里金—沙哈克。他必須在三十四小時內經由空路，將大約一萬五千名猶太人帶回以色列。以色列將「一切能飛的東西」全部送進阿迪斯阿貝巴，整個任務的分工組織堪稱典範。以色列航空公司派出三十架客機，空軍也出動許多貨機，而飛在最前面的當然是那些「犀牛」機。來自步兵、翠鳥與傘兵等各單位的幾百名官兵，奉命進駐阿迪斯阿貝巴，負責組織移民、帶移民登機。其中一支部隊尤其醒目，他們都是祖籍衣索比亞、在摩西行動期間抵達以色列、現服役於國防軍的官兵。他們身著國防軍制服，其中許多人還神氣地頭戴紅扁帽、腳踏傘兵特戰隊紅色軍靴、佩帶傘兵銀翼章。這支部隊讓在場新移民看得熱血沸騰，就

---

185 示巴女王（Queen of Sheba）：出自《舊約聖經．列王紀上》第十章。示巴女王聽聞所羅門王的名聲，而特來耶路撒冷朝覲，看傳言是否為真。

186 猶太事務局（Jewish Agency）：全球最大為猶太人服務的非營利組織。

連最鐵石心腸的衣索比亞裔以色列傘兵，面對此情此景也禁不住紅了眼眶。以色列官兵在機場散開，鞏固機場安全，隨即帶領猶太人登機。他們將猶太移民分成許多組，每組有一個號碼。號碼牌最先別在移民的衣服上，但後來他們用另一個辦法：把號碼牌貼在移民額頭上。不出幾小時，一萬四千四百名猶太人登上飛機。里金—沙哈克以他招牌的冷靜與從容，督導整個任務進行。

在任務過程中，一架波音七四七載了一千零八十七名乘客，創下載客數最多的世界紀錄。而這架客機飛行途中，一名嬰兒在機上誕生，因此總共有一千零八十八名移民在以色列下飛機。

仍有許多猶太人留在衣索比亞，盼望有一天能移民以色列。衣索比亞猶太人「攀登」耶路撒冷的奮戰中，拋下了許多「無力攀登」的人。而在以色列境內，為了融入社

失落的部落乘鷹翼重返家園。（威卡·以色列〔Zvika Israeli〕攝影，以色列政府新聞局提供）

會，為了讓其他人將他們視為猶太人，為了獲得真平等以及被現代社會接納，許多衣索比亞猶太人也陷入苦苦掙扎，因為來到這塊新土地以後，他們行之數千年的世界觀與傳統都已煙消雲散。

【人物小檔案】

班尼．甘茲（後來出任國防軍參謀長）

我在軍旅生涯中出過無數任務，其中有許多是祕密行動。我也曾不只一次面對性命攸關之際：我曾中彈負傷，曾與恐怖分子面對面肉搏，曾在戰陣上眼見身邊弟兄戰死。但我以翠鳥突擊隊隊長身分參與的、將衣索比亞猶太人帶回以色列的任務，從民族觀點而言，是我參與過、最重要的一次任務。這項任務本質上就是猶太人建國的概念，讓我覺得自己是在實現猶太復國主義。這不是表現個人的英雄任務，而是舉國一體的英雄任務。

我的父母是納粹大屠殺的倖存者；在整個撤離行動中，我無時無刻不想著，如果當時我們有一個國家，情況又將如何；或許一切都會變得不一樣。歐洲猶太人會像什麼樣？不過我知道，對衣索比亞猶太人而言，以色列國有非常偉大、非常強有力的意義。

有一幕直到今天仍然深深刻印在我心中：我們在一片漆黑中著陸，走下那狀似可怕怪獸的飛機，走向在地上或坐或臥、裹在毯子裡的移民。攙著他們進入機腹，機艙門關上，起飛，駕駛員開了燈，然後目光相對。這麼多雙充滿驚惶的眼睛看著你，我想跟他們說些什麼，但什麼也説不出。

在任務過程中，最讓我惱火的，是當第一輛滿載移民的卡車開進機場、來到我們面前的那一刻。我見到他們額頭上都貼著一張上面有號碼的貼紙。我氣得發狂，要他們立刻把那些貼紙取下來。

任務結束以後，又有幾次遭遇把我拉回當年的記憶。有一次我在軍中歌舞團邂逅一位歌手。她在登臺演唱以色列國歌前對我説，她在所羅門行動時還是個嬰兒。

誌謝

這本書談到許多出生入死的任務，有關它們的描述以許多來源為根據：有書籍與文章；有檔案文件，包括一些從未發表的文件；有網站資料；還有對眾多過去與現任以色列國防軍軍官、士兵與政界人士的訪談。我們要感謝國防軍檔案，要感謝本書參考書目中提到的那些書與文章的作者，還要感謝書中提到的每一位戰士——他們之中有些人仍置身軍旅，有許多人已退休或正擔任重要文職。從這本書的寫作計畫一開始，國防軍發言人約夫・「波里」・摩德柴（Yoav "Poli" Mordechai）[187]將軍與他麾下盡忠職守的部屬，就給了我們非常有用的援助。

國防軍之友（Friends of the IDF，FIDF）協會主席妮莉・法立克（Nily Falic）女士；前紐約國防軍之友分社社長伊薩克・「傑利」・格西安（Yitzhak "Jerry" Gershon）將軍（已退役）與他的繼任人梅爾・卡利菲（Meir Khalifi）將軍（已退役）；切爾基金會（Hecht Foundation）；還有以色列大英雄、現任以色列軍人福利協會主席阿維德・卡拉尼將軍（已退役），對我們協助良

187 二〇一四年他已轉任以色列國防部政府領土活動協調處（COGAT）。

多，我們也非常感激。

我們有一位非常傑出的經紀人、「作家先生之家」（Mr. Writers' House）的奧・朱克曼（Al Zuckerman）；以及外國版權代理瑪佳・尼柯利（Maja Nikolic）女士；還有出版商，包括葉迪奧・阿洛諾圖書公司（Yedioth Ahronoth Books）、以色列版出版商杜夫・艾琴華（Dov Eichenwald），以及艾柯／哈潑柯林斯（Ecco/HarperCollins）的丹・哈潘（Dan Halpern），都鼓勵、支持我們寫這本書。又經過一番研究與改寫之後，在譯者納桑・伯斯坦（Nathan K. Burstein）的全力配合下，這本書的英文稿終於定案；這本書的誕生過程中，我們的編輯妮莉・歐夫納（Nilly Ovnat）又一次證明她是無價之寶。我們在紐約的編輯、才華洋溢的賈瑞菈・杜布（Gabriella Doob），為我們提供盡心盡力、極具效率的援助；凱瑟琳・貝納（Katherine Beitner）為這本書的推廣也功不可沒。此外，我們要特別感謝貢獻寶貴意見的艾柯助理發行人克萊格・楊（Craig Young）。

最後，在我們繼《莫薩德》（*Mossad: The Greatest Missions of the Israeli Secret Service*）之後進行這第二本書的研究、撰稿、直到最後終於完成的漫漫過程中，兩位超級賢慧的女士賈莉菈・巴佐哈（Galila Bar-Zohar）與艾美・柯曼（Amy Korman）一直站在我們身邊，我們也要在此致上由衷謝忱。

參考書目

◎以下標註(h)的書目代表是以希伯來文撰寫。

第一章　永納坦行動

"Operation Yonathan (Thunderball)—The full report," IDF Archives, November 1977. (h)

"The secret notes of Peres," Itamar Eichner, Yedioth Ahronoth, 17.7.2011(h)

"A rescue operation which shocked the world," Haim Isrovitz, Maariv, 27.6.2006. (h)

Parts from Motta Gur notes (Internet site: The heritage of Gur). (h)

"Exposure: The Mossad photograph, Operation Entebbe on the way," Sharon Rofe-Ofir, Ynet 1.7.2006. (internet site)

Bar-Zohar Michael, "Shimon Peres, the biography," Random House, New York 2007, pp. 313–348.

"Operation Entebbe," Journal of the Defense Minister, 27 June 1976, IDF Archives.

Peres Shimon, "Entebbe Diary," Yedioth Ahronoth, Tel Aviv, 1991. (h)

Rabin Yitzhak, "The Rabin Memoirs," Maariv, Tel Aviv, 1979, p. 527. (h)

Gur Mordechai (Motta), "The Chief of Staff," Maarakhot, Tel Aviv, 1998, pp. 236–288. (h)

Interview of Shimon Peres.

Interview of Tamir Pardo.

第二章 耶路撒冷圍城

Yitzhaki Arie, “Latrun—the battle for the road to Jerusalem”; “Latrun, road seven is ‘Burma Road’—the siege was broken,” Kama publishers, Jerusalem 1982, volume 1, pp. 269–282, volume 2, pp. 321–339. (h)

Shamir Shlomo (Gen. res.) “At all costs—to Jerusalem,” “Road Seven to Jerusalem,” Maarakhot, Ministry of Defense, Tel-Aviv, 1994, pp. 415–454. (h)

Talmi Menachem, “The new route,” Cultural service of the IDF, 1949. (h)

Oren Ram, “Latrun, the new hope,” Keshet publishers, Tel-Aviv, 2002, pp. 309–332. (h)

Rabin Yitzhak, “The Rabin Memoirs,” op.cit. 1979, pp. 52–56. (h)

“The man who discovered the Burma Road,” Eli Eshed, E-magoo. co.il, Internet magazine, 28.5.2005. (h)

Interview of Yitzhak Navon.

第三章 黑箭行動

Eilam Uzi, “Eilam’s Arch,” Gaza raid—Black Arrow Mission, 28.2.1955, Yedioth Books (Miskal) 2009, pp. 32–39. (h)

“Black Arrow—fiftieth anniversary to the unification of the mythological paratrooper unit 101,” Kobi Finkler, Channel 7, 23.1.07. (h)

Bar-Zohar Michael and Haber Eitan, “The book of the Paratroopers,” Levin Epstein publishers, Tel-Aviv, 1969, pp. 32–39. (h)

“We were here. The IDF attacks in Gaza, 1955,” Yanai Israeli, Walla, 7.3.2008. (h)

“Black Arrow, a pierced heart: the paratroopers hero and the Gaza mission,” Roi Mendel, Ynet, Yedioth Ahronoth, 7.3.2012. (h)

Interview of Uzi Eilam.

第四章 雄雞行動

Tzidon Yoash (Chatto), "By day by night, through haze and fog," Maariv publishers, 1995, p. 216. (h)

"Hour of the bat," Elazar Ben-Lulu, Internet site of the IDF. (h)

Interview of Yoash (Chatto) Tzidon.

第五章 米拉之役

"Myths and facts," a historical research; The Mitla Pass 26th anniversary," Monitin Magazine, October 1981. (h)

"The Independence War was not a war of few against many—The Mitla Myth," Moshe Ronen, Yedioth Ahronoth, 4.8.1999. (h)

"The longest day in Sinai," Uri Dan, Maariv, 28.10.1966. (h)

"Being there—testimony on Sharon, Gur, Eitan, Hofi, Davidi and others," Monitin, November 1966. (h)

Ben-Gurion David, "A letter to the Ninth brigade, 6.11.1956," Ministry of Defense, IDF archives. (h)

Dayan Moshe, "On the Sinai campaign, 6.11.1956," Ministry of Defense, IDF archives. (h)

"Operation Steamroller, operation orders 64/56, 28.10.1956 including annex 4—A paratroop drop," IDF archive. (h)

"On the parachuting at the Mitla," Dr. Arieh Gilai, the Paratroopers' internet site. (h)

"The brigade's reconnaissance unit, a personal story of the Mitla battle," Uri Getz, the Paratroopers' internet site. (h)

"Heavy mortars battalion 332, testimony about the Mitla battle," Yakov Tzur, the Paratroopers' internet site. (h)

"Company A, Battalion 890, the cave mopping at the Mitla battle," Avshalom (Avsha) Adam, the Paratroopers' internet site. (h)

"Nahal squad commanders course 906, fighting route at Kadesh, personal testimonies," Shai Marmur and Rafi Benisti, the Paratroopers' internet site. (h)

"Machine-gunner company E battalion 88: At the Mitla battle I stood exposed on a half-track," Moshe Hassin as told to Dr. Arieh Gilai, the Paratroopers' internet site. (h)

"Fighter and Sergeant-Major, company A, A personal story about the Mitla parachuting and the caves' battle," Moni Meroz, the Paratroopers' internet site. (h)
"The Mitla battle," Shraga Gafni, Maarakhot, Ministry of Defense, number 113, 1960. (h)
Bar-Zohar Michael and Haber Eitan, "The Mitla trap," the book of the Paratroopers, Op. cit. pp. 132–140. (h)
Bar-Zohar Michael, "Ben-Gurion," Volume 3 (out of 3) Am-Oved publishers, Tel-Aviv, 1977, pp. 1207–1286. (h)
Bar-Zohar Michael, "Shimon Peres, the biography," Random House, N.Y. 2007, pp. 144–154.
Dayan Moshe, "Diary of the Sinai Campaign," New York, Harper and Row, 1966.
Eitan Rafael (Raful) "A soldier's Story," Maariv publishers, Tel-Aviv, 1985, p. 65. (h)

第六章　焦點行動

Cohen (Cheetah) Elazar and Lavi Zvi, "The Six Day War, The Suez is not the limit," Maariv, Tel-Aviv, 1990, pp. 263–291. (h)
"The Focus plan—as a thunderball out of a blue sky," Pirsumei Teufa (Aviation magazine) Rishon Lezion, pp. 55–80. (h)
Yanai Ehud, ed.; General (res.) Yiftach Spector, "Moked, Aerial Supremacy," Keter publishers, Jerusalem, 1995, pp.162–170. (h)
Churchill Randolph and Churchill Winston, "The air strike—the Six Day War," Houghton Mifflin, Boston, 1967, p. 82.
Rabin Yitzhak, "The Rabin Memoirs," Maariv publishers, 1979, pp.186–191. (h)
Weizman Ezer, "On Eagles Wings," Maariv publishers, Tel-Aviv, 1975, pp. 259–273. (h)
"The Focus Plan—how it was planned and how it was carried out," Zeev Shiff, Haaretz, 10.4.1981. (h)
"Our Air Force was annihilated—the picture was black," Yaakov Lamdan, "Laisha" (woman's weekly magazine), 5.6.1989. (h)
"A forced gamble," Meir Amitai, Haaretz, 4.7.1997. (h)
"Like a thunderball from a blue sky," Noam Ophir, the IAF magazine, 1.6.2002. (h)
A 1983 interview with Abd-El- Hamid Helmy, Commander of the Egyptian Air-Force, "Al Ahram" Internet site.

Steven Pressfield, "Lion's Gate," Sentinel HC, New York, 2014.
Interview of Colonel (res.) Yossi Sarig. (h)
Interview of General (res.) Avihu Bin-Nun. (h)

第七章　聖殿山之戰

Narkiss Uzi, general (res.) "Jerusalem is one," Am-Oved, Tel-Aviv, 1975, pp. 160–163, 173–175, 200–201, 241–253. (h)
Landau Eli, "Jerusalem Forever," chapters: "The day of Jerusalem"; "Ammunition Hill;" "The temple Mount and the Western Wall are in our hands"; pp. 25–32,111–147, 161–171, Otpaz, Tel-Aviv, 1967. (h)
Nathan Moshe, "The battle for Jerusalem," Chapters: "Ammunition Hill"; "The Lions' Gate"; "The Victory Gate"; pp. 131–191, 293–333, 334–349, Otpaz, Tel-Aviv, 1968. (h)
Dayan David, "From Hermon to Suez"—History of the Six Day War. Chapter: "Jerusalem of Iron"; "Here is the Western Wall"; pp. 144–154, 155–161. Massada, Ramat-Gan, 1967. (h)
Weizman Ezer, op. cit. pp. 283–297. (h)
Kfir Ilan, "The Fighting IDF-Military and Defense Encyclopaedia," Volume 4, chapter: "Jerusalem of Iron," pp. 89–99, Revivim Publishers, Maariv, Tel-Aviv, 1982–1986. (h)
"Motta made History," Moshe Bar-Yehuda, Military Magazine, 24.5.1968. (h)
"We've got the scoop," Ravit Naor, Maariv, 18.4.1997. (h)
"The hill was acquired by blood," Yoram Shoshani, Yedioth Ahronoth, 8.1.1968. (h)
Oren Michael, "Six Days of War," Presidio Press, 2003.
"Jerusalem of blood, songs and prayers," Yehuda Ezrachi, Maariv, 13.6.1967. (h)
"Jerusalem will be built," Yehuda Haezrachi, Maariv, 16.6.1967. (h)

"Against fortified bunkers and 120 mm. mortars," Amit Navon and Moshe Zonder, Maariv, 18.4.1997. (h)
"The battle for Jerusalem continued because of lack of communication with the IDF forces after the Jordanians broke the ceasefire," A. Gazit, Maariv, 8.6.1972. (h)
"The Battle over the Bridge," Hotam magazine, 18.1.1974. (h)
"The blowing of the Bunker at Ammunition hill," Shimshon Ofer, Davar, 25.8.1967. (h)
"Ammunition hill in retrospect," Haim Fikersh, Hatzophe, 17.5.85. (h)
"Dayan ordered me: Take my picture when I enter the old city," Ilan Bruner, Maariv, 18.4.1997. (h)
"This year in built Jerusalem!," Menachem Barash, Yedioth-Ahronoth, 8.6.1967. (h)
Gur Mordechai (Motta)—"The Temple Mount is in our hands—Victory Parade, 12.6.1967," Defense Office publications, p. 335. (h)

第八章　突襲格林島

"Tens of Egyptians killed on IDF invasion to Green Island," Eitan Haber, Yedioth Ahronoth, 20.7.1969. (h)
"The Canons of Green Island"—Haolam Haze, Magazine, 23.7.1969. (h)
"At Least 25 Egyptians killed on IDF attack on Green Island." Military correspondent, Davar, 21.7.1969. (h)
"On Green Island 25 years ago," Yehuda Ofan, Al-Hamishmar, 21.7.1969. (h)
"The hottest day in Suez," Eitan Haber, Yedioth Ahronoth, 21.7.1969.
"Heroes of Green Island," Zeev Shiff, Haaretz, 13.3.70. (h)
"Green Island: First attack," Uriel Ben-Ami, Bamahane, 27.7.1977.
"In fire and water," Judith Winkler, Haaretz, 27.6.1979. (h)
"Exodus of the naval commando fighters," Bruria-Avidan-Barir, Laisha, 17.4.1989. (h)
"50 critical moments," Meirav Arlozorov, Bamahane, 23.3.1994. (h)

Eldar Michael (Mike), "Flotilla 13—The story of the Naval commandos," Maariv publishers, Tel-Aviv, 1993, pp. 386–414. (h)
Mustafa Kabha, "The Egyptian attrition and the Israeli counter-attrition," Egyptian sources, Yad-Tabenkin, Institute of Research, pp. 79–100.
Interview of Ami Ayalon. (h)

第九章　諾亞行動

"Suddenly, one morning, 6 boats disappeared," Sigal Buhris, Between the Waves magazine, no. 89, 20 years to the operation.(h)
"The 48th soul," Uri Sharon, Davar, 9.8.1991. (h)
Limon Moka, Tzur Miron, "Jewish Pirates—Boats of Cherbourg," Maariv publishers, Tel-Aviv, 1988, pp. 138–184. (h)
"They had a general rehearsal," Idith Witman, Hadashot, 25.12.1988. (h)
"In memory of the boats on their way," Ilana Baum, Maariv, 26.12.1988. (h)
"The story of A.M. Lea," Joseph Michalsky, Davar, 23.12.1979. (h)
"Five boats are about to arrive today," Lamerhav Daily, 31.12.1969. (h)
"Egyptian spokesman: we are confident that France is not to blame for the smuggling of the five boats," Shmuel Segev, Maariv, 31.12.1969. (h)
Rabinovitz Abraham, edited by Effi Melzer, "The boats of Cherbourg," Effi Melzer Publishing House, Military research, Reut Publishers, 2001. (h)
Interview of Hadar Kimchy.

第十章　雄雞五十三號行動

"The night of the Radar," Eitan Haber, Yedioth Ahronoth, 8.1.1971.

Kfir Ilan, op. cit. Paratroopers, Volume 4, pp. 123–125
Fiksler Yoel, “Rooster 53—Operation for bringing the radar from Egypt, December 26–27, 1969,” S.H.R. publishers, Rehovot, 2009. (h)
Cohen Eliezer (Cheeta), Lavi Zvi, “The sky is not the limit,” “Imaginary, crazy rooster,” Maariv publishers, Tel-Aviv, 1990, pp. 387–392. (h)
“An American request for information about the Egyptian radar is expected,” Nissim Kiviti, Eitan Haber, Yedioth Ahronoth, 4.1.1970. (h)
“Remember, you are entering the Lion’s lair!” Eitan Haber, Yedioth Ahronot, 28.12.1969. (h)
“Expiatory Rooster,” Dani Spector, Yedioth Ahronoth, 30.12.2009. (h)
“Heritage paper 66—The snatching of the Egyptian radar,” Oded Marom, IAF friends Magazine, 2012. (h)
“Operation ‘Rooster’—Israel Captures Egyptian Radar in War of attrition,” Jewish Virtual Library, December 26–27, 1969.
Interview of Nehemiah Dagan.

第十一章　里蒙二十行動

Yonai Ehud, “No Margin for Error,” op. cit. pp. 231–134.
“The Russians did not believe it’s happening,” Amir Rappaport, Omri Assenheim, NRG, 13.8.2005. (h)
Cohen Eliezer (Cheeta), Lavi Zvi, op. cit. pp. 411–415. (h)
Amir Amos, “Fire in the sky,” Defense ministry, Tel-Aviv, 2000. (h)
“Our pilots overcame the Russian pilots,” Arie Avneri, Yedioth Ahronoth, 2.8.1970. (h)
“Commander of the Russian Air Force investigates the interception of the MiGs,” Egyptian news agency, Yedioth Ahronoth, 2.8.1970. (h)

"The four MiGs that were shot down yesterday were flown by Russian pilots," Yedioth Ahronoth, 31.7.1970. (h)
"Will the USSR accept her fighters being hurt?" Eitan Haber, Yedioth Ahronoth, 3.8.1970. (h)
Interview of Amir Eshel.

第十二章　同位素計畫

"Brilliant 90 seconds of The Matkal Commandos," Moshe Zonder, Maariv, 25.3.1994. (h)
"23 hours of anxiety ," Yedioth Ahronoth reporters, 12.5.1972. (h)
"We released Sabena," Moshe Zonder and Amit Navon, Maariv,16.5.1997.
"That is how I shot The prime Minister," Yossi Asulin, Southern local paper, 25.4.1997. (h)
"The breaking into Sabena," Yosi Argaman and Zvi Elchayani, Bamahane, 20.5.1992. (h)
"Kidnapping Diary: hour by hour," Zeev Shif, Haaretz, 12.5.1972. (h)
"The hot line between Lod and Jerusalem," Yosef Harif, Maariv, 12.5.1972. (h)
Kaspit Ben, Kfir Ilan, editor: Dani Dor, "Netanyahu—The road to power, the break through into Sabena airplane," Alfa Communication, Tel-Aviv, 1997, pp. 65–70. (h) Birch Lane Press, USA, 1998.
Interview of Benjamin Netanyahu.

第十三章　板條箱行動

Argaman Yossef, "Intelligence and Israel's security,"—"Kidnapping of the Syrian Generals—Top Secret," 1990, pp. 32–42. (h)
"Trapping the five Syrians—great victory of the Israeli Intelligence," Yedioth Ahronoth, 22.6.1972. (h)
"Syrian Intelligence officers have more influence than other officers," Ilan Kfir, Yedioth Ahronoth, 22.6.1972. (h)
"Frightened and distraught, the five high-rank Syrian officers were taken prisoners," Yehezkel Hameiri and Eitan Haber, Yedioth

Ahronoth, 22.6.1972. (h)
Zonder Moshe, "Sayeret Matkal, the Uzi Dayan era," Keter, Jerusalem, 2000, pp.182–183. (h)
Kaspit Ben , Kfir Ilan, Dani Dor ed., "Netanyahu—The road to Power," Alfa communication, Tel-Aviv 1997, pp. 68–70. (h).
"The Kidnapping of the Syrian Generals," Yosef Argaman, Bamahane, 29.7.1987. (h)
"Heroes of operation Crate reveal: that is how we kidnapped the Syrian officers," Shaul Shai, Moria Ben-Yosef, "Israel Defense," Internet site, 25.3.2012. (h)
Interview of Uzi Dayan.

第十四章　青春之泉行動

Documents of the IDF Archives, file 401 (papers 4,6–16)
Bar-Zohar Michael, ed., "The Book of Valor," Yaakov Hisday on Avida Shor, Ministry of Defense publishers, Magal, Tel-Aviv, 1977, pp. 184–187. (h)
Bar-Zohar Michael, Mishal Nissim, "Mossad—The Greatest Missions of the Israeli Secret Service," The Quest for The Red Prince, Harper Collins, New York, 2012, pp.186–213.
"We heard a huge explosion, the building was cut in two," Tal Zagraba, "Shavuz," Internet site. (h)
"The autumn of 'Spring of Youth'," Onn Levi, Davar, 23.4.1993. (h)
"Bravery does not console," Oded Liphshitz, Al Hamishmar, 24.4.1993. (h)
"Mental strength is our weapon," Ehud Barak, Yedioth Ahronoth, 25.4.1993. (h)
"Barak dressed like a woman entered the terrorist buildings," Dani Sade, Yedioth Ahronoth, 25.4.1993. (h)
"General Barak, dressed like a woman, on a lovers' stroll to the terrorists' homes in Beirut," Gil Keisari, Haaretz 11.4.73. (h)
"The raiding force captured important papers regarding the terrorist organizations in Israel and in the occupied territories,"

Haaretz reporter on Arab subjects, Haaretz, 11.4.1973. (h)
"Six Israeli Mossad agents arrived in Beirut—a few days before the IDF raid," David Herst, The Guardian, quoted in Maariv, 11.4.1973. (h)
"I heard shootings in the corridor and I said: Certainly the Israelis are attacking," Zvi Lavi, Maariv, 13.4.1973. (h)
"If we would have learned a lesson from this," Uri Milstein, Hadashot, 29.3.1985. (h)
"Western papers on the IDF raid in Beirut, Reuters, AFP, UPI; Daily Express, London: "The Israeli intelligence is the most efficient in the world," as quoted in Hazofe, 12.4.1973. (h)
"I'll never forgive Ehud Barak for taking part in the killing of my husband," D'isi Adwan, in Amman, Zoher Andreous, Maariv, 16.5.2000. (h)
"IDF Raid—Shock treatment," Eitan Haber, Yedioth Ahronoth, 13.4.1973. (h)
"Prime minister of Lebanon demanded to fire senior officers after the raid; He retired after his demand was rejected," News agencies in Beirut, Yedioth Ahronoth, 12.4.1973. (h)
"Israeli Agents arrived in Beirut on Friday to prepare the operation," Arthur Chatsworth, Daily Express, as quoted in Yedioth Ahronoth, 12.4.1973. (h)
"Chief of Staff Elazar confirms important documents were captured in Beirut; 900 terrorists were hit in 1972," Reuven Ben-Zvi, Yedioth Ahronoth, 12.4.1973. (h)
"Mission impossible in the heart of Beirut," Dan Arkin, Maariv, 11.4.1973. (h)
"The Mercedes cars were rented in Beirut seven hours before the raid," News agencies' correspondents in Beirut, Maariv, 11.4.1973. (h)
Interview with Kamal Adwan, a week before he was killed, Robert Stephens, The Observer, as quoted in Maariv, 15.4.1973. (h)
"The Operation in Beirut (the full story as told by the participants)," Benjamin Landau, Bamahane, 6.9.1972. (h)

Interview of Amnon Lipkin-Shahak.
Interview of Ehud Barak.

第十五章　跨越蘇伊士運河

"Bridge over troubled waters," Uri Dan, Haolam Haze, 16.9.1991. (h)
"The Crossing of the Suez Canal," Uri Milshtein, Maariv 7.10.1974. (h)
"Luckily, Erez managed to steal 30 command cars and Nahik found the boats," Ariela Ringel-Hoffman, Yedioth Ahronoth, 2.10.1988. (h)
"A bridge over Suez," Uri Milshtein, Haaretz, 27.10.1978. (h)
"The bridgehead was captured," Ilan Kfir, Yedioth Ahronoth, 16.11.1973. (h)
Oren Elhanan, Lieutenant Colonel (res.), "History of the Yom Kippur War"—The crossing; IDF History Department, December 2004, pp. 205–232. (h)
Kfir Ilan, "My glorious brothers of the Canal"; Chapter 14: "October 15–16: Acapulco"; Chapter 15: "October 16: Africa"; Chapter 21: "October 17: Heroes
of the bridges," Yedioth Ahronoth Publishers, Tel-Aviv, 2003, pp. 205–213, 214–222, 270–283. (h)
Bergman Ronen, Melzer Gil, "The Yom Kippur War real time"; Chapter 3: "The Crossing." Yedioth Ahronoth Publishers, Tel-Aviv, 2003, pp. 221–288. (h)
Dan Uri, "Bridgehead," Chapter 23: "The paratroopers are crossing," A.L. Special Edition, Tel-Aviv, April 1975, pp. 157–169. (h)
Herzog, Chaim. "The War of Atonement," Greenhill Books, London, 1988.
Interview of Moshe (Bogi) Yaalon.

第十六章 中國農場之戰

Segal Maozia, "Testimonies from the sandy battlefield: the paratroopers' combat in the Chinese Farm," Modan publishers. Ben-Shemen, 2002, pp. 80–230. (h)

Ezov Amiram, "Crossing—60 hours in October 1973," Dvir Publishers, Or Yehuda. 2011, pp. 55–220. (h)

"Bloodshed in the Chinese farm," Ilan Kfir, Yedioth Ahronot,24.4.1974. (h)

"The hell was here," Yael Gvirtz, Yedioth Ahronot, 17.6.1994. (h)

"Slowly, slowly, they tell about the night when they were sent to the slaughter," Batia Gur, Haaretz, 17.9.1999. (h)

"Itzik, here is Ehud, I'm coming to help," Shiri Lev-Ari, Hair, 29.1.1999. (h)

"The Deputy company commander mumbled: It's over, the battalion is gone . . . 890 is gone . . . everybody was killed," Yael Gvirtz, Yedioth Ahronoth, 17.9.1991. (h)

"Regiment 890 at the Chinese farm," Eitan Haber, Yedioth Ahronoth, October 1985.

"The battle of the Chinese farm, a wound that won't heal," Nava Zuriel, Maariv, 4.2.2006. (h)

"The Armor fighters demand that their part in the Chinese farm battle be recognized," Dana Weiller, Maariv, 7.10.2008. (h)

"History, memory and rating," Zeev Drori, Maariv, 28.4.2004. (h)

"Overlooked but not forgotten," Abraham Rabinovitch, Jerusalem post, 3.10.2007.

Interview of Itzhak Mordechai.

第十七章 戈蘭高地之戰

"Back to the Valley of Tears (Emek Habacha)," Yaron London, Yedioth Ahronoth, 6.10.1992. (h)

"The battle in the Valley of Tears," Renen Shor, Bamahane, 19.12.1973. (h)

"Why was Barak's brigade abandoned?" Emanuel Rozen, Maariv, 24.9.1993. (h)

"Syrian Documents captured: The Golan Heights have to be taken within 24 hours," Davar 19.4.1974. (h)
"The fighting of Division Mussa," Amir Oren, Bamahane, 30.1.1974. (h)
"The battle of the Golan," General (res.) Chaim Herzog, Yedioth Ahronoth, 30.9.1974. (h)
"Destroy Damascus," Igal Sarna, Yedioth Ahronoth, 17.9.1991. (h)
"Look at the Syrians, how brave they are," Avigdor Kahalani, Yedioth Ahronoth, 24.9.1993.
"Bravery or death," David Shalit, Haaretz, 7.8.1993. (h)
Milshtein Uri, "The Yom Kippur War"; the Paratrooper Corps; The blood-line; The breaking of the war," Yaron Golan Publishers, Tel-Aviv, June 1992, pp.162–222. (h)
Interview of Avigdor Kahalani

第十八章　黑門山之戰

"That's how the Hermon fort fell," Eitan Haber, Yedioth Ahronoth, 28.12.1973. (h)
"Here lie our corpses," Igal Sarna, Hadashot, 24.9.1985. (h)
"We captured. We the cannibals," NRG Internet site, 24.9.2004. (h)
"The monster on the mountain," Haolam Haze, 14.11.1973. (h)
"It was very important for them not to walk the way of the paratroopers," Gadi Blum, Hair, 13.9.1991. (h)
"File Operation Dessert is published—that's how the Hermon was taken," Ahikam Moshe David, Maariv, 12.5.2012.
Lieutenant Colonel (res.) Oren Elhanan, op. cit. pp. 276–279. (h)
Asher Dani, ed., "The northern command in the Yom Kippur war, Operation Dessert"; Re-capturing the Hermon, The Syrians on the fences, Maarakhot Publishers, 2008, pp. 261–289. (h)
Shemesh Elyashiv, "Slow and wise with quick success (Paratrooper brigade 317 in the battle for capturing the Syrian Hermon,

October 21–22, 1973)"; The hell with you, move forward! (On speed in the battlefield), Modan publishers, Maarakhot, 2011, pp.48–67. (h)
Becker Avihai, "Indians on hill no.16, a company at the Hermon battle," Ministry of Defense publishers, Jerusalem 2003.
Interview of David Zarfati, Golami brigade fighter.

第十九章　歌劇行動與亞歷桑納行動

"Opera," -1981
"IAF Commander, at the time of the nuclear-reactor bombing, David Ivry," from an interview published in the IAF magazine, Aharon Lapidot, Journal 118, 1.12.1997. (h)
Nakdimon Shlomo, "Tamuz in Flames," Yedioth Ahronoth Edition, 1986. (h)
"We made a bet which one of us will stay in Baghdad's central square," Alex Fishman, Amit Meidan, Yedioth Ahronoth, 1.8.1997. (h)
"Comparison: Entebbe, Iraq, Tunis," Hadashot, 3.10.1985.
"The pilot who led the attack on the nuclear reactor, the pilot who planned the operation," Yedioth Ahronoth reporters, 16.6.1981. (h)
"A special interview with an unnamed Colonel—the planner," Yaakov Erez, Maariv 12.6.1981. (h)
"Operation Opera, Lieutenant General Aviem Sella, one of the planners," Ron Ben Ishai, Yedioth Ahronoth, 28.4.1995. (h)
"Opera," Shlomo Nakdimon, Bamahane, 1.6.2001. (h)
"Israeli aircraft attacked the Iraqi nuclear reactor from Iranian territory—claims a British writer," Amos Ben-Vered, Haaretz, 9.8.1991. (h)
"The Government communique," Maariv, 9.6.1981. (h)
Interview of Zeev Raz.
"Arizona," 2007

"Attacking the nuclear reactor in Syria—step by step," Gordon Thomas, Epoch times, 21.11.2008. (h)
"The Story of 'Operation Orchard'—How Israel destroyed Syria's Al Kibar nuclear reactor," Erich Follath and Holger Stark, Der Spiegel, February 11, 2009.
"Israel thwarted Syria's plan to attack," infolive.tv, September 17, 2007.
"Sayeret Matkal collected nuclear material in Syria," Ynet, 23.9.2007. (h)
"Israel forwarded intelligence to the USA prior to the attack," Ynet, 21.9.2009 (h)
"Due to secrecy Syria did not protect the site which was bombed," Arie Egozi, Orly Azulai, Yedioth Ahronoth, 4.11.2007. (h)
"Report: a Commando unit landed in Syria a month before the bombing of the nuclear reactor," Yossi Melman, Haaretz, 19.3.2009. (h)
"The Iranian connection," Alex Fishman, Yedioth Ahronoth, 16.9.2007. (h)
"Sayeret Matkal collected nuclear samples in Syria" Jerry Louis, as quoted by Yossi Yehoshua and Idan Avni, Yedioth Ahronoth, 23.9.2007. (h)
"The night of the bomb," Michael Bar-Zohar and Nissim Mishal, Yedioth Ahronoth, 13.8.2010. (h)

第二十章 畢爾福之戰

"I knew that we had to conquer the Beaufort," Mazal Mualem, Bamahane, 8.6.1988. (h)
"Conquest of the Beaufort," Brigadier General (res.) Avigdor Kahalani, Maarakhot 413, July 2007. (h)
"Revenge Commander calling," Igal Sarna, Yedioth Ahronoth, 6.1.1987.(h)
"Hadad raised his flag over the Beaufort and said: We are here with the help of God and the IDF," Joseph Walter and Shaya Segal, Maariv, 9.6.1982. (h)
"Battle over the Beaufort restarted," Moshe Zonder, Tel-Aviv magazine, 2.7.1993. (h)

"Cannon crews facing the fortress," Igal lev, Maariv, 11.6.1982. (h)
"Battle of the Beaufort—the officers were the first to attack," Shira Ben-Zion, Bamahane, 14.7.1982. (h)
"I started advancing and got scared. Darkness, night, moving shadows," Tal Zagraba, Bamahane, 11.1.2008. (h)
"The battle for the Beaufort, Lebanon war, Arab documents and sources," Collecting materials, editing and analysis: Reuven Avi-Ran, Maarakhot, Tel-Aviv, 1987, pp. 20–25. (h)
Tamir Moshe (Chico), "A war with no medals," Maarakhot, Ministry of Defense publishers, 2006, p. 28. (h)
Interview of Gabi Ashkenazi.

第二十一章　螻蛄十九號行動

Rosenthal Rubik, "Lebanon: the other war," Sifriat Poalim, Hakibutz Haartzi, Hashomer Hatzair, 1983, pp. 67–75. (h)
Cohen Eliezer (Cheeta) and Lavi Zvi, op cit. pp. 604–620.
Ben David Ofer Colonel (res.), "The Lebanon campaign," Tel-Aviv, pp. 68–72. (h)
Reuven Avi-Ran, op. cit. pp. 91–93.
"Six Days in June," Lior Shlain and Noam Ofir, IAF Magazine, no.145, 1.6.2002. (h)
"David Ivry, the ninth Commander (October 1977–December 1982)," Aharon Lapidot, IAF Magazine, no. 118, 1.12.1997. (h)
"How we destroyed the disposition of land to air rockets in the first Lebanon war—1982,"Major General (res.) David Ivry, Fisher strategic research institute, air and space, 2007. (h)
Interview of Aviem Sella.

第二十二章　「母親公車」攻擊事件之後

Zonder Moshe, "Sayeret Matkal, the assassination of Abu Jihad," Keter Publishers, Jerusalem, 2000, pp. 238–248. (h)

"Liquidation of Abu Jihad: a professional work in less than 5 minutes," Uzi Mahanaimi, Dani Sade, Edwin Eitan reporting from Paris; Yohanan Lahav reporting from London, Yedioth Ahronoth, 17.4.1988. (h)
"The Liquidation," Noemi Levitzki, Yedioth Ahronoth, 5.4.1993. (h)
"The Jihad against Abu Jihad," Ronen Bergman, Yedioth Ahronoth, 23.3.2012. (h)
"The Israelis shot my father and mother shouted: Stop!" Semadar Perri, Yedioth Ahronoth, 22.4.1994. (h)
"That is how Abu Jihad was killed," Al Hamishmar, 17.10.1990. (h)
"4000 Israelis took part in the elimination of the terrorist Abu Jihad," according to Robert Fisk, The Independent, as quoted in Maariv, 13.4.2001. (h)
"Um Jihad, his widow, talks . . ." Yassar Muassi, Emza Natania, 29.10.1993. (h)
Interview with family members of Miriam Ben-Yair.

第二十三章　諾亞方舟行動

"Disclosure: That's how the Shayetet captured the weapons-carrying boat Karine A," Hannan Greenberg, Maariv, 13.1.12. (h)
"The old man and the sea," Amir Oren, Haaretz, 11.1.2002.
"Suddenly, out of the dark, the commando fighters appeared," Yoav Limor, NRG Internet site, 6.1.2002. (h)
"Seized arms would have vastly extended Arafat's arsenal," James Bennet, New York Times, January 12 2002
"The weapons-carrying boat Victoria, accompanied by IDF forces, docked in Ashdod port," Amir Buhbut, Maariv, 16.3.2011. (h)
"The Navy captured the weapons-carrying boat that made its way from Turkey to Gaza," Amir Buhbut, Maariv, 15.3.2011. (h)
"The Idf forces captured a weapons-carrying boat from Syria to the Gaza strip," Ron Ben Ishai, Yoav Zeitun, Ynet, 15.3.2011. (h)
"What brought to the capture of the Karine A," Jacky Hugi, Maariv, 22.1.09. (h)
"Broke the waves," Nahum Barnea, Yedioth Ahronoth, 29.9.2004. (h)

"Israel recorded Arafat talking about buying the weapons-carrying boat," Ilan Nachshon, Yedioth Ahronoth, 17.1.2002. (h)
"I have been on many enemy boats," Igal Sarna, Yedioth Ahronoth, 11.1.2002. (h)
Lecture by Admiral Eli (Chiney) Marom at a conference in the Israel Intelligence Heritage and Commemoration Center, 29.2.2012. (h)
Interview of Shaul Mofaz.

第二十四章　防衛盾行動

Harel Amos, Issasharof Avi, "The seventh war," Yedioth Ahronoth publishers, Tel Aviv, 2005. (h)
The battle over the Qasbah in Nablus: 13 armed Palestinians were killed," Amira Hess, Amos Harel, Aliza Arbeli, Haaretz, 7.4.2002. (h)
"You are alive and fighting like in a movie," Felix Frish, 8.4.2002. (h)
"Two soldiers were killed in Jenin camp," Amos Harel. Amira Hess, Haaretz, 8.4.2002.(h)
"At 6.30 the last wanted terrorists surrendered in the Nablus Qasbah," Amos Harel, Haaretz, 9.4.2002. (h)
"A senior military Fatah commander was killed in the Qasbah," Globe's, 7.4.2002. (h)
"Between the walls" Alex Fishman, Yedioth Ahronoth, 30.3.2012. (h)
"Lieutenant Colonel Ofek Buhris is expected to be the first decorated soldier of operation Defensive Shield," Yoav Limor, NRG, 31.5.2012. (h)
"The terrorists did not notice us, they walked calmly like reserve soldiers on leave," Tal Zagraba, Bamahane, 20.3.2009. (h)
"Adventures of the naval commando in the alleys of Jenin," Yoav Limor, Israel Today, 30.3.2012. (h)
"Ten years to Defensive Shield," Ron Ben-Ishai, Ynet, 30.3.2012. (h)
"Did we defeat Palestinian terror?" Bamahane, 1.4.2012. (h)

Interview of Aviv Kochavi.

第二十五章　鑄鉛行動・防衛柱行動・保護刃行動

鑄鉛行動

"Head of UNRWA: There are members of Hamas in the organization. It's not a problem," Diana-Bachor-Nir, Ynet, 4.10.2004. (h)
"Gaza: 10 killed in IAF attck: Senior Hamas commander killed," Amir Buhbut, NRG, 29.12.2008. (h)
"IAF attacked targets at the strip northern part," Nir Yahav, Yehoshua Breiner, Walla!, 31.12.2008. (h)
"Galant after the liquidation: we pressured Hamas heavily," Shmulik Hadad, NRG, 15.1.2009. (h)
"Mashal offered Quiet for lifting the siege," Reuters, Ynet, 29.12.2009. (h)
The government confirmed recruiting thousands of reserve soldiers," Walla!, 28.12.2008. (h)
"IDF opened artillery fire: hundreds of shells were fired," Ynet, 3.1.2009. (h)
"The ground operation started: IDF hit tens of terrorists," Ynet, 3.1.2009. (h)
"The ground operation started: IDF forces entered the Gaza strip," Hanan Greenberg, Ynet, 3.1.2009.
"Palestinian report: The IDF split the Gaza strip into three parts," Or Heller, Allon Ben David, Nana 10 Internet Site, 4.1.2009. (h)
"The target—attacking Gaza. The result—perfect," Amir Buhbut, NRG, 27.12.2008. (h)
"General Security service: Hamas activists are hiding in hospitals in Gaza," Rony Sofer, Hanan Greenberg, Ynet, 31.12.2008. (h)
"Head of a Gaza hospital: Diskin Lies," Daniel Edelson, Ynet, 31.12.2008. (h)
"Han Yunes: two Hamas senior commanders were liquidated in the attack," Amir Buhbut, NRG, 4.1.2009. (h)
"IDF to the Supreme Court: Rockets were launched from the hospital, that is why it was bombed," Shmuel Mitelman, NRG, 15.1.2009. (h)

"The Chief of staff visited secretly the fighters in Gaza," Yehoshua Breiner, Walla!, 8.1.2009. (h)
"General Galant, Commander of the southern district, returns to the sea of Gaza," Amir Buhbut, NRG, 9.1.2009. (h)
"IDF: Fire was opened from the doctor's house and UNRWA compound," Hanan Greenberg, Ynet, 17.1.2009.
"Commotion in Sheba hospital: The doctor from Gaza is spreading propaganda," Dudi Cohen, Meital Yassur Beit-Or, Ynet, 17.1.2009. (h)
"Olmert declared ceasefire: mission accomplished," Rony Sofer, Ynet, 17.1.2009. (h)
"With bared teeth: Oketz dogs to catch stone throwers," Amir Buhbut, Maariv, February 4 2010.
"Israeli commander: 'We rewrote rules of war for Gaza conflict'," The Belfast Telegraph (Jerusalem), March 6, 2010.
"Rockets hit Israel, breaking Hamas truce," Isabel Kershner, International Herald Tribune, June 25, 2008.
"Israel Rejected Hamas Ceasefire Offer in December," IPS, January 9 2009.
"Gaza-Israel truce in jeopardy," Al Jazeera, December 15, 2009.
"In Gaza, Both Sides Reveal New Gear," Defense News, January 5, 2009.
"Israeli troops, tanks slice deep into Gaza," Ibrahim Barzak and Jason Keyser, Associated Press, January 4 2009, azcentral.com., February 18, 2009.
"Israeli arsenal deployed against Gaza during Operation Cast Lead," Journal of Palestine Studies (Institute for Palestine Studies), XXXVIII (3): 175–191. ISSN 1533–8614. Esposito, Michele K. (Spring 2000). March 6, 2010.
"Israel enters Gaza: Negotiating with extreme prejudice," Klein Aaron, Time, January 3, 2009.
"Palestinians: Mother, 4 children killed in IDF Gaza offensive," Amos Harel, Yanir Yagna and Yoav Stern, Ha'aretz, January 3, 2009.
"Reconsidering the Goldstone report on Israel and war crimes," Richard Goldstone, Washington Post, April 1, 2011.
Interview of Yoav Galant.

防衛柱行動

The IAF Commander said “Kill the bastard.” The missiles were fired at Jabari. The Sunday Times report, Uzi Mahanaimi, as quoted in Maariv, NRG, 18.11.12. (h)

“Hamas Military leader Ahmed Jabari killed on a missile strike by Israeli Defense force,” Ted Thornkill, The Huffington Post UK, November 15, 2012.

“IDF refrains from killing civilians, but still has not learned the nature of Hamas,” Amira Hess, Haaretz, 16.11.12. (h)

“The assassination and the state of alert,” Nahum Barnea, Sima Kadmon, Alex Fishman, Eitan Haber, Yoaz Hendel, Yedioth Ahronoth, 15.11.12. (h)

“The Hamas commander was killed; a large scale operation in the Gaza strip,” Amos Harel and Avi Issasharof, Aluf Ben, Amir Oren, Yossi Verter, Haaretz, 15.11.12. (h)

“A smokescreen,” Alex Fishman, Yedioth Aharonoth, the Magazine,16.11.2012. (h)

“Efforts to reach a ceasefire,” Nahum Barnea, Shimon Shiffer, Alex Fishman, Yedioth Ahronoth, 18.11.2012. (h)

“A defense of iron,” Eitan Haber, Yedioth Ahronoth, 18.11.12. (h)

“Netanyahu: I agree to a general ceasefire, but if the [rocket] firing does not stop, we’ll invade Gaza,” Barak Ravid, Haaretz, 18.11.12. (h)

“In our field,” Alex Fishman, Yedioth Ahronoth, 21.11.12. (h)

“Rockets fall in two schools in Ashkelon; A senior Jihad commander killed,” Gili Cohen, Yanir Yanga, Haim Levinson, Jacki Hugi, Haaretz, 20.11.12. (h)

“A night meeting of the “Nine”; Obama presses for a ceasefire,” Yedioth Ahronoth, 20.11.12. (h)

“ ‘Red Paint’ from Beer-Sheba to Tel-Aviv,” Yedioth Ahronoth, 16.11.12. (h)

“Israel and Hamas agreed to a ceasefire under Egyptian patronage,” Barak Ravid, Jacki Hugi, Haaretz, 22.11.12. (h)

"The Mediator of the agreement: The head of the Mossad," Itamar Eichner, Yedioth Ahronoth, 22.11.12. (h)
"The light behind the cloud," Alex Fishman, Yedioth Ahronoth, 23.11.12. (h)
"Release Order," Eitan Gluckman, Matty Saiber, Zeev Goldshmidt, Yedioth Ahronoth, 23.11.12. (h)
"The Star War," Amir Shuan, Amira Lam, Yedioth Ahronoth, the Magazine, 23.11.12. (h)

保護刃行動

"Eitan's heroism," Yossi Yehoshua, Yedioth Ahronoth, 4.8.2014. (h)
"From depth I thee called," Eitan Glikman, Yedioth Ahronoth, 6.8.2014. (h)
"""The hero who chased the terrorists," Yossi Yehoshua, Yedioth Ahronoth, 4.8.2014.
"Hamas tunnel in Gaza," Yossi Yehoshua, Yedioth Ahronoth, 31.7.2014. (h)
"The bombers," Ariela Ringel-Hoffman, Yedioth Ahronoth, 1.8.2014. (h)
"Fighting above and under the houses," Gili Cohen, Haaretz, 31.7.2014. (h)
"Advancing in the pace of the bulldozer," Amos Harel, Haaretz, 31.7.2014. (h)
"Hamas members coming to sting and disappear," Odded Shalom, Yedioth Ahronoth, 25.7.2014. (h)
"The light at the end," Alex Fishman, Yedioth Ahronoth, 12.8.2014. (h)
"Death tunnels," Semadar Perri, Yedioth Ahronoth, 12.8.2014. (h)
"Exposure to the future: new technologies," Haaretz, 1.8.2014. (h)
"I would have jumped into the tunnel—Colonel Ofer Winter," Yossi Yehoshua, Yedioth Ahronoth, 13.8.2014. (h)
"A non-choice war," Sima Kadmon, Yedioth Ahronoth, 15.8.2014. (h)
"An operation getting confused," Alex Fishman, Yedioth Ahronoth, 15.8.2014. (h)
"Bank of targets and reality?" Asaf Hazani, Haaretz , 15.8.2014. (h)

"Sorry we have told you to return home," Yedioth Ahronoth, 14.8.2014. (h)
"IDF has lost its creativity," Michael Bar-Zohar, Ynet, opinions, 11.8.2014.
"ISIS (Dai`sh) in Gaza," Michael Bar-Zohar, Ynet, opinions, 24.8.2014. (h)
Interview of Amir Peretz.

第二十六章 從非洲心腹到耶路撒冷：摩西行動與所羅門行動

摩西行動與所羅門行動

Adega Abraham, "The voyage to the dream," self-edition, Tel-Aviv, 2000. (h)
Shimron Gad, "Bring me the Jews of Ethiopia," Maariv publishers, Hed-Arzi, Or-Yehuda, 1988. (h)
Shimron Gad, "The Mossad and the Myth; the best smugglers in the world," Keter, Jerusalem, pp. 207–233. (h)
Toren Yaron (editor) "Operation Solomon: Beita Israel coming back home," The Jewish agency—Department of Immigration and Absorption, Jerusalem, 1994, pp. 28–35. (h)
"The price: 4000 dead," Ronen Bergman, Yedioth Ahronoth, 3.7.1998. (h)
"The one responsible for Operation Solomon: All the Falashmura should be brought to Israel," Bareket Feldman, Haaretz, 28.5.2006. (h)
"The Shayetet and the Mossad in a rare documentation, in Operation Moses," (Hadashot), channel 2, Israeli TV. (h)
"Military Operations behind enemy lines, Shaldag unit," Michal Danieli, PAZAM, Internet site, 1.7.2011. (h)
"Third place: Shaldag," Yoav Limor and Allon Ben David, Ynet, 14.2.2008. (h)
"Operation Solomon," IAF Internet site. (h)
"Flotilla 13 landed in Sudan," Arie Kiezel, Yedioth Ahronoth, 18.3.1994. (h)

"There was no one who was not moved, even me," Ravid Oren, Yedioth Ahronoth, 20.5.2011. (h)
"The IDF rescued the Ethiopian Jewry," Hadashot, 26.5.1991. (h)
"Shai said no," Orit Galili, Haaretz, 3.6.1991. (h)
"Exodus from Ethiopia," Tudor Perfitte, Yedioth Ahronoth, 1.11.1985. (h)
"Following him in the desert," Smadar Shir, Yedioth Ahronoth, 17.7.2009. (h)
Interview of Benyamin (Beni) Ganz.

國家圖書館出版品預行編目資料

野小子特種部隊：以色列建國以來的祕密武器，守護應許之地的半世紀征戰／麥克・巴佐哈（Michael Bar-Zohar），尼希・米夏爾（Nissim Mishal）著；譚天譯. -- 初版. -- 臺北市：麥田出版：家庭傳媒城邦分公司發行，2019.04
面；　公分
譯自：No Mission Is Impossible: The Death-Defying Missions of the Israeli Special Forces
ISBN 978-986-344-628-6（平裝）

1. 軍隊　2. 以色列

596.9353　　108000850

野小子特種部隊：以色列建國以來的祕密武器，守護應許之地的半世紀征戰

No Mission Is Impossible: *The Death-Defying Missions of the Israeli Special Forces*

作　　者　麥克・巴佐哈（Michael Bar-Zohar）、尼希・米夏爾（Nissim Mishal）
譯　　者　譚　天
封面設計　蔡佳豪
協力編輯　余純菁
責任編輯　巫維珍

國際版權　吳玲緯　蔡傳宜
行　　銷　艾青荷　蘇莞婷
業　　務　李再星　陳紫晴　陳美燕　馮逸華
副總編輯　巫維珍
編輯總監　劉麗真
總 經 理　陳逸瑛
發 行 人　凃玉雲
出　　版　麥田出版
　　　　　地址：10483台北市中山區民生東路二段141號5樓
　　　　　電話：(02)2500-7696　傳真：(02)2500-1967
發　　行　英屬蓋曼群島商家庭傳媒股份有限公司城邦分公司
　　　　　地址：10483台北市中山區民生東路二段141號11樓
　　　　　網址：http://www.cite.com.tw
　　　　　客服專線：(02)2500-7718｜2500-7719
　　　　　24小時傳真專線：(02)2500-1990｜2500-1991
　　　　　服務時間：週一至週五09:30-12:00｜13:30-17:00
　　　　　劃撥帳號：19863813　戶名：書虫股份有限公司
　　　　　讀者服務信箱：service@readingclub.com.tw
香港發行所　城邦（香港）出版集團有限公司
　　　　　地址：香港灣仔駱克道193號東超商業中心1樓
　　　　　電話：+852-2508-6231　傳真：+852-2578-9337
馬新發行所　城邦（馬新）出版集團【Cite(M) Sdn. Bhd. (458372U)】
　　　　　地址：41-3, Jalan Radin Anum, Bandar Baru Sri Petaling, 57000 Kuala Lumpur, Malaysia.
　　　　　電話：+6(03) 9056 3833　傳真：+6(03) 9057 6622
　　　　　讀者服務信箱：services@cite.my
麥田部落格　http:// ryefield.pixnet.net
印　　刷　中原造像股份有限公司
初　　版　2019年4月
售　　價　450元
ISBN 978-986-344-628-6

城邦讀書花園
www.cite.com.tw